TRADINGPSYCHOLOGIE FÜR BEGINNER

Lernen Sie wie die Aktien Profis zu handeln & zu denken - Alles über Aktien Handel, Mentaltraining und Trading Strategien

Bonus:
Neueste Erkenntnisse für 2019

CHERRY FINANCE

Originale Erstauflage

Druck/ Auslieferung: Amazon.com oder eine Tochtergesellschaft

Impressum:

Cherry Media GmbH
Bräugasse 9
94469 Deggendorf
Deutschland

Inhaltsverzeichnis

VORWORT

Dieses Buch soll Personen, die damit beginnen möchten, mit dem Handel von Aktien und anderen Wertpapieren an der Börse Geld zu verdienen, dabei helfen, sich zu orientieren und allgemein die Grundlagen des Aktienhandels und Börsengeschehens erläutern. Mit den richtigen Käufen beziehungsweise Verkäufen von Wertpapieren an der Börse kann auf nachhaltige Weise Geld verdient werden. Im Rahmen dieses Buches soll natürlich nicht verheimlicht werden, dass der Handel mit Aktien und anderen Wertpapieren auch einige Risiken mitsichbringt, die unbedingt kalkuliert und abgeschätzt werden müssen. Zunächst soll grundsätzlich auf die Frage eingegangen werden, was Aktien überhaupt sind, dafür wird mit den erforderlichen Basics beziehungsweise Grundlagen begonnen. Ebenfalls soll auf die Vor- und Nachteile von Aktien eingegangen werden, die sich im Hinblick auf den Handel mit denselben ergeben. Im weiteren Verlauf werden dann wichtige Kennzahlen und Strategien vorgestellt, die Aktionäre kennen beziehungsweise erlernen müssen, um erfolgreich Aktien an der Börse zu handeln. Neben dem umfangreichen Teil, in dem der Leser in die Welt der Aktien und der (Wertpapier-)

Börse eingeführt wird, werden auch andere Finanzprodukte vorgestellt. Neben der ausführlichen Behandlung von Anleihen und exchange traded funds (ETFs) wird auch auf Zertifikate eingegangen. Nach der Lektüre dieses Buches sollte der Leser selbstständig in der Lage sein, Anlagestrategien anzuwenden und individuell für sich selbst vor dem Hintergrund seiner eigenen Risikobereitschaft entscheiden, ob das Geld in Aktien oder andere Finanzprodukte investiert werden soll.

DIE GRUNDLAGEN DES AKTIENHANDELS

Innerhalb des ersten Kapitels wird der Leser mit den Grundlagen des Aktienhandels vertraut gemacht. Dafür werden die Aktienarten genauer betrachtet und auf die Vor- sowie Nachteile eingegangen. Anschließend wird näher auf den Marktplatz eingegangen, über den die Aktiengeschäfte abgewickelt werden und außerdem auf die Broker, der eine Art Verbindungsglied zwischen Börse und Anleger bildet.

Was sind Aktien überhaupt?

Damit der Einstieg in die Welt des Aktienhandels gelingt, ist es zunächst unerlässlich wichtig, genau zu wissen, um was es sich überhaupt handelt. Ohne das dementsprechende Fachwissen, ist die Wahrscheinlichkeit, gewinnbringend mit Aktien zu handeln äußerst gering.

Bei Aktien handelt es sich um Wertpapiere, die Anteile an einem Unternehmen repräsentieren beziehungsweise darstellen. Mit anderen Worten ist der Besitzer einer Aktie, sprich der Aktionär, von dem

Unternehmen X zu einem gewissen Prozentsatz (Mit-) Eigentümer an demselben. Eine Aktie ist somit der Anteilsschein, der dem Aktionär eine schriftliche Garantie über die Anteilseignerschaft an dem Unternehmen bescheinigt. Somit profitieren Aktionäre von gut laufenden Geschäften des Unternehmens, indem diese an dem Gewinn beteiligt werden. Diese Gewinnbeteiligung (pro Aktie) wird Dividende genannt. Außerdem kann durch den Verkauf von Aktien Geld verdient werden, sollte der Kaufpreis unter dem Verkaufspreis liegen.

Große Firmen oder Konzerne firmieren im Normalfall unter der Rechtsform der Aktiengesellschaft, abgekürzt AG. Diese unternehmerische Rechtsform bietet dem Unternehmen die Möglichkeit, Kapital über die Aktienmärkte einzusammeln. Entscheidet sich ein Unternehmen also dazu, an die Börse zu gehen, so werden Aktien ausgegeben. Diese sind, wie bereits erwähnt, als Anteile an dem jeweiligen Unternehmen zu verstehen, die jeder, der über ein Depot verfügt, käuflich erwerben kann. Aus diesem Grund können Aktien auch als Anteilsscheine bezeichnet werden. Im Vergleich zu der Vergabe von Krediten, besteht hier ein entscheidender, deutlicher Unterschied. Der Aktionär wird zum Miteigentümer des Unternehmens und ist eben nicht, wie bei Kreditgeschäften, der Gläubiger desselben. Die finanziellen Mittel, die in den Erwerb der Aktien investiert wurden, sprich der Kaufpreis derselben, stellt innerhalb des Unternehmens Eigenkapital dar (nicht etwa Fremdkapital, wie es bei Kreditgeschäften oder Schuldverschreibungen der Fall ist). Erwirbt ein Anleger mehrere Aktien, so steigt der Anteil, den dieser an dem entsprechenden Unternehmen Innehat, an. Kommt es dazu, dass ein Anleger die Mehrheit der ausgegebenen Aktien kauft beziehungsweise Eigentümer derselben ist, sodass dieser über mehr als 50 % der Anteile verfügt, so kann auch die unternehmensinternen Entscheidungen, beispielsweise im Rahmen der Hauptversammlung, blockieren. Allerdings wird eine Privatperson nur in den wenigsten Fällen in der Lage sein, derart viele Anteile zu erwerben. Dem Großteil der Anleger geht es sowieso vor allem darum, in den Aktien eine nachhaltige und gewinnbringende Geldanlage zu finden.

Im folgenden Unterkapitel soll nun darauf eingegangen werden, welche Faktoren die Aktienkurse bewegt, sprich, diese in ihrem Wert steigen oder sinken lässt.

Die Geschichte der Aktien

Aktien haben eine lange Geschichte, die bis in das alte Rom zurückreicht. Der eigentliche Anfang wurde allerdings von den Gewürzhändlern der niederländischen Hauptstadt Amsterdam zum Ende des 16. Jahrhunderts gemacht. Die Gewürzhändler importierten Pfeffer in, für damaligen Zeiten, großem Stil. Aufgrund der hohen Aussichten auf Gewinne, stieg das Interesse vieler Unternehmen ebenfalls in den Handel einzusteigen. Aus den größten Händlern ging im Jahr 1602 schließlich die Vereinigte Ostindische Handels-Kompanie, kurz V.O.C., hervor. Erstmals in der Geschichte der Menschheit kam es dazu, dass andere Kaufleute und Firmen Anteile an den Geschäften mit dem Pfeffer erwerben konnte und über diese, die Aktien genannt wurden, an den Gewinnen beteiligt wurden. Die Anteile beziehungsweise Aktien waren handelbar, ohne dass die Vereinigte Ostindische Handels-Kompanie Kapital zurückzahlen und erneut aufnehmen musste. Diese beschränkte Haftbarkeit charakterisiert Aktiengesellschaften noch heute, weshalb die V.O.C. als erste Aktiengesellschaft mit modernen Zügen angesehen wird. Durch die wachsende Konkurrenz der East-India Company, die im Jahr 1613 zu einer Art Aktiengesellschaft wurde, fand die V.O.C. im Jahr 1799 ihr Ende. In Deutschland wiederum wurde die erste Aktiengesellschaft in 1682 von dem Kurfürsten Friedrich Wilhelm gegründet. Die Regelungen hinsichtlich der Gründung von Aktiengesellschaften, die bis dato stets von der Genehmigung des Königs abhängig war, wurde erst einige Zeit später, nämlich im Jahr 1843, in Preußen festgelegt. Das Aktienrecht sowie das Börsenwesen wurde in einem Gesetzbuch festgehalten. Sieben Jahre nach der Regelung gab es in Preußen bereits 130 Aktiengesellschaften, 27 Jahre danach waren es schon 425. Erwähnenswert ist außerdem, dass 1862 in Deutschland und Österreich gemeinsam das Aktienrecht für Aktiengesellschaften festgelegt und im Allgemeinen Deutschen Handelsgesetzbuch niedergeschrieben wurde. Acht Jahre später, in 1870, wurde das Konzessionssystem, welches bis dahin die Entstehung einer juristischen Person von einer staatlichen Erlaubnis abhängig machte, im Rahmen des neuen Aktiengesetzes des Norddeutschen Bundes abgeschafft. Mit anderer Worten konnten nun jegliche Unternehmen zu einer Aktiengesellschaft werden. Des Weiteren veränderte das Gesetz die Struktur von Aktiengesellschaften. Jede Aktiengesellschaft war nach der Verabschiedung des Gesetzes dazu verpflichtet, einen Aufsichtsrat einzurichten, der die Tätigkeiten der Gesellschaft überwacht. Auch wurde der Nennbetrag für Namensaktien auf mindestens 150 Mark und der von Inhaberaktien auf 300 Mark vorgeschrieben.

Diese neue Gesetzgebung bewirkte, dass das Aktienwesen beziehungsweise der Handel mit Aktien in Deutschland einen echten Boom erlebte. Zur Zeit des Ersten Weltkriegs jedoch wurden die deutschen Börsen geschlossen und der Handelt wurde erst wieder im Jahr 1917 aufgenommen. 1929, zwölf Jahre später, folgte die bis dahin größte Krise des Handels mit Aktien. An der Wall-Street spekulierten viele Anleger in Anbetracht der hervorragenden wirtschaftlichen Lage der Vereinigten Staaten, um ihr Vermögen weiter zu vermehren. Der Grund für das Zustandekommen des ersten Börsen-Crash der Geschichte lag in der damals bestehenden Möglichkeit, Aktien für lediglich 10 % bis 20 % des eigentlichen Kaufpreises zu erwerben. Der Rest sollte dann nach der Ausschüttung des zu erwartenden Gewinns an die Börsenmakler gezahlt werden. Ende Oktober desselben Jahres fielen die Aktienkurse rapide, sodass viele Anleger versuchten, ihre Aktie wieder zu verkaufen. Es entwickelte sich eine Abwärtsspirale, die die Weltwirtschaft über Jahre hinweg negativ beeinflusste. Nach Ende des Zweiten Weltkriegs spielte der Handel mit Aktien, vor allem an der Frankfurter Börse, eine bedeutende Rolle hinsichtlich des Wiederaufbaus des durch den Krieg zerstörten Landes und wirkten maßgeblich am deutschen Wirtschaftswunder der 1950er und 1960er Jahre mit.

Heutzutage gibt es auf der Welt in etwa 35000 Unternehmen, die Anteile an denselben zum Verkauf anbieten. Hier handelt es sich um eine grobe Schätzung, denn jeden Tag kommen einige Aktiengesellschaften hinzu und gleichzeitig beenden andere ihre Aktivität an der Börse.

Die Einflussfaktoren auf den Aktienkurs

Viele Einflussfaktoren wirken auf den Kurs einer Aktie und können einen Anstieg oder auch Verfall desselben bewirken. Wichtig ist, zu erwähnen, dass nicht immer eine objektive Begründung für eine Kursveränderung vorliegt. Das liegt daran, dass der Aktienkurs unter anderem von dem Angebot und der Nachfrage abhängig ist. Diese wiederum werden von zahlreichen, nicht immer rationalen Faktoren beziehungsweise Gründen beeinflusst. Oft haben **Nachrichten** einen Einfluss auf den Aktienkurs. Wird also beispielsweise **im Fernsehen** berichtet, dass die Aktiengesellschaft X verantwortlich für einen Umweltskandal ist, so hat diese Nachricht einen negativen Einfluss auf den Aktienkurs. Der Grund dafür liegt darin, dass viele Anleger aufgrund dieser besorgniserregenden Nachricht verunsichert sind und die Anteile an dem Unternehmen schnellstmöglich wieder verkaufen möchten, bevor der Kurs (und somit der Wert der Aktien) weiter einbricht.

Es sind jedoch nicht nur solche Nachrichten, die Einfluss auf die Wertentwicklung von Aktien haben. **Auch unternehmensinterne Nachrichten**, wie zum Beispiel Kapitalmaßnahmen, wirken sich auf die Entwicklung des Kurses aus. In Deutschland muss grundsätzlich jede Aktiengesellschaft, die im Prime Standard der Deutschen Börse notiert ist, jeglichen Nachrichten, die für das Geschäft relevant sind, unverzüglich veröffentlichen, um die Aktionäre darüber zu informieren.

Ein weiterer Einflussfaktor auf die Kursentwicklung sind die **Quartalsberichte** der Aktiengesellschaft sowie die Bekanntgabe von **Prognosen** für die zukünftige Geschäftsentwicklung. Allerdings spielen hier auch oft die Meinungen beziehungsweise die **Prognosen von unabhängigen Analysten** eine entscheidende Rolle.Wird also beispielsweise von der Aktiengesellschaft eine Prognose herausgegeben, in der hohe Gewinne in Aussicht gestellt werden, die Analysten widersprechen jedoch dieser Prognose und bescheinigen dem Unternehmen stattdessen ein mittelmäßiges oder gar verlustreiches Geschäftsjahr, so hat dies negative Auswirkungen auf den Aktienkurs. Grundsätzlich nehmen Analysten eine wichtige Rolle ein und haben die Möglichkeit, den Aktienkurs durch

Kauf- oder Verkaufsempfehlungen nach oben oder nach unten zu treiben. Festzuhalten ist hier, dass diesen Empfehlungen auf einer umfassenden Unternehmens-Analyse basieren, die von Analysten erstellt wird und selbstverständlich nicht unfehlbar ist. Für Aktionäre ist es dementsprechend von großer Bedeutung, zu wissen, ob ein Analyst beziehungsweise Analysehaus an einem steigenden oder sinkenden Kurs interessiert ist. Mit anderen Worten darf hier kein Interessenkonflikt bestehen. Dieser würde sich ergeben, wenn das Analysehaus, welches die wirtschaftliche Entwicklung der Aktiengesellschaft als positiv bewertet hat, selbst Miteigentümer derselben ist, sprich Aktien des Unternehmens besitzt.

Auch die **Notenbanken** partizipieren indirekt an der Aktienkursentwicklung durch die geldpolitischen Entscheidungen, die diese treffen.Ein niedriger **Leitzins** spielt hier eine Rolle, denn dieser regt Unternehmen dazu an, Investitionen zu tätigen und die geschäftliche Tätigkeit auszubauen. Ebenso ist ein niedriger Leitzins für Anleger verlockend. Das liegt daran, dass das Geld auf der Bank nur wenig Zinsen einbringt und deshalb von vielen an der Börse in Form von Aktien angelegt wird, mit der Aussicht höhere Gewinne zu erzielen. Umgekehrt verhält es sich bei einem hohen Leitzins.

Neben diesen bereits genannten, möglichen Einflussfaktoren auf die Wertentwicklung von Aktien, ist an dieser Stelle auch zu erwähnen, dass **politische Entscheidungen**, wie beispielsweisc strengere Umweltvorschriften, die die Rahmenbedingungen des unternehmerischen Umfelds beeinflussen, eine Veränderung hinsichtlich des Kurses nach oben oder nach unten bewirken.

In vielen Fällen sind von diesen Einflussfaktoren nicht nur einzelne Aktiengesellschaften betroffen, sondern ganze Marktsegmente oder sogar der Gesamtmarkt. Dem Leser sollte nun klar sein, dass sich der Markt, bedingt durch verschiedenste Einflüsse, nicht rational verhält und eine genaue Kursprognose von Aktien somit fast unmöglich ist.

Im folgenden Unterkapitel soll nun ein Blick auf die verschiedenen Arten von Aktien geworfen und aufgezeigt werden, worin sich diese unterscheiden.

Die Aktienarten im Überblick

Da es verschiedenste Arten beziehungsweise Klassifizierungen für Aktien gibt, werden diese hier nun vorgestellt. Unterschieden wird beispielsweise nach Übertragbarkeit der Anteile oder dem Stimmrecht im Rahmen von Hauptversammlungen.

Stamm- und Vorzugsaktien

Erwirbt ein Anleger **Stammaktien**, so beinhalten diese das Stimmrecht auf der Hauptversammlung der Aktionäre, in deren Rahmen Beschlüsse hinsichtlich unternehmensbezogener Vorgänge getroffen werden. In anderen Worten formuliert, bedeutet das, dass der Inhaber von Stammaktien direkt an dem Entscheidungsprozess innerhalb der Aktiengesellschaft beteiligt ist beziehungsweise sein kann.Pro Stammaktie, die im Besitz eines Aktionärs ist, erhält dieser eine Stimme. Daraus resultiert, dass die Anzahl dieser Aktien über die Macht von Aktionären hinsichtlich wichtiger, unternehmensrelevanter Entscheidungen mit dem Zukauf an Stammaktien entscheidet. Diese sind die häufigste Form von Wertpapieren, die an der Börse gehandelt werden.

Im Vergleich zu den Stammaktien, bieten **Vorzugsaktien** keine Teilnahme an unternehmerischen Entscheidungen. Allerdings profitieren Aktionäre von höheren Dividenden, sprich werden mehr an den erwirtschafteten Gewinnen der Aktiengesellschaft beteiligt. Oft werden Vorzugsaktien im Rahmen von Kapitalerhöhungen ausgegeben, bei denen es nicht gewünscht ist, dass es zu einer Verschiebung beziehungsweise zu Schwankungen der Mehrheitsverhältnisse kommt.Anstatt davon zu profitieren, an Entscheidungen innerhalb des Unternehmens durch das Stimmrecht Gebrauch zu machen, wird den Aktionären, die Vorzugsaktien kaufen, das Anrecht auf eine höhere Beteiligung an den Dividenden gewährt. Da es dem Großteil der Aktionäre jedoch alleine darum geht, ihr Geld durch eine Unternehmensbeteiligung in Form von Aktien zu vermehren, erwerben die meisten Vorzugs- anstatt Stammaktien. Zu erwähnen ist hier außerdem, dass Vorzugsaktien grundsätzlich lediglich in einer Höhe von maximal 50 % des Grundkapitals ausgegeben werden dürfen.

Inhaber- und Namensaktien

Des Weiteren existieren **Inhaber- und Namensaktien**. Diese werden im Hinblick auf die Möglichkeit der Übertragung unterschieden. Der Inhaber einer **Namensaktie** wird namentlich in das Register der Aktiengesellschaft eingetragen. Dafür werden persönliche Daten, wie der vollständige Name, das Geburtsdatum sowie auch die Adresse auf der Namensaktie vermerkt. Das Unternehmen weiß also genau, wer der Aktionär ist und wie viele Anteile dieser an der Aktiengesellschaft besitzt beziehungsweise hält. Deshalb fällt es der Aktiengesellschaft leicht, Aktionäre, die über Namensaktien verfügen zu kontaktieren, zum Beispiel, um diese zu der nächsten Hauptversammlung einzuladen. Für die Aktionäre haben die Namensaktien allerdings einen klaren Nachteil und zwar, wenn es um den Verkauf derselben geht. Wechselt eine Namensaktie also ihren Besitzer, so muss der neue Besitzer vollständig im Aktienregister eingetragen werden. Bei der **Inhaberaktie** verhält sich dies jedoch anders, denn eine Eintragung in das Aktienregister findet hier nicht statt, sodass der Aktionär anonym bleibt. Aufgrund der Anonymität der Investoren beziehungsweise Aktionäre, können diese nicht von der Aktiengesellschaft kontaktiert werden. Eine Ausnahme gibt es allerdings, denn Großaktionäre müssen ab einer bestimmten Prozentzahl die Anteile an der Aktiengesellschaft melden und verlieren dementsprechend die Anonymität. Da, wenn eine Inhaberaktie verkauft werden soll, keine Änderung im Aktienregister des Unternehmens vorgenommen werden muss, da diese dort, wie bereits angeführt, nicht vermerkt sind, so ist die Übertragung derselben deutlich einfacher, als die der Namensaktien.

Stück- und Nennwertaktien

Außerdem werden Aktien in **Stück- und Nennwertaktien** unterschieden. Diese zwei Aktienarten regeln die Anteilsform an dem Grundkapital von einer Aktie des Unternehmens, welche sich für eine der beiden, sprich entweder Stück- oder Nennwertaktien, zu entscheiden hat. Nicht möglich ist es, Nennwert- und Stückaktien auszugeben. Der Anteil am Grundkapital von **Nennwertaktien** wird über einen festgelegten Nennwert (auch Nominalwert genannt) geregelt. Die Mindesthöhe desselben hat einen Euro zu betragen. In anderen Worten formuliert, wird das Grundkapital auf die Nennwertaktien verteilt. Werden also 750.000 Euro Grundkapital auf 750.000 Aktien verteilt, so beträgt der Nennwert einer Aktie 1 Euro. Die Aktiengesellschaft kann das Grundkapital allerdings auch unterschiedlich aufteilen. Bei einem Grundkapital von 600.000 Euro können zum Beispiel 3.000 Aktien zum Nennwert von 100 Euro und weitere 2.000 Aktien zum Nennwert von 150 Euro ausgegeben werden. Nichtsdestotrotz nehmen Nennwertaktien heutzutage keine wichtige Rolle mehr ein. **Stückaktien** besitzen, anders als Nennwertaktien, keinen festen Nennbetrag. Deshalb ist der jeweilige Anteil aller ausgegebenen Aktien an dem Grundkapital gleich hoch beziehungsweise groß. Angegeben wird dieser Anteil meist in Prozent. Gibt es also 10.000 Aktien bei einem Grundkapital von 1.000.000 Euro, so beträgt der theoretische Nennwert einer Aktie 100 Euro (Rechnung: 1.000.000 Euro : 10.000 Aktien= 100 Euro/Aktie). Daraus ergibt sich ein Grundkapitalanteil von 0,01 % (Rechnung: 100 Euro/Aktie : 1.000.000 Euro Grundkapital = 0,01 % Grundkapital). Der Anteil einer Stückaktie mit dem theoretischen Nennwert von 100 Euro entspricht somit 0,01 % des Grundkapitals. Anders formuliert, besitzt der Inhaber einer Stückaktie 0,01 % der Aktiengesellschaft.

Junge und alte Aktien

Von jungen und alten Aktien wird lediglich im Rahmen einer Kapitalerhöhung der Aktiengesellschaft gesprochen. Im Zusammenhang mit einer Kapitalerhöhung gibt die AG weitere, zusätzliche Anteilsscheine aus. Diese werden als **junge Aktien** bezeichnet. **Alte Aktien** hingegen, sind diese, die sich bereits vor der Kapitalerhöhung im Besitz von (Alt-) Aktionären befanden. Der Unterschied zwischen den beiden besteht darin, dass die jungen Aktien nicht gleichberechtigt sind, was sich im Hinblick auf das Stimmrecht im Rahmen von Hauptversammlungen oder im Bezug auf die Beteiligung an Dividenden äußert. Altaktionäre profitieren außerdem davon, dass die Aktiengesellschaft die Möglichkeit hat, diese im Zusammenhang mit der Kapitalerhöhung zu bevorzugen. Es wird von dem Bezugsrecht gesprochen, welches Altaktionären die Option gibt, junge Aktien zu einem Vorzugspreis zu erwerben. Bezugsrechte können selber genutzt, aber auch an Dritte abgetreten beziehungsweise veräußert werden. Das Bezugsrecht erfüllt den Sinn und Zweck, es den Altaktionären zu ermöglichen, ihre Anteile an der Aktiengesellschaft zu halten, obwohl die Kapitalerhöhung durch die Ausgabe von jungen Aktien die Anteile verwässert. Mehr Informationen zu Kapitalerhöhungen, was mit diesen genau verfolgt wird und wie diese durchgeführt werden, erfährt der Leser in der im Anschluss aufgeführten Informationsbox. Im Hinblick auf junge und alte Aktion ist hier des Weiteren festzuhalten, dass junge Aktien im Laufe der Zeit irgendwann zu alten Aktien werden und dementsprechend die selben Stimmrechte beziehungsweise die gleiche Gewinnbeteiligung erhalten.

Eine Kapitalerhöhung dient Aktiengesellschaften dazu, das Grundkapital zu erhöhen. Durch die Veräußerung von „neuen“ beziehungsweise jungen Aktien fließen Aktiengesellschaften Kapital zu. Um eine Kapitalerhöhung durchzusetzen, wird vorausgesetzt, dass mindestens drei Viertel des dort vertretenden Kapitals dem Beschluss zustimmen. In anderen Worten formuliert, müssen die Aktionäre, die im Besitz von drei Vierteln der Aktien des jeweiligen Unternehmens sind, dem Beschluss zustimmen. Wird eine Zustimmung erzielt, so ist es möglich, die Kapitalerhöhung durch die Emission, sprich die Ausgabe, von Aktien sofort durchzuführen. Allerdings kann dem Vorstand auch eine Frist von fünf Jahren eingeräumt werden, in der dieser die Kapitalerhöhung, die maximal 50 % des Grundkapitals betragen darf, zu vollziehen hat.

Grundsätzlich kann es für eine Kapitalerhöhung zwei Gründe beziehungsweise Auslöser geben. Plant das Unternehmen in der Zukunft große Investitionen oder Fusionen und das vorhandene Kapital reicht dafür nicht aus, so hilft eine Kapitalerhöhung dabei, zusätzliche finanzielle Mittel für die Umsetzung derselben zu erhalten. Dies wäre also ein Zeichen der Stärke. Nichtsdestotrotz kann eine Kapitalerhöhung auch ein Indiz dafür sein, dass das Unternehmen in einer ernsten Krise steckt und so schnell wie möglich Kapital benötigt, um

Schulden zu tilgen oder die Fremdkapitalkosten zu senken.

Viele Anleger ärgern sich allerdings über die Maßnahme, da so ihre Anteile verwässert werden. Das liegt schlichtweg daran, dass der Gewinn der Aktiengesellschaft nun auf mehr Aktien verteilt wird, genauso wie auch die Dividende. Aktiengesellschaften haben jedoch die Möglichkeit, eine Verwässerung der Aktien von Altaktionären zu verhindern beziehungsweise diese davor zu schützen, indem diese denselben ein Bezugsrecht einräumen. Wie bereits weiter oben erwähnt, ermöglicht es das Bezugsrecht, (Alt-) Aktionären, ihre Eigentumsrechte an dem Unternehmen entsprechend seines Anteils beizubehalten. Problematisch und zum Ärger von vielen Aktionären nutzen immer mehr Unternehmen die Möglichkeit, das Bezugsrecht auszuschließen, sodass es wirklich zu einer Verwässerung der bis dato vorhandenen Anteile kommt. Oft rechtfertigen die Aktiengesellschaften den Ausschluss des Bezugsrechts damit, um so schnell wie möglich im Rahmen einer bezugsrechtsfreien Kapitalerhöhung an das benötigte Kapital zu gelangen. Diese nimmt maximal zwei Wochen in Anspruch, während eine Kapitalerhöhung, bei der den Altaktionären Bezugsrechte gewährt werden, bis zu zwei Monate dauert.

Die Rechte von Aktionären

Erwirbt ein Anleger die Aktie eines Unternehmens, so wird dieser zu einem Aktionär. Dieser hat gemäß dem Aktiengesetz und der jeweiligen Satzung des Unternehmens, Rechte und Pflichten. Die Rechte unterteilen sich in **Vermögens- und Verwaltungsrechte**. Die ersten umfassen das Recht des Aktionärs in Form einer Dividende an dem Gewinn der Aktiengesellschaft beteiligt zu werden. Außerdem ist das Bezugsrecht ein Vermögensrecht und ermöglicht es Altaktionären junge Aktien, die im Rahmen einer Kapitalerhöhung ausgegeben werden, zu günstigeren Konditionen zu erwerben. Ein weiteres Recht besteht auf einen anteiligen Erlös aus der Liquidation des Unternehmens, wenn sich dieses auflösen sollte.

Die Verwaltungsrechte tragen dazu bei, dass die Aktionäre ihr Interesse (an dem unternehmerischen Erfolg, etc.) wahren können. Diese haben also das Recht auf eine Teilnahme sowie Stimmabgabe auf der jährlichen Hauptversammlung und allgemein auf Auskünfte und Informationen zu dem Unternehmen. Über die Ausübung des Stimmrechts haben Aktionäre (die Stammaktien besitzen!) die Möglichkeit auf direkte Weise über den zukünfitgen Kurs des

Unternehmens zu entscheiden. Zum Beispiel stimmen die Aktionäre über Übernahmen der Aktiengesellschaft ab. Außerdem hat jeder Aktionär das Recht im Rahmen der Hauptversammlung zu sprechen. Plant ein Aktionär eine Rede auf der Hauptversammlung zu halten, so muss diese im Voraus angemeldet werden. Allerdings ist hier festzuhalten, dass es auch auf die Art der Aktie ankommt, welche Rechte diese den Aktionären bietet. Besitzer von Vorzugsaktien, wie bereits erwähnt, haben kein Stimmrecht und sind somit von Entscheidungen innerhalb der Aktiengesellschaft ausgeschlossen.

Der zu erfüllenden finanziellen Pflicht des Aktionärs wird bereits zum Zeitpunkt des Kaufs eines Unternehmensanteils Genüge getan. Diese besteht darin, dass der Aktionär die Aktien, die dieser geordert hat, auch entsprechend bezahlt. Die Bezahlung erfolgt über eine Einlage auf das Grundkapital, welches der Aktie zugrunde liegt. Allerdings hat der Aktionär auch eine Treuepflicht gegenüber der Aktiengesellschaft, die diesen dazu verpflichtet, stets die Interessen des Unternehmens, welches ja schließlich zum Teil sein eigenes ist, zu wahren. Des Weiteren besteht, wie bereits angemerkt, die Möglichkeit, den Aktionären im Rahmen der Satzung weitere Pflichten aufzuerlegen. In vielen Fällen passiert es, dass Aktiengesellschaften ihren Aktionären eine sogenannte Haltefrist auferlegen. Diese zwing die Aktionäre bei einem Börsengang dazu, mit dem Verkauf der Aktien, sollte dies geplant sein, bis zu einem bestimmten, vorher definierten Datum zu warten. Der Grund für diese Regelung ist, dass so verhindert werden soll, dass es zu enormen Kurseinbrüchen direkt der Aktie direkt nach dem Börsengang kommt.

Zu erwähnen ist hier, dass diese hier aufgeführten Pflichten im Normalfall lediglich für Großaktionäre beziehungsweise institutionelle Investoren eine Rolle spielen. Für Privatinvestoren sind diese normalerweise nicht wichtig.

Der Stellenwert eines guten Aktienkurses für Unternehmen

Wieso spielt es für Aktiengesellschaften eine wichtige Rolle, dass der Aktienkurs eine positive Entwicklung aufweist, obwohl das Kapital ja bereits im Rahmen des Börsengangs durch die Aktienkäufe der Aktionäre eingesammelt wurde?

Zunächst ist es wichtig, dass die Aktionäre mit den Aktien zufrieden sind. Dies ist vor allem vor dem Hintergrund des Stimmrechts der Inhaber von Stammaktien von Bedeutung.Wie bereits im vorangegangenen Unterkapitel beschrieben wurde, haben diese Aktionäre das Recht zur Mitbestimmung über die Abgabe ihrer Stimme bei Entscheidungen auf der Hauptversammlung der Aktiengesellschaft. Dieser Einfluss auf die Führung des Unternehmens kann auch genutzt werden, um bedeutende Entscheidungen des Managements zu blockieren. Außerdem haben die Aktionäre, natürlich stets in Abhängigkeit von der Anzahl der Stammaktien, Einfluss auf die Gehälter der Manager, die, wenn diese gute Leistungen erbringen, durch Zusatzzahlungen (Boni) über ihr Gehalt hinaus vergütet werden. Die Manager sind beziehungsweise sollten daran interessiert sein, den Wert des Unternehmens zu steigern, um die Aktionäre, die schließlich Mitinhaber der Aktiengesellschaft sind, zufriedenzustellen. Außerdem ist der Kurs der Aktie ein entscheidender Faktor für das gute oder auch schlechte Ansehen eines an der Börse geführten Unternehmens. Es ist also ebenso eine Frage der Reputation beziehungsweise des Ansehens, über die eine positive Entwicklung der Aktiengesellschaft an der Börse Auskunft gibt. Fällt der Aktienkurs kontinuierlich, so gibt dies Aufschluss darüber, dass der Aktienmarkt beziehungsweise die Anleger nicht das benötigte Vertrauen in das Geschäftsmodell des Unternehmens setzen. Ebenfalls im Hinblick auf eine Kapitalerhöhung, ist eine positive Wertentwicklung an der Börse wichtig. Umso mehr

Anteile an dem Unternehmen verkauft werden, sprich umso höher die Notierung an der Börse ist, desto mehr Kapital kann das Unternehmen für jede junge Aktie, die im Rahmen der Kapitalerhöhung ausgegeben wird, einnehmen, da der Aktienkurs hoch und die (jungen) Aktien dementsprechend teuer sind. Darüber freuen sich auch die Altaktionäre, deren Anteile an der Gesellschaft (falls das Bezugsrecht ausgeschlossen wurde) weniger verwässert werden.Ein weiterer Vorteil eines guten Aktienkurses ist die Möglichkeit, sich vor Übernahmen durch die Konkurrenz zu schützen. Besonders, wenn das Unternehmen selbst nur wenige Aktien in ihrem Besitz hat, schützt ein hoher Kurs vor einer „feindlichen" Übernahme. Allerdings ist auch die Übernahme von anderen Unternehmen einfacher, wenn die eigenen Aktien hoch im Kurs stehen.

Nachdem nun die Aktienarten sowie die Rechte von Aktionären, etc. erläutert wurden, sollen kurz die Vor- und Nachteile von Aktien als Geldanlage betrachtet werden.

Die Vor- und Nachteile von Aktien als nachhaltige, langfristige Geldanlage

Viele Menschen suchen nach einer Möglichkeit, ihr

Geld gewinnbringend und sicher anzulegen. Noch vor einigen Jahren bestand die Möglichkeit, das Ersparte auf einem Sparbuch anzulegen. Dort war und ist es auch immer noch sicher, jedoch sind die Zinsen in der aktuellen Zeit des Niedrig-Zins erschreckend gering. Außerdem können sich die Zuwächse des auf dem Sparbuch angelegten Geldes, die sowieso schon sehr gering ausfallen, in einem besonders unglücklichen Szenario, durch eine hohe Inflation in Verluste verwandeln. In anderen Worten formuliert, können Anleger, die ihr Geld auf einem Sparbuch parken, im besten Fall von Zinsen und der vermeintlichen Sicherheit dieser Form der Geldanlage profitieren.

Bei Aktien verhält sich dies anders, denn hier gibt es zwei zu nennende Punkte, die für den Erwerb von Unternehmensanteilen sprechen. Zunächst profitieren Aktionäre von der **Entwicklung des Börsenkurses** einer Aktie. Steigt derselbe durch eine hohe Nachfrage, so steigt als Konsequenz auch der Wert der einzelnen Aktie. Wird diese bei einem hohen Kurs verkauft, so wird der Gewinn aus der Differenz zwischen Kauf- und Verkaufspreis berechnet. Der zweite Punkt beziehungsweise Aspekt, von dem Aktionäre profitieren, ist die **Ausschüttung von Dividenden** in erfolgreichen Geschäftsjahren, die viele Aktiengesellschaften durchführen. Ein weiterer, positiver Aspekt im Hinblick auf Aktien als Geldanlage ist die **Möglichkeit der Mitbestimmung** hinsichtlich wichtiger Entscheidungen der Unternehmensführung, sollte sich für eine Stammaktie entschieden werden. Kleinaktionäre, sprich Investoren, die nur wenige Aktien besitzen, haben allerdings nur sehr geringen Einfluss auf den Ausgang von Abstimmungenvon großen Aktiengesellschaften. Ebenso als klarer Vorteil von Aktien als Geldanlage zu nennen, ist, dass Aktionäre aus einem **riesigen Angebot an Aktien** verschiedenster Unternehmen, der unterschiedlichsten Branchen wählen können. Die meisten Aktien lassen sich schnell kaufen und ebenfalls wieder schnell verkaufen. Somit funktionieren diese deutlich **flexibler als Festgeld**.

Nachteilig an Aktien als Wertanlage ist, dass diese durch **Kursverluste** deutlich an Wert verlieren können, beispielsweise aufgrund schlechter Unternehmensnachrichten. Tritt das schlimmste Szenario einer Unternehmenspleite ein, so verlieren Anleger das gesamte Geld, welches zuvor in den Kauf der Wertpapiere investiert wurde. Außerdem bieten Aktien im Hinblick auf eine feste Rendite keine Kontinuität, wie es beispielsweise bei einem Tageskonto der Fall ist. **Die zu erwartende Rendite richtet sich nach den Kursen und der Dividende**, die ausgeschüttet wird. So ist es keine Seltenheit, dass ein

Unternehmen, bedingt durch ein mittelmäßiges oder gar schlechtes Geschäftsjahr keine Dividende ausschüttet. Vor 2009 boten Aktien einen weiteren großen Vorteil, der jedoch seit der Einführung der Abgeltungssteuer, zumindest in Deutschland verloren gegangen ist. Diese steuerlichen Vorteile, die sich ergaben, wenn eine Aktie über ein ganzes Jahr gehalten, sprich nicht verkauft, wurde, gibt es nun nicht mehr. Heutzutage sind **in Deutschland grundsätzlich alle Kursgewinne steuerpflichtig**.

Bei Aktien handelt es sich um ein Finanzprodukt, welches stets langfristig betrachtet werden muss. Kurzzeitige Kursschwankungen beziehungsweise –verluste sollten Anleger nicht abschrecken. Es gilt abzuwarten, bis sich der Kurs wieder positiv entwickelt. Auch in Zeiten von fallenden Kursen durchzuhalten und nicht die Verkaufsoption zu nutzen, lohnt sich. Dieses wird von den Rendite-Auswertungen des Deutschen-Aktien-Instituts belegt, welches die Renditen der Dax-Investments innerhalb der letzten 60 Jahre analysiert und ausgewertet hat. Das Ergebnis dieser Auswertung zeigt, dass die Perioden, in denen hohe Renditen erzielt wurden, verlustreiche Perioden überwiegen. Wer durch den Handel mit Aktien einen Vermögenszuwachs erzielen möchte, dem sollte bewusst sein, dass es dafür unerlässlich ist, stets auf dem neuesten Stand im

Hinblick auf die wirtschaftliche Entwicklung von Unternehmen zu sein, um zukünftige Trends frühzeitig zu erkennen und dementsprechend mit einem Kauf oder Verkauf von Aktien zu beginnen. Dafür sind beispielsweise die regelmäßige Lektüre von Quartalsberichten der Aktiengesellschaften aber auch ein Blick auf sich ändernde politische und rechtliche Rahmenbedingungen erforderlich.

DIE BÖRSE ALS MARKTPLATZ FÜR DEN HANDEL VON WERTPAPIEREN

Im Rahmen des zweiten Kapitels dieses Buches soll nun auf die Börse eingegangen werden. Diese ist, kurz formuliert und auf den Punkt gebracht, der Marktplatz, auf dem Aktien, andere Wertpapiere und Rohstoffe gehandelt werden. Hier, im Verlauf dieses Buches, soll lediglich die Wertpapier-Börse betrachtet werden.

Allgemeine Informationen über die (Wertpapier-) Börse

Wie auf anderen Marktplätzen (Wochenmarkt, Flohmarkt, etc.), so treffen sich auch hier Käufer und Verkäufer, um anstatt Waren und / oder Dienstleistungen Aktien und andere Wertpapiere zu handeln. Allerdings werden Börsen im Gegensatz zu anderen Marktplätzen von einer Börsenaufsicht geregelt. Ein weiterer, entscheidender Unterschied besteht darin, dass sich die Preise beziehungsweise der Kurs von Aktien im Sekundentakt ändert.

Fürdiese ständigen Preisveränderungen sind das Angebot sowie die Nachfrage verantwortlich. Das optimale Verhältnis zwischen Angebot und Nachfrage, sprich der Börsenkurs einer Aktie, wird von Computern berechnet.Im Hinblick auf das Angebot ist der Begriff Briefkurs wichtig. Dieser gibt den Preis beziehungsweise Kurs an, zu dem die Verkäufer bereit sind, ein Wertpapier zu verkaufen. Der Geldkurs ist der Kurs, zu dem die Käufer bereit sind, ein Wertpapier zu kaufen.Im weiteren Verlauf des Buches wird genauer auf das optimale Verhältnis und die Berechnung des Börsenkurses einer Aktie eingegangen.

Der Handel mit Aktien und anderen Wertpapierenan der Börse wird also reguliert. Deshalb wird von einem geregelten Marktumfeld gesprochen. Die Aufgabe einer Wertpapier-Börse besteht darin, eine Transparenz bei der Bildung von Preisen herzustellen und die Abläufe des Handels effizienter zu gestalten. Die wohl wichtigste Funktion einer Börse ist die Zusammenführung von Anlegern und Unternehmen, um auf diese Weise durch den Verkauf von Unternehmensanteilen an die Aktionäre Kapital für Investitionen und für die Verwirklichung von neuen Geschäftsideen zu gewinnen.

Weitere Finanzprodukte an der Börse

Neben dem Handel von Aktien, ist die Börse auch Marktplatz für den Handel mit Anleihen, Zertifikaten, Optionsscheinen, sogenannten ETFs und Investmentfonds. Diese sollen hier in diesem Unterkapitel nun ebenfalls vorgestellt werden, bevor anschließend im Detail auf die Entstehung des Aktienkurses eingegangen wird.

Anleihen

Bei Anleihen handelt es sich um Schuldverschreibungen, die entweder von Unternehmen, aber auch von Staaten ausgegeben werden, mit dem Ziel der mittel- bis langfristigen Kapitalbeschaffung. Erwirbt ein Käufer eine solche Anleihe, die auch als Pfandbrief bezeichnet werden kann, so entsteht daraus ein Schuldverhältnis. Das bedeutet, dass der Käufer der Schuldverschreibung zu dem Gläubiger des Verkäufers wird. Der letzte ist dementsprechend der Schuldner des ersten. Aus diesem Schuldverhältnis entsteht ein Anspruch des Gläubigers auf die volle Rückzahlung des Kaufpreises der Anleihe plus eine vorher festgelegte Verzinsung. Die Rechte werden in einer Urkunde verbrieft. Diese setzt sich aus dem Mantel, der die Forderungen des Gläubigers verbrieft und einem Bogen zusammen, der aus Kupons besteht. Die Kupons werden dazu genutzt, um Ertragsansprüche geltend zu machen.Die Schuldverschreibung umschließt, neben dem Recht auf Rückzahlung zum Nennwert und Verzinsung in Kupon-Höhe, ebenso das Recht auf eine vorrangige Rückzahlung, falls es zu einem Konkurs kommt. Der große Unterschied zu den Aktien ist, dass Anleger, die Anleihen eines Unternehmens (oder Staates) erwerben, keinerlei Stimm- oder Teilhaberechte haben. Der Anleger ist dementsprechend kein Mitinhaber des Anleihen ausgebenden Unternehmens. Außerdem unterscheiden sich die Anleihen insofern von Aktien, dass diese den Anlegern alle sechs oder zwölf Monate Zinsen zahlen. Aus diesem Grund werden die Schuldverschreibungen oft auch als fest verzinsliche Wertpapiere oder Renten bezeichnet. Des Weiteren werden diese Wertpapiere nicht in Währungen gehandelt, sonder stets in Prozent. Doch was versprechen sich Unternehmen oder Staaten, die Anleihen ausgeben? Zunächst ist diese Form der Kapitalbeschaffung meist günstiger, als die Aufnahme eines Bankkredits und es müssen keine zusätzlichen Sicherheiten geboten werden. Im fünften Kapitel wird genauer auf Anleihen eingegangen.

Zertifikate

Ein weiteres Finanzprodukt, welches an der Börse gehandelt wird, sind Zertifikate. Diese stellen eine Art Mischung aus Aktien, Anleihen und Optionsscheinen dar. Die Ähnlichkcit zu anderen Wertpapieren hängt davon ab, um welches Zertifikat es sich handelt, denn diese können sehr unterschiedlich sein. Es handelt sich um derivate Wertpapiere, die es Anlegern ermöglichen, von Basiswerten und deren Entwicklung zu profitieren. Bei Basiswerten handelt es sich beispielsweise um Aktien, Währungen oder auch Aktien-Indizes, mit denen auf verschiedene Kursentwicklungen gewettet werden kann. Da es, wie bereits angemerkt, eine ganze Reihe an unterschiedlichen Zertifikaten mit ebenso verschiedenen Basiswerten gibt, weichen Rendite beziehungsweise Risiko der einzelnen Zertifikate stets voneinander ab.Zum Beispiel gibt es Zertifikate mit Hebel, die den Anlegern bei steigenden Kursen hohe Gewinne in Aussicht stellen, für den Fall von Kursverlusten allerdings auch große Risiken aufweisen. Außerdem existieren Discount-Zertifikate, die den Anlegern mehr Sicherheit bieten, indem der Basiswert unter dem aktuellen Wert gekauft wird. So sichert das Zertifikat den Anleger vor Kursverlusten ab, mindert jedoch auch die Höhe des möglichen Gewinns. Auch die Zertifikate werden im fünften Kapitel detaillierter betrachtet.

Im Rahmen dieser Informationsbox sollen dem Leser die Begrifflichkeiten „Small Caps", „Mid Caps" und „Large-Caps" beziehungsweise „Blue Chips" erläutert werden. Der Vollständigkeit halber soll auch erklärt werden, was es mit den Pennystocks auf sich hat. Zuerst soll auf die letzten eingegangen werden. In Deutschland werden die Aktien von Blue-Chip-Unternehmen (Large-Caps) ausschließlich am Deutschen Aktien Index (DAX) gehandelt. Der Begriff stammt aus den Vereinigten Staaten, wird jedoch heutzutage auch in Deutschland genutzt, um besonders wertvolle Aktiengesellschaften beziehungsweise solche mit einem besonders hohen Börsenwert zu beschreiben. Die Aktiengesellschaften, die als Blue Chips bezeichnet werden, zeichnen sich dadurch aus, dass diese hohe Erträge erwirtschaften und ihre unternehmerische Tätigkeit weltweit ausüben. Anlegern wird mit Blue-Chip-Aktien eine vergleichsweise risikoarme Anlageform ermöglicht, weshalb diese allgemein zu den sicheren Aktien gezählt werden.Nichtsdestotroz kann es selbstverständlich auch bei den Blue Chips zu Kursschwankungen und Verlusten kommen. Beispiele für Blue Chips, die im DAX gelistet werden, sind EON, BASF, Daimler und Volkswagen. US-amerikanische Blue Chips sind unter vielen weiteren, McDonalds und Coca-Cola.

Mid Caps *gehören zu den sogenannten* **Nebenwerten***. Das sind Unternehmen, die nicht im deutschen Leitindex, also im DAX, aufgeführt werden. Der Börsenwert beziehungsweise* *die Marktkapitalisierung dieser Aktien ist mittel. Allerdings ist es auch möglich, dass diese Aktien durch eine andauernde positive Entwicklung zu Blue Chips werden.*

Small Caps *hingegen, die in Deutschland im SDAX geführt werden, sind Unternehmen, die eine geringe Marktkapitalisierung oder einen geringen Börsenumsatz aufweisen. Small Caps werden ebenfalls zu den Nebenwerten gezählt.Allerdings ist zu erwähnen, dass es keine allgemein anerkannte Definition gibt.*

Pennystocks *sind Aktien, die weniger als einen Euro beziehungsweise weniger als eine (komplette) Währungseinheit wert sind. Bereits der Name verrät diese Eigenschaft, denn „Penny" kommt aus dem Englischen und steht für „Pfennig" und „stocks" lässt sich als „Aktien" ins Deutsche übersetzen. In den Vereinigten Staaten ist es allerdings so, dass der Begriff weiter gefasst wird und alle Aktien als Pennystocks bezeichnet werden, deren Wert unter fünf US-Dollar liegt. In der Regel fallen die Pennystocks auch unter die Nebenwerte. In vielen Fällen handelt es sich bei diesen „Pfennigaktien" um solche, die von Unternehmen ausgegeben wurde, die kurz vor der Insolvenz stehen oder sogar bereits insolvent sind. Es handelt sich also um hoch spekulative, risikobehaftete Aktien.*

Optionsscheine

Wird mit Optionsscheinen gehandelt, so müssen sich Anleger bewusst sein, dass hohe Verluste aber auch hohe Gewinne möglich sind. Die Herausgabe eines Optionsscheins ist stets an die der entsprechenden Anleihe gekoppelt. Die Optionsscheine ermöglichen es Anlegern beispielsweise Aktien zu einem vorher definierten Preis über eine ebenso festgelegte Zeitperiode zu erwerben. Wird also ein Optionsschein erworben, der das Recht beinhaltet eine Aktie zu einem bestimmten Preis zu erwerben und der Kurs derselben steigt, so bedeutet dies einen Gewinn für den Anleger. Dieser bezahlt für den Optionsschein, um ein kurzes Beispiel aufzuführen, 30 Euro und erhält das Recht die Aktie, die aktuell einen Kurs von 100 Euro verzeichnet, innerhalb des vereinbarten Zeitraumes für 90 Euro zu erwerben. Insgesamt zahlt der Anleger also 30 Euro (Kauf des Optionsscheins) und 90 Euro (Kauf der Aktie zum festgelegten Preis [Bezugspreis]), sprich insgesamt 120 Euro. Würde der Kurs der Aktie, die zum Zeitpunkt des Kaufs des Optionsscheins, 100 Euro wert war, nun steigen, beispielsweise auf 150 Euro, so zahlt der Inhaber des Optionsscheins diese für lediglich 120 Euro (Preis des Optionsscheins plus vereinbarten Kaufpreis für die Aktie). Dementsprechend kann die

Aktie dann gewinnbringend zu dem aktuellen Kurs von 150 Euro veräußert werden. Pro Aktie, die über den Optionsschein erworben wird, wären dies also 30 Euro Gewinn. Vor allem für Einsteiger in den Börsenhandel ist es dringend zu empfehlen, nicht mit dem Handel von Optionsscheinen zu beginnen. Verläuft die Wertentwicklung der Aktie nicht so, wie erhofft, so kann es zu einem vollständigen Verlust des Geldes kommen. Aus diesem Grund werden Optionsscheine in diesem Buch nicht näher unter die Lupe genommen.

Investmentfonds

Besonders für Neulinge an der Börse können Investmentfonds sehr interessant sein und eine echte Alternative zu dem Kauf einzelner Aktien darstellen. Bei diesen Fonds handelt es sich quasi um einen Korb, der mit dem Geld zahlreicher Anleger gefüllt wird. Mit diesem Geld werden dann Investitionen in unterschiedliche Vermögenswerte, wie zum Beispiel Aktien, durchgeführt. Darum kümmert sich der Fondsmanager, der aktiv nachgewinnbringenden und (abhängig von den Anlagerichtlinien) zugleich nach sicheren Formen der Geldanlage sucht. Deshalb wird auch von aktiv gemanagten Fonds gesprochen. Zu viel Risiko dürfen die Manager dabei jedoch nicht eingehen und sind dazu verpflichtet, sich an die gesetzlichen Vorschriften zu halten sowie die Anlagerichtlinien des Fonds zu berücksichtigen. Das Prinzip der Investmentfonds beruht auf einer breiten Streuung des Risikos durch viele verschiedene Anlagen.

Es existieren **offene und geschlossene Fonds**. Die ersten sind solche, die von Kapitalgesellschaften angeboten werden, deren Fondsmanager sich dann der Verwaltung und Investition des gesammelten Geldes annehmen. Das Geld gehört zu dem Sondervermögen der Gesellschaft und fließt nicht mit in die Insolvenzmasse ein und ist somit vor einer Unternehmenspleite geschützt. Anders als bei dem direkten Kauf von Aktien, ist es bei Investmentfonds so, dass die Anleger weder Mitinhaber beziehungsweise Anteilseigner der Kapitalgesellschaft noch der Unternehmen, deren Aktien sich in dem Fond befinden, werden. Ebenso wenig entsteht ein Schuldverhältnis zwischen Anlegern und Kapitalgesellschaft. Die Anleger erhalten einen Anteil an dem Sondervermögen, welches durch den Fond dargestellt und von der Gesellschaft treuhänderisch verwaltet wird. Dafür müssen die Anleger Gebühren und / oder Provisionen an dieselbe zahlen. Im Gegenzug haben die Anleger jedoch das Recht, ihren Anteil an dem Sondervermögen an der Börse zu veräußern oder diese direkt an die Gesellschaft zurückzugeben. Anleger profitieren auch von den Gewinnen, die aus dieser Geldanlage erwirtschaftet werden, wie beispielsweise Zinsen oder Dividenden. Es kommt hier ganz darauf an, welche Finanzprodukte von dem Fondsmanager gekauft werden.

Geschlossene Fonds hingegen erfüllen den Zweck der (Teil-) Finanzierung von Großprojekten, wie zum Beispiel Windparks und Schiffen. Da es sich hier rechtlich betrachtet um Beteiligungsgesellschaften handelt, werden die Anleger dementsprechend zu Anteilseignern. Anders als bei offenen Fonds, bei denen meist die Möglichkeit besteht, auch im Nachhinein also während der gesamten Existenz des Fonds Anteile an demselben zu erwerben, kann an geschlossenen Fonds nur im Vorhinein partizipiert werden. Bei den geschlossenen Fonds ist ein Erwerb von Anteilen nur während der Verkaufsfrist möglich. Ebenso gestaltet sich der Verkauf von Anteilen während der Projektlaufzeit schwierig, meist unmöglich.

Normale Investmentfonds finden im weiteren Verlauf des Buches keine Beachtung mehr, lediglich in einem Vergleich mit den exchange traded funds.

ETFs

Zunächst steht die Abkürzung ETF für exchange traded funds. Diese gehören ebenfalls zu den Investmentfonds, sollen hier jedoch getrennt von einander betrachtet werden. ETFs werden direkt über die Börse gehandelt und umfassen zahlreiche Aktien von Unternehmen der verschiedensten Branchen. Auch hier wird also breit gestreut, um das Risiko gering zu halten. Es gibt sowohl aktiv als auch passiv gemanagte Exchange Traded Funds. Die aktiv betreuten ETFs werden direkt von der Bank gemanaged, während passive ETFs zuvor festgelegte Unternehmen oder einen Index nachbilden. Die passiven sind deutlich günstiger hinsichtlich der Gebühren und auch die zu zahlenden Provisionen fallen vielgeringer aus. Im Vergleich zu anderen, aktiv gemanagten Fonds, sind passive ETFs bis zu vier Fünftel günstiger. Das wirkt sich natürlich positiv auf die Rendite aus, die nicht so stark durch hohe Gebühren und Provisionen gemindert wird. Dieses Finanzprodukt kann, genau wie Aktien, fortlaufend an der Börse gehandelt werden. Im fünften Kapitel werden die passiven exchange traded funds genauer betrachtet und die Renditemöglichkeiten mit denen eines normalen Investmentfonds gegenübergestellt.

Der Kurs einer Aktie

Der Aktienkurs ist der aktuelle Wert einer Aktie. Wie bereits im vorangegangenen Unterkapitel erwähnt wurde, wird der Kurs einer Aktie von Computern ermitteln, die das optimale Verhältnis zwischen Angebot (Briefkurs) und Nachfrage (Geldkurs) berechnen. Dafür greifen die Computer auf Informationen aus dem Orderbuch zurück, in dem alle Kauf- sowie Verkaufsaufträge dokumentiert und gesammelt werden. Wenn Aktionäre eine Aktie kaufen möchten, so haben diese stets die Möglichkeit, innerhalb der Kauforder einen Höchstpreis anzugeben, den diese bereit sind, für die Aktie zu zahlen. Für Verkäufer gilt dasselbe, diese geben innerhalb der Verkaufsorder einen Mindestpreis an. Der Computer greift nun auf alle Kauf- und Verkaufsorders zu und ermittelt den Aktienkurs, der dazu führt, dass der größtmögliche Umsatz erzielt wird. Mit anderen Worten wird der Börsenkurs so aus Angebot und Nachfrage berechnet, dass möglichst viele Verkäufer bereit sind, Aktien zu einem für die Käufer akzeptablen Preis zu veräußern. Dies soll nun Anhand eines Beispiels näher erläutert werden.

Beispiel für die Entstehung des Börsenkurses einer Aktie

Das folgende Beispiel soll die Entstehung des Börsenkurses einer Aktie verdeutlichen. Es ist festzuhalten, dass in der Realität deutlich mehr Käufer und Verkäufer zu finden sind, zur Veranschaulichung soll hier jedoch nur von wenigen Käufern und Verkäufern ausgegangen werden.

Die Aktie X wird an der Börse gehandelt. Es gibt Interessenten an einem Kauf derselben als auch Aktionäre, die ihre Anteile an dem Unternehmen wieder verkaufen möchten.

Die Käuferseite

Insgesamt sind zehn Personen bereit, einen Preis von 99,50 Euro für eine Aktie des Unternehmens zu bezahlen, sprich einen akzeptablen Höchstpreis von 99,50 Euro angegeben haben. Wiederum 20 Personen sind mit dem Aktienpreis von bis zu 100 Euro einverstanden. Weitere 20 Personen haben den Höchstpreis, den diese bereit sind, für eine Aktie zu zahlen, auf 101 Euro festgelegt.

Die Verkäuferseite

Auf der Verkäuferseite gibt es zehn Personen, die damit einverstanden sind, ihre Anteile an dem Unternehmen für 98 Euro zu veräußern. 30 Verkäufer sind mit einem Preis von 99,50 Euro zufrieden und zehn möchten mindestens 100,50 Euro pro Aktie erhalten.

Der Börsenkurs und das optimale Verhältnis aus Angebot und Nachfrage

Der Makler beziehungsweise die Computer, die auf das Orderbuch, in dem Kauf- und Verkaufsordern aufgeführt werden, zugreifen, berechnen nun das optimale Verhältnis aus Angebot und Nachfrage. Dieses ist gegeben, wenn möglichst viele Käufer bereit sind, Aktien zu dem von möglichst vielen Verkäufern akzeptierten Mindestpreis zu erwerben. Mit anderen Worten besteht das optimale Verhältnis, wenn die größt mögliche Anzahl an Käufern die Aktien von der größt möglichen Anzahl an Verkäufern erwirbt.

Anzahl der Käufer	Akzeptierter Maximal- (Kauf-) Preis (Geldkurs)	Anzahl der Verkäufer	Akzeptierter Minimal- (Verkaufs-) Preis (Briefkurs)

10	99,50 Euro	10	98,50 Euro
20	100,00 Euro	30	99,50 Euro
20	101,00 Euro	10	100,50 Euro

Wird der Kurs also, um ein Beispiel zu geben, mit 101 Euro zu hoch angesetzt, so finden sich zwar viele Verkäufer, nämlich alle 50 hier aufgeführten, die bereit sind, ihre Unternehmensanteile für diesen hohen Preis zu veräußern. Allerdings sind nur wenige Käufer, lediglich 20, dazu bereit, diesen Preis für die Aktien zu zahlen. Das optimale Verhältnis ist hier also nicht gegeben.

Eine ähnliche Situation entsteht, wenn der Kurs zu niedrig angesetzt wird. Beispielsweise werden 98,50 Euro als Preis angesetzt. Ist dies der Fall, so finden sich 50 Personen auf der Käuferseite, die bereit sind, die Aktie zu diesem Preis zu erwerben. Auf der Verkaufsseite jedoch sind nur zehn Anbieter dazu bereit, die Aktie für den Preis von 98,50 Euro zu veräußern. Die Nachfrage an Aktien zu diesem Preis könnte also nicht befriedigt werden, sodass das optimale Verhältnis nicht gegeben ist.

In diesem Beispiel ist das optimale Verhältnis zwischen Angebot und Nachfrage erfüllt, wenn der Aktienpreis auf 100 Euro festgelegt wird. Dem liegt zugrunde, dass bei einem Preis von 100 Euro für die Unternehmensanteile, 40 Käufer diesen akzeptieren und wiederum 40 Verkäufer willig sind, ihre Aktien zu diesem Preis zu veräußern. Das optimale Verhältnis ist also erfüllt und der Börsenkurs der Aktie aus dem Beispiel beträgt 100 Euro. Allerdings wiederholt sich dieser Vorgang, sprich die Suche nach dem optimalen Verhältnis aus Angebot und Nachfrage, in der Praxis im Minuten- oder gar im Sekundentakt, weshalb es an der Börse zu schwankenden Aktienkursen kommt. Das liegt daran, dass Aktionäre weltweit ihr Kauf- beziehungsweise Verkaufsangebot abgeben können.

Im Zusammenhang mit dem Wertpapierhandel an der Börse wird oft von Indizes gesprochen. Was diese genau sind, erfährt der Leser im folgenden Unterkapitel.

Die Deutsche Börse AG

Die Deutsche Börse ist eine Aktiengesellschaft und hat ihren Sitz in Frankfurt am Main. Das Unternehmen bietet mehr als 3.000 Indizes an, auf die weiter unten genauer eingegangen wird. Der bekannteste ist der Deutsche Aktien Index (DAX). Auch von großer Bedeutung sind der MDAX und der TecDax.

Die Börsensegmente der Deutschen Börse AG – Regulierter Markt und Freiverkehr

Die Deutsche Börse AG hat die Börse in verschiedene Segemente unterteilt. Insgesamt existieren zwei Börsensegmente, die wiederum einem von drei Transparenzlevels zugeordnet werden. Unternehmen, die sich über die Emission von Aktien an der Börse Kapital beschaffen möchten, haben die Möglichkeit, zwischen dem regulierten Markt und dem Open Market (Freiverkehr) zu wählen. Für die Aufnahme in eines dieser Segmente müssen daran interessierte Unternehmen einige Zulassungsvoraussetzungen erfüllen. Wesentlicher Unterschied zwischen dem regulierten Markt und dem Freiverkehr ist die Regulierung derselben. Die Aktien, die im regulären Markt gehandelt werden, unterstehen öffentlich-rechtlichen Regelungen, während die Aktien, die im Open Market gekauft und verkauft werden, über das Privatrecht geregelt werden.

Der regulierte Markt

Der regulierte Markt an der Deutschen Börse wird in zwei Transparenzlevels unterteilt: General und Prime Standard. Das letzte, sprich der **Prime Standard**, ist für die großen Aktiengesellschaften vorgesehen, die auch internationale Investoren von dem Erwerb von Unternehmensanteilen, sprich Aktien, überzeugen möchten. Hier gilt es, die hohen Anforderungen zu erfüllen. Diese umfassen die Erstellung eines Abschlusses nach internationalen Standards der Rechnungslegung, die quartalsweise Veröffentlichung von Geschäftsberichten und zwar auch in englischer Sprache, die Erstellung eines regelmäßig aktualisierten Unternehmenskalenders sowie die Veröffentlichung von Ad-Hoc Meldungen auch in Englisch und die Organisation und Durchführung von (mindestens) einer, jährlichen Analystenkonferenz. An der Deutschen Börse können nur die Unternehmen in den DAX, MDAX, Tec- oder SDAX aufgenommen werden, die den Ansprüchen des Prime Standard gerecht werden. Mehr zu den Indizes der Deutschen Börse erfährt der Leser im Unterkapitel 2.4.

Der **General Standard** wiederum ist für kleinere sowie mittelgroße Unternehmen interessant, die vor allem inländische Investoren ansprechen möchten. Grundsätzlich ist der Börsengang günstiger als bei dem Prime Standard, allerdings müssen auch hier gewisse (gesetzliche) Mindestanforderungen erfüllt werden. Dazu zählen neben der Anwendung von internationalen Rechnungslegungsstandards auch die Veröffentlichung von Ad-Hoc Meldungen und die eines Zwischenberichts.

Der Open Market (Freiverkehr)

Das Börsensegment Open Market beziehungsweise Freiverkehr umfasst die Aktiengesellschaften, die den Voraussetzungen für die Zulassung auf den regulierten Markt nicht gerecht werden. Ein bedeutender Unterschied zu dem regulierten Markt besteht darin, dass die Unternehmen, die sich auf dem Open Market bewegen, nicht den besonders strengen gesetzlichen Vorschriften und Anforderungen genügen mussen, sondern dem Privatrecht unterstehen. Der Open Market wird wiederum in Teilsegmente hinsichtlich der Transparenz gegliedert: Quotation Boad und Scale.Das **Quotation Board** bezieht alle Aktiengesellschaften mit ein, deren Wertpapiere bereits an einer anderen anerkannten Wertpapierbörse beziehungsweise an einem börsenmäßigen Handelsplatz zugelassen worden. Dementsprechend handelt es sich hier in der Regel um ausländische Aktien. Im Open Market der Deutschen Börse AG befinden sich also nicht nur deutsche, sondern auch Unternehmen aus dem Ausland. Das Teilsegment **Scale** wiederum versteht sich als Segment für kleine und mittelständische Unternehmen und soll es diesen erleichtern, auf effiziente Weise durch die Emission von Aktien Eigenkapital zu erhalten. Im Gegensatz zu dem Segment Entry Standard, welches vor einigen Jahren durch Scale ersetzt wurde, ist das letztere im Hinblick auf die zu erfüllenden Standards, strenger.Direkt mit dem regulierten Markt verglichen, haben Aktionäre, die Wertpapiere besitzen, die im Freiverkehr gehandelt werden, keinen Anspruch auf die Ausführung von Börsenaufträgen. Soll also beispielsweise eine solche Aktie verkauft werden, so kann die Bank dieses ablehnen. Aus diesem Grund sollten, wenn überhaupt, die Aktien aus dem Open Market gekauft werden, die über eine ausreichend hohe Marktkapitalisierung verfügen. Anfängern ist generell von im Open Market gehandelten Aktien abzuraten.

Darstellung der Börsensegmente an der Deutschen Börse

Börsensegment	Transparenzlevel
Regulierter Markt	Prime Standard
	General Standard
Open Market	Scale
	Quotation Board

1.0.0.0.

Die Kontrolle an der Deutschen Börse

Um dem Transparenz- sowie Fairness-Anspruch der Deutschen Börse gerecht zu werden und um sicherzustellen, dass die Börsenregeln eingehalten werden, wurde die **Handelsüberwachungsstelle (HÜSt)** ins Leben gerufen. Hier handelt es sich also um eine Art Polizei, die das Geschehen an der Börse beobachtet. Beispielsweise überprüft beziehungsweise überwacht die Handelsüberwachungsstelle die Preisfeststellungen von Aktien und kümmert sich darum, dass abgesprochene Geschäfte aufgedeckt und die Geschäftsführung der Börse darüber in Kenntnis gesetzt wird, die dann die Verantwortlichen bestraft. Je nach Vergehen kann ein Ordnungsgeld in Höhe von bis zu 50.000 Euro erhoben werden oder der Entzug der Börsenzulassung.

Auch die deutsche **Bundesanstalt für Finanzdienstleistungen (BaFin)** spielt eine Rolle bei der Abwicklung von Geschäften mit Wertpapieren an der Börse. Unter anderem überwacht die BaFin, ob Aktiengesellschaften ihrer Publizitätspflicht nachkommen.

Die Aktienkurse und Aktienindizes der Deutschen Börse, zu denen der DAX sowie der MDAX und weitere zählen, auf die nachfolgend genauer eingegangen wird, werden über das elektronische Handelssystem XETRA ermittelt. Dazu erfasst das vollautomatische System von XETRA alle eingehenden Kauf- und Verkaufsorders, stellt diese einander gegenüber und berechnet daraus dann den Kurs einer Aktie. Heutzutage werden in der Bundesrepublik nahezu alle deutschen Wertpapiere (über 90 % des gesamten Aktienhandels aller deutschen Börsen) über das XETRA System gehandelt, welches im Jahr 1997 von der Deutschen Börse AG eingeführt wurde und den Vorgänger-System IBIS ersetzte. XETRA stellt die Aktienpreise nach transparenten Regeln fest. Allerdings sollten Anleger, die ein Wertpapier über diese elektronische Börse kaufen oder verkaufen möchten, darauf achten, dies zu den täglichen Handelszeiten zu tun. Der fortlaufende Handel auf XETRA beginnt jeden Tag von montags bis freitags um 9.00 Uhr und endet um 17.30 Uhr der MEZ (mitteleuropäische Zeit). Grundsätzlich können bei XETRA die Orders rund um die Uhr aufgegeben werden, die Ausführung derselben erfolgt dann jedoch erst am nächsten Handelstag.

Ein weiteres Instrument, welches von der Börse genutzt wird, um Anleger zu schützen, ist die sogenannte **Handelsaussetzung**. Wenn durch ein bestimmtes Vorkommnis zu erwarten ist, dass überaus starke Reaktionen eines Aktienkurses auslöst, so kann dic Börse eine Handelsaussetzung verhängen. Dieser gibt den Anlegern mehr Zeit, um sich für einen Kauf oder Verkauf zu entscheiden, denn alle noch nicht durchgeführten, jedoch bereits im Orderbuch eingetragenen Kauf- und Verkaufsaufträge werden gestrichen.

Der Aktienindex

Wenn es um die Börse und Aktien geht, so fällt oft der Begriff Aktienindex. Ein solcher Index dient Aktionären als eine Orientierungshilfe, über die die Tendenzen des Marktes beziehungsweise über die Tendenzen an der Börse erkannt werden können. Doch zunächst soll erläutert werden, was dieser Index überhaupt ist und wie sich derselbe zusammensetzt.Grundsätzlich wird die Wert-Steigerung eines Index in Punkten angegeben, doch dazu später mehr. Der Aktienindex berechnet sich aus den Aktienkursen aller Unternehmen beziehungsweise Aktiengesellschaften, die an der jeweiligen Börse notiert sind.Es kommt also darauf an, um welche Börse es sich handelt, sprich welcher Börsenindex berechnet werden soll. Hier soll der Deutsche Aktienindex, kurz DAX, betrachtet werden.

Die wichtigsten deutschen Indizes

Der Deutsche Aktien Index (DAX)

Der Deutsche Aktien Index (DAX) zählt zu den weltweit wichtigsten Indizes und wird deshalb als der deutsche Leitindex bezeichnet. An diesem lässt sich durch bloßes Ablesen erkennen, wie es den Unternehmen, die innerhalb des Index aufgeführt werden, geht. Nicht jede deutsche Aktiengesellschaft hat die Möglichkeit, sich am Deutschen Aktien Index notieren zu lassen. Nur die 30 größten und wichtigsten Aktiengesellschaften werden im DAX gelistet. Diese sogenannten Blue Chips oder auch Standardwerte (siehe Informationsbox weiter unten) werden regelmäßig völlig automatisch von Computern ermittelt und, sollten die Kriterien nicht mehr erfüllt sein, so kommt es zu einem Ausschluss aus dem Index. Die sogenannte „Gesichtskontrolle“, im Rahmen derselben die im DAX notierten Unternehmen hinsichtlich ihrer Wichtigkeit überprüft werden, findet viermal im Jahr, im März, Juni, September und Dezember, statt, allerdings erfolgt eine ordentliche Mischung des Index nur einmal jährlich, außerordentliche Mischungen können jedoch auch mehrmals im Jahr vorgenommen werden. An diesen vier Tagen im Jahr werden die Aktiengesellschaften nach ihrem Umsatz an der Börse sowie deren Marktkapitalisierung sortiert. Die Unternehmen, die hier unten in der Liste aufgeführt werden, könnten zum nächstmöglichen Termin, bei dem Deutschen Aktien Index ist es stets der dritte September, von demselben ausgeschlossen werden. Wiederum andere Unternehmen, die sich aufgrund ihrer wirtschaftlichen Entwicklung nun für eine Positionierung am DAX eignen, kommen hinzu. Entscheidend dafür sind die jeweilige Marktkapitalisierung sowie der Börsenumsatz der Aktiengesellschaft im Hinblick auf andere an der Börse notierte Unternehmen. Alle diese werden nach den zwei Kriterien in eine Rangfolge eingeteilt. Erfüllt ein Unternehmen eine dieser beiden Kriterien nicht, sprich Börsenumsatz und / oder Marktkapitalisierung sind schlechter als Rang 45, so findet die sogenannte **Fast-Exit Regel**Anwendung und das

Aktienunternehmen wird vom Deutschen Aktien Index ausgeschlossen. Das ist allerdings nur möglich, wenn eine Aktiengesellschaft, die zu diesem Zeitpunkt nicht am DAX gelistet ist, hinsichtlich der Kriterien Marktkapitalisierung und Börsenumsatz mindestens den Rang 35 erreicht. Ist dies nicht der Fall, so kann das andere Unternehmen, welches eigentlich nach der Fast-Exit Regel ausgeschlossen werden sollte, vorerst im DAX bleiben.Diese Regel ist die erste, die von der deutschen Börse angewandt wird, um den DAX neu zu mischen. Die **Fast-Entry Regel**ist die zweite, die für die Regelung der DAX-Mitgliedschaften genutzt wird. Neues Mitglied des Deutschen Aktien Index wird das Unternehmen, welches im Hinblick auf Börsenumsatz und Marktkapitalisierung mindestens den Rang 25 erreicht. Nichtsdestotrotz muss ein Unternehmen die Kriterien für einen Rauswurf erfüllen, um ein neues Mitglied aufnehmen zu können, denn lediglich 30 Aktiengesellschaften werden an dem Deutschen Aktien Index notiert. Die **Regular ExitRegel**schließt Aktienunternehmen aus, die hinsichtlich der Ausschluss- beziehungsweise Aufnahmekriterien schlechter als der Platz Nummer 40 sind. Auch hier muss ein Unternehmen die erforderlichen Kriterien erfüllen, um der ausgeschlossenen Aktiengesellschaft nachfolgen zu können. Bei dem**Regular Entry** handelt es sich um einen Nicht-Indexwert. Dieser ermöglicht es Unternehmen, am DAX gelistet zu werden, wenn diese nach Handelsvolumen und Marktwert mindestens auf Rang 30 landen.

Unbedingt ist hier zu erwähnen, dass alle Regeln (Fast-Exit, Fast-Entry, Regular Exit und Regular Entry) nur im September, sprich zum ordentlichen Anpassungstermin des Deutschen Aktien Index, angewandt werden. Die Fast-Exit und Fast-Entry Regel hingegen werden auch im Rahmen der außerordentlichen Anpassungstermine des DAX in den Monaten März, Juni und Dezember angewandt. Mit anderen Worten kann es zu einer neuen Mischung des DAX an insgesamt vier Zeitpunkten im Jahr kommen, dafür müssen Unternehmen selbstverständlich die Ausschluss- beziehungsweise Aufnahmekriterien erfüllen. Der Fast-Exit sowie der Fast-Entry sorgen für den raschen Ausschluss beziehungsweise die rasche Aufnahme von Unternehmen in den DAX, die eine dramatische Verschlechterung beziehungsweise Verbesserung in Sachen Börsenumsatz und Marktkapitalisierung erleben. Die Veränderungen an dem deutschen Leitindex werden meist ungefähr zwei Wochen nach der Anwendung der Regeln umgesetzt. In seltenen Fällen kann es auch zu einem sogenannten **Fast-Fast-Exit** kommen. Diese außerordentliche Aktualiserung des Index geschieht dann, wenn eine dort gelistete Aktiengesellschaft ein Insolvenz-Verfahren eröffnet und somit pleite ist. Der Rauswurf erfolgt dann im Rahmen der vierteljährigen Inspektion. Ebenfalls erfolgt ein Ausschluss, wenn die Aktie nicht mehr den Streubesitz (Freefloat) von 10 % erreicht. Doch mehr zu dem Streubesitz und dem Indexgewicht im folgenden Unterkapitel.

Der MDAX

Der MDAX beinhaltet die Unternehmen, die in der Rangfolge hinsichtlich der Marktkapitalisierung und des Börsenumsatzes direkt auf die 30 im DAX gelisteten Aktiengesellschaften folgen und steht für „Mid-Cap-DAX". Insgesamt werden hier 50 Unternehmen miteingeschlossen, die hauptsächlich in Deutschland tätig sind. Auch in diesem Index können Unternehmen, die die Kriterien für die Mitgliedschaft nicht mehr erfüllen, ausgeschlossen werden, sodass auch hier neue dazu kommen können. Wie bei dem DAX wird der MDAX ebenfalls als Performance- und Kurs-Index berechnet.

Der SDAX

Bei dem SDAX handelt es sich um den drittgrößten, an der Marktkapitalisierung des Streubesitzes gemessenen sowie an dem Börsenumsatz orientierten Aktienindex Deutschlands. Der Name SDAX steht für „Small-Cap-DAX". Dies bedeutet, dass hier die Aktienkurse von kleineren Unternehmen, nach den üblichen Kriterien gemessen, zusammengefasst werden. Der Index beinhaltet die Entwicklung der Aktienkurse von 50 Unternehmen, die auf die im MDAX geführten Unternehmen folgen. Anders als bei dem Deutschen Aktien Index (DAX) und dem MDAX ist die Zusammensetzung des SDAX bedeutend heterogener, mit anderen Worten sind hier Aktiengesellschaften aus vielen verschiedenen Branchen vertreten. Eine neue Mischung dieses Index erfolgt, wenn es aufgrund einer gesunkenen Marktkapitalisierung oder einem fallenden Börsenumsatz erforderlich ist, vierteljährig.

Der TecDAX

Der TexDAX ging als Nachfolger aus dem NEMAX 50 hervor und beinhaltet die Aktienkurse der 30 größten deutschen Technologieunternehmen. Wie bei dem DAX und dem MDAX kommen neue Unternehmen hinzu, die den Kriterien im Hinblick auf die Marktkapitalisierung und den Börsenumsatz entsprechen. Dementsprechend werden Unternehmen, die nicht mehr den Anforderungen genügen, aus dem TecDAX geworfen.

Streubesitz und Indexgewicht am DAX

Zunächst soll hier die Begrifflichkeit Streubesitz (Free Float) erläutert werden. Dieser ist der Anteil von Aktien eines Unternehmens, die sich im Besitz zahlreicher Aktionäre befinden und somit zu jeder Zeit und ohne Beschränkungen an der Börse gehandelt werden können. Im Normalfall befindet sich der Rest der Aktien im festen Besitz, zum Beispiel gehören diese der Muttergesellschaft des Aktienunternehmens oder einem Großaktionär, welche diese dementsprechend nicht verkaufen wird. Dieser Festbesitz an Aktien hat keinen Einfluss auf die Entwicklung des DAX.

An dem Deutschen Aktien Index werden nicht alle Unternehmen auf gleiche Art und Weise gewichtet. Mit anderen Worten wird die Kurve des Index von den verschiedenen hier gelisteten Unternehmen unterschiedlich beeinflusst. Die Gewichtung innerhalb des DAX ist von der Marktkapitalisierung des Streubesitzes abhängig. Um diese zu ermitteln, wird der Streubesitz der Aktie mit dem Aktienkurs multipliziert. Ist der Streubesitz hoch, so ist auch das entsprechende Gewicht im DAX entsprechend hoch. Allerdings wird der Streubesitz, der über 10 % beträgt, nicht in die Gewichtung miteinbezogen, um so zu verhindern, dass einzelne Unternehmen zu hohen

Einfluss auf den Index haben.

Die Berechnung des Cash Flows nach der indirekten Methode

Wird die indirekte Methode genutzt, so wird hier der Nachsteuergewinn (EAT – Earnings after Taxes) genutzt. Hierbei wird die betriebswirtschaftliche Tatsache berücksichtigt, dass nicht alle innerhalb der Gewinn-und-Verlustrechnung verbuchten Erträge und Aufwendungen auch gleichzeitig Ein- und Auszahlungen darstellen. Mit anderen Worten sind diese nicht immer zahlungswirksam und fließen somit nicht in den Cash Flow mit ein. Zunächst wird in der Berechnung nach der indirekten Methode der Jahresüberschuss nach Abzug der Steuern (EAT) ermittelt. Dafür werden die Gehälter und Abschreibungen von dem erzielten Umsatz subtrahiert. In diesem Beispiel werden die gleichen Zahlen genutzt, wie bei der Berechnung nach der direkten Methode.

Anschließend werden dann die Aufwendungen, die nicht zahlungswirksam sind (im Beispiel lediglich die Abschreibungen), zu dem Jahresüberschuss (EAT) addiert.

EAT 40.000 Euro + Abschreibungen

15.000 Euro

= Cash Flow 55.000 Euro

Diese liquiden Mittel, über die das Unternehmen aus dem Beispiel verfügt, können beispielsweise dazu genutzt werden, um einen Kredit zu tilgen, die Liquidität des Unternehmens zu erhöhen oder für Investitionen verwendet werden.

Anschließend werden dann die Aufwendungen, die nicht zahlungswirksam sind (im Beispiel lediglich die Abschreibungen), zu dem Jahresüberschuss (EAT) addiert.

EAT 40.000 Euro + Abschreibungen 15.000 Euro

= Cash Flow 55.000 Euro

Diese liquiden Mittel, über die das Unternehmen aus dem Beispiel verfügt, können beispielsweise dazu genutzt werden, um einen Kredit zu tilgen, die Liquidität des Unternehmens zu erhöhen oder für Investitionen verwendet werden.

Kurs-Index und Performance-Index

Wichtig im Hinblick auf den DAX, ist die Unterscheidung zwischen Performance- und Kurs-Index. Der erste ist der, von dem oft in den Medien zu lesen beziehungsweise zu hören ist. In die Berechnung des Performance-Index fließen auch Dividenden, weitere Zahlungen an die Aktionäre und die Wiederanlage derselben mit ein. Mit anderen Worten werden hier auch die Ausschüttungen mit einbezogen. Bei dem Kurs-Index verhält es sich jedoch anders. Hier wird der Index einzig und allein durch die Kurse der Aktien aller am DAX gelisteten Unternehmen bestimmt. Die Zahlungen von Dividenden werden dementsprechend nicht berücksichtigt. Im direkten Vergleich dieser zwei Indizes wird der Kurs-Index logischerweise unter dem Performance-Index notiert. Erwähnenswert ist, dass der Performance-Index weltweit etwas Besonderes ist, da der Großteil der Aktienindizes weltweit lediglich als Kurs-Index berechnet werden.

Punkte

Im Zusammenhang mit Aktienindizes, beispielsweise dem DAX, ist stets von Punkten oder auch Zählern die Rede. Hier handelt es sich um einen Indikator, der die Wertentwicklung eines Index hinsichtlich des Ausgangswertsangibt. Der Ausgangswert wird immer dann bestimmt beziehungsweise willkürlich festgelegt, wenn Indizes ins Leben gerufen werden. Am Beispiel des DAX betrug der Ausgangswert im Jahr 1987 1000 Punkte (Zähler). Ein Anstieg des DAX im Vergleich zu dem vorherigen Tag wird in Prozent angegeben und bezieht sich auf die am Vortag vorhandenen Punkte.

Die wichtigsten Börsen und Indizes weltweit

Da im bisherigen Verlauf des Buches lediglich auf den Deutschen Aktien Index (DAX), der an der deutschen Börse gelistet wird, eingegangen wurde, sollen hier nun die weltweit wichtigsten Börsen und deren Leitindizes vorgestellt werden, denn nur die wenigen, bedeutenden Börsen der Welt haben einen Einfluss auf die internationalen Finanzmärkte.

Der **Dow-Jones (Dow Jones Industrial Average, DOW oder auch DJIA)** wird an der Börse in New York, der New York Stock Exchange (NYSE), die meist als Wall-Street bezeichnet wird, gehandelt. Dieser umfasst die Aktien der 30 größten Unternehmen der Vereinigten Staaten von Amerika. Die „Mutter aller Indizes“ existiert bereits seit 1884.

Ebenfalls die bedeutenden Indizes **Standard & Poor’s 500** und der NASDAQ Composite haben ihr Zuhause an der Wallstreet in New York. Der erste umfasst 500 Aktienwerte von us-amerikanischen Unternehmen. Der NASDAQ Composite Index umfasst nicht nur inländische, sprich us-amerikanische Unternehmen, sondern auch solche aus dem Ausland. Insgesamt werden hier 5000 Aktien aufgeführt.Auch der Nikkei 225zählt zu den weltweit wichtigsten Aktienindizes und ist der Leitindex der japanischen Börse, die ihren Sitz in der Hauptstadt Tokio hat. Der Index setzt sich aus den 225 wichtigsten Unternehmen des asiatischen Landes zusammen und zeigt deren Wertentwicklung auf.

DIE PLANUNG DER GELDANLAGE IN AKTIEN UND INFORMATIONEN ÜBER DIE BÖRSE

Innerhalb dieses Kapitels werden dem Leser nun die ersten Schritte der Planung aufgezeigt, die beachtet werden sollten, um mit dem Aktienhandel einen Gewinn zu erzielen. Unter anderem soll geschaut werden, wieviel Geld in Aktien investiert werden und ob dies kurz-, mittel- oder langfristig geschehen sollte. Um die richtigen Aktien zu wählen, ist es nicht nur wichtig, sondern viel mehr über Erfolg oder Misserfolg, sprich über Gewinn oder Verlust, entscheidend, verschiedene Informationsquellen zu nutzen. Ebenfalls Teil dieses Kapitels formen einige hilfreiche Tipps, um mit dem Handel von Aktien erfolgreich zu sein sowie auch häufige Fehler, die Anleger begehen. Des Weiteren wird ein Blick auf die Auswahl des Depots geworfen und erste Schritte an der Wertpapier-Börse erläutert. Auch werden im Rahmen dieses Kapitels verschiedene Risikoklassen vorgestellt, in die Banken und Finanzberater ihre Kunden einteilen. Allerdings ist es auch für Einsteiger interessant zu wissen, welcher Risikoklasse diese angehören, um sich für das individuell richtige

Finanzprodukt (Aktien, Fonds, Anleihe, Optionsscheine, etc.) zu entscheiden.

Die Erstellung einer Vermögens-Übersicht

Bevor mit dem Kauf von Aktien begonnen werden kann, sollte sich der zukünftige Aktionär zunächst über seine finanzielle Situation im Klaren sein. Überstürztes Vorgehen führt in den seltensten Fällen zu einem Erfolg an der Börse, schließlich soll hier nicht gezockt, sondern die Möglichkeit einer langfristigen, möglichst risikoarmen, jedoch gewinnbringenden Geldanlage genutzt werden. Dafür ist es, wie bereits angemerkt, wichtig, zu schauen, wie viel Geld pro Monat übrig ist und dementsprechend in Aktien investiert werden kann. Hilfreich und leicht zu erstellen ist eine individuelle, monatliche Bilanz, die die Einnahmen mit den Ausgaben gegenüberstellt. Darunter fallen die Lohn- beziehungsweise Gehaltszahlungen und andere Einnahmen, die Ausgaben für die Miete der Wohnung oder des Hauses sowie die Nebenkosten, zu tilgende Kredite, die Ausgaben für Einkäufe von Lebensmitteln, Kleidung und so weiter. Kurz zusammengefasst: die Lebenshaltungskosten. Der Betrag, der hier übrig bleibt, kann in den Kauf von Aktien investiert werden. Ist dieser gering, so sollte geschaut werden, wo Sparpotenzial vorhanden ist, um dieses auszuschöpfen und das Geld gewinnbringend anzulegen.

Natürlich spielt auch die individuelle Lebenssituation eine Rolle. Ein Ehepaar, welches keine Kinder hat, bei dem jedoch beide Teile erwerbstätig sind, sollte grundsätzlich weniger Ausgaben haben und gleichzeitig höhere Einnahmen verbuchen, als eine vierköpfige Familie, in der lediglich ein Elternteil einer beruflichen Tätigkeit nachgeht. Natürlich ist hier ebenso der jeweilige Lebensstil zu berücksichtigen. Ebenfalls sollte klar sein, ob das in Aktien investierte Geld bereits in wenigen Wochen für die Anschaffung eines neuen Fernsehers, oder doch mittelfristig für den Kauf eines Autos, oder gar langfristig für die Renovierung des Hauses oder für die Altersvorsorge benötigt wird. Die Frage kurz-, mittel- oder langfristig ist also von Bedeutung.

Die Unterteilung in Risikoklassen

Vor dem Hintergrund der letzten Finanzkrise wurden Banken und weitere Finanzdienstleister dazu verpflichtet, ihre Kunden stets ausführlich über die mit der Geldanlage einhergehenden Risiken zu informieren. Dazu werden die Kunden beziehungsweise die Finanzprodukte in bis zu sechs Risikoklassen eingeteilt. Unter zur Hilfenahme von Fragebögen wird das entsprechende Risikoprofil stets individuell ermittelt. Nachfolgend sollen die Risikoklassen hier beschrieben werden, um dem Leser eine Idee davon zu geben, wie Risiko und Rendite im Verhältnis zueinander stehen.

Risikoklasse 1 - Sicherheitsorientierung

Die erste Risikoklasse umfasst ausschließlich sichere Anlagen, die auf den Erhalt des Kapitals und auf der kurzfristigen Verfügbarkeit desselben beruhen. Dazu zählen neben Spareinlagen unter anderen auch, Fest- und Tagesgelder sowie Bausparverträge. Die Rendite und somit auch das Risiko fallen hier gering aus.

Risikoklasse 2 – Konservative Geldanlage

Hier handelt es sich um Finanzprodukte, die zwar sicherheitsorientiert sind, jedoch ein Zinsrisiko beziehungsweise Zinsänderungsrisiko bergen.Zum Beispiel gehören viele Anleihen zu der Risikoklasse 2. Das liegt schlichtweg daran, dass ein steigender Marktzins dafür sorgt, dass die Anleihe an Wert verliert (darauf wird später detailliert eingegangen). Außerdem besteht ein Emittentenrisiko, sprich die Unfähigkeit eines Unternehmens seiner

Zahlungsverpflichtung nachzukommen. Zu den Finanzprodukten der Risikoklasse 2 zählen festverzinsliche Wertpapiere, wie beispielsweise Bundesanleihen. Anleihen von Fremdwährungen gehören allerdings nicht der Risikoklasse 2 an. Auch europäische Rentenfonds und offene Immobilienfonds sind in der zweiten Risikoklasse angesiedelt. Um die Möglichkeiten auf eine attraktive Rendite auszunutzen, ist es wichtig, diese Finanzprodukte langfristig zu halten.

Risikoklasse 3 - Ertragsorientierung

Die Risikoklasse 3 umschließt solche Geldanlagen, die ein mittleres Risiko aufweisen. Dementsprechend sind die Rendite-Aussichten höher. Neben europäischen Standardwerten (Aktien) fallen auch internationale Rentenfonds, Mischfonds und Währungsanleihen in diese Kategorie beziehungsweise Klasse. Auch hier besteht das Emittentenrisiko, es kommen jedoch das Ertrags- und Kursrisiko hinzu. Ebenfalls ist das Währungsrisiko zu nennen.

Risikoklasse 4 - Spekulation

Zu der Risikoklasse 4 werden alle Geldanlagen gezählt, die ein vergleichsweise hohes Risiko mit sich bringen, bei Aussichten auf hohe Renditen. Dazu zählen europäische Nebenwerte (Aktien), außereuropäische Standardwerte, Zertifikate und Fremdwährungsanleihen. Für Anleger, die wenig risikofreudig sind, sind diese Finanzprodukte nicht zu empfehlen.

Risikoklasse 5 – Sehr spekulative Geldanlagen

Hier handelt es sich um die höchste Risikostufe, die sich ausschließlich für Anleger eignet, die hohe Verluste hinnehmen können. Die in Aussicht gestellten Renditen, sind überdurchschnittlich hoch und werden mit spekulativen Anleihen, wie Optionsscheinen, außereuropäischen Nebenwerten und Emerging-Market-Fonds erwirtschaftet. Nicht selten kommt es in diesen Fällen zu Totalverlusten des investierten Geldes.

Darstellung der einzelnen Risikoklassen

In der Darstellung wird veranschaulicht, dass das Risiko sowie auch die Renditechancen bei aufsteigenden Risikoklassen stets anwachsen.

Im bestens informiert zu sein und so die richtigen Entscheidungen bei dem Kauf von Wertpapieren und anderen Finanzprodukten zu treffen, sollten unterschiedliche Informationsquellen zur Rate gezogen werden. Mehr dazu im nächsten Unterkapitel.

Hinzuziehung verschiedener Informationsquellen

Natürlich hilft der Bankberater gerne weiter und berät Anleger im Hinblick auf die Geschäfte mit Aktien an der Börse. Dieser sollte jedoch nicht die einzige Informationsquelle darstellen, denn wichtig ist, selbst bestens über Entwicklungen auf dem Aktienmarkt informiert zu sein.

Bücher, so wie dieses, können dabei helfen, einen ersten Einblick in das Börsengeschehen zu erhalten und in das Thema Aktien einzusteigen. Da es sich hier allerdings um ein Buch für Anfänger handelt, werden (Anlage-) Strategien zwar aufgeführt und erläutert, es existiert jedoch eine Fülle an weiteren, spezifischeren Werken, die explizit auf Strategien eingehen. Nichtsdestotrotz sollte darauf geachtet werden, dass stets aktueller Bücher gekauft werden, denn der Börsenbereich wandelt sich schnell, sodass einige Werke bereits veraltet und nicht mehr aktuell sind.

Neben der Lektüre von Büchern über den Aktienhandel, sind auch **die audiovisuellen Medien** zu empfehlen. Um an Informationen zu gelangen, sollten vor allem die entsprechenden **Fernsehprogramme der öffentlich-rechtlichen Sender** genutzt werden. Diese bieten die Informationen im Normalfall auch im Internet an, wo diese Tag und Nacht abgerufen werden können. Ebenso die jeweiligen Teletext- beziehungsweise Videotext-Seiten geben Auskunft über aktuelle Entwicklungen und Trends an der Börse. Ebenfalls werden in **Radiosendungen** Neuigkeiten von der Börse verkündet.

Auch, sogar besonders zu empfehlen, ist die Informationsentnahme aus den **Unternehmensinformationen**. Wie bereits angeführt, haben Aktienunternehmen die Pflicht der Erstellung eines jährlichen Geschäftsberichtes. Dieser und auch die Quartalsberichte können daran interessierte Anleger direkt bei dem Unternehmen anfordern und somit Informationen aus erster Hand erhalten. Außerdem sollte die Internetseite des jeweiligen Unternehmens bereits Auskunft über dasselbe geben. Beispielsweise sollte dort die betriebliche Tätigkeit genau beschrieben sein, sodass der interessierte Anleger im Anschluss überprüfen kann, wie es um die Entwicklung dieser Branche im Allgemeinen bestellt ist. Daraus lassen sich oftmals bereits wichtige Schlüsse ziehen. Ebenso lohnt sich der Besuch von Messen, auf dem die jeweilige Aktiengesellschaft vertreten ist. Hier kann sich so ein genaueres Bild von dem Unternehmen verschafft sowie Fragen an das auf der Messe anwesende Personals stellt werden.

Auch die **Printmedien**, wie spezialisierte Finanz- und Wirtschaftsmagazine für Anleger aber auch die normale Tageszeitung bieten Näheres über Aktiengesellschaften, deren Aktien und über die Entwicklung des Werts derselben.

Auch das **Internet allgemein** kann nach aktuellen Analysen und Experten-Einschätzungen hinsichtlich der Entwicklung einzelner Aktien oder auch des gesamten Aktienmarktes durchforstet werden. Eine riesige Fülle an Informationen wird hier tagesaktuell und völlig kostenlos bereitgestellt. Hier gilt jedoch auch vor allem eins: Vorsicht. Denn in einigen Fällen stammen die Informationen nicht aus zuverlässigen, unabhängigen Quellen, sondern werden von Interessen beeinflusst. Es muss also unbedingt die Objektivität der jeweiligen, zur Rate gezogenen Analyse überprüft werden. Es existieren Internetseiten beziehungsweise -portale, die für den Kauf von Aktien werben und ganz besonders einen bestimmten Titel (Aktie) empfehlen. Außerdem gibt es (Werbe-) Anzeigen, die beispielsweise Überschriften wie „Die besten Aktien für 2018" oder „Geheime Aktien-

Tipps für 2018" tragen und ebenfalls bestimmte Aktien bewerben. Logischerweise versteckt sich dahinter lediglich Werbung und keine objektive Berichterstattung über zukünftige Trends an der Börse.Die Herausgeber dieser betrügerischen, vermeintlichen Börsennachrichten verdienen indirekt mit, auf Kosten des Anlegers, dem falsche Versprechungen gemacht werden. Auch kann es vorkommen, dass Banken besonders die Unternehmen gut bewertet, die diese selbst an die Börse gebracht hat. Außerdem sollten zukünftige Aktionäre beachten, dass auch Analysten nur Menschen sind und sich dementsprechend in ihren Bewertungen und Einschätzungen durchaus irren können.

Eine weitere, interessante Möglichkeit, um nicht den Überblick über das Börsengeschehen zu verlieren und stets auf dem aktuellsten Stand zu sein, wird von **Apps** geboten, die gleichermaßen für Android- aber auch für iOs-SmartPhones erhältlich sind. Selbstverständlich ist es auch hier wichtig, einen seriösen und unabhängigen Anbieter zu finden und sich nicht ausschließlich auf die Meldungen der App zu verlassen. Diese Apps sind nicht immer kostenlos, bieten jedoch einen entscheidenden Vorteil: der Nutzer wird stets benachrichtigt, auch, wenn dieser unterwegs ist.

Zusammenfassend kann hier festgehalten werden, dass die Fülle an Informationen der unterschiedlichsten Medien (TV, Radio, Printmedien, usw.) dazu genutzt werden kann und sollte, um die richtige Entscheidung bei dem Aktienkauf zu treffen. Natürlich können Ereignisse, die aus keiner der zur Rate gezogenen Analysen beziehungsweise aus den anderen genutzten Informationsmaterialien zu erwarten waren, auftreten. Wäre dem nicht so, so wäre es auch für absolute Neulinge an der Börse ein Leichtes mit dem Handel von Aktien innerhalb kürzester Zeit reich zu werden.

Da es sich an der Börse so verhält, dass hier schnell Geld verdient werden kann, jedoch genauso gut auch Verluste möglich sind, sollten Anfänger einige wichtige Regeln beachten, um ärgerliche Verluste zu vermeiden.

Wichtige Regeln für den Handel von Aktien

Logischerweise sollten Anleger, die gerade mit dem Aktienhandel begonnen haben, **nicht den Fehler begehen, Aktien auf Kredit zu erwerben**. Zeiten, in denen es mit dem Aktienkurs bergab geht, interessieren die Banken überhaupt nicht. Ist kein weiteres Vermögen verfügbar, mit dem der aufgenommene Kredit getilgt werden kann, so hat die Bank die Option, beispielsweise das Auto des Schuldners zu pfänden. Außerdem ist es Neulingen dringend zu empfehlen, **zu Anfang nur geringen Beträge** in Aktien zu investieren. Ebenso wenig ratsam ist es auf Geld zurückzugreifen, welches eigentlich für Notfälle vorgesehen war, beispielsweise für Reparaturen am Auto oder in der Wohnung. Anleger sollten Aktien stets als langfristige Geldanlage betrachten, die diese zwar nicht über Nacht zum Millionär macht, auf lange Sicht jedoch einen beachtlichen Vermögenszuwachs ermöglicht. Natürlich vorausgesetzt, dass sich für die richtigen Aktien entschieden wurde, die an Wert gewinnen. Außerdem sollten unerfahrene Anleger **die Finger von hochspekulativen Aktien, wie zum Beispiel den Pennystocks, lassen**. Hier werden zwar äußerst hohe Gewinne in Aussicht gestellt, allerdings auf Kosten der Sicherheit. Für Anleger, die deutsche Aktien erwerben möchte, sind vor allem die **im DAX gelisteten Aktiengesellschaften** zu empfehlen. Hier handelt es sich um Global Player, sprich weltweit aktive Konzerne, die über eine große Marktkapitalisierung verfügen. Auch Nebenwerte, die im MDAX, TecDAX und SDAX gelistet sind, also Mid Cap und Small Cap Aktien, sind grundsätzlich keine schlechte Anlagemöglichkeit. Selbstverständlich sind auch die Aktien dieser Unternehmen nicht vor Kurseinbrüchen gewahrt. Ein Totalausfall, wie es bei den Pennystocks und anderen, auf dem sogenannten grauen Kapitalmarkt gehandelten Wertpapieren der Fall ist, ist hier jedoch äußerst unwahrscheinlich und sollte die absolute Ausnahme darstellen. Des Weiteren ist besonders zu beachten, die Investition und damit auch das damit einhergehende **Risiko zu streuen**. Das bedeutet, sich nicht lediglich auf eine Aktie festzulegen, sondern eine Streuung der Investition vorzunehmen, sprich Aktien von Unternehmen aus unterschiedlichen Branchen zu erwerben. Erwirbt ein Aktionär also beispielsweise Aktien von Autoherstellern, wie Volkswagen und Daimler, so ist es wahrscheinlich, dass die Kurse beider Aktien fallen, wenn es der Automobilindustrie aus was für einem Grund auch immer (zum Beispiel: Abgasskandal und Manipulationen), schlecht geht. Wird sich hingegen für Aktien eines Automobil-Herstellers entschieden und außerdem durch den Kauf von Aktien in ein Unternehmen der chemischen Industrie investiert, so können Kursrückgänge einzelner Aktien abgefangen werden.Nichtsdestotrotz sollte nicht zu viel gestreut werden, um den Überblick über die erworbenen Aktien und deren Wertentwicklung zu behalten, was dazu führen kann, dass Negativ-Trends erst dann bemerkt werden, wenn es bereits zu spät ist. Zu nennen ist hier die Empfehlung des Deutschen Aktieninstituts, acht bis maximal zehn

Aktien zu besitzen. Ebenfalls wird empfohlen, allgemein die Anlageklasse zu wechseln. Auf andere Geldanlagen (Anleihen, ETFs und Zertifikate) soll hier weiter unten eingegangen werden.

Der wohl häufigste Fehler von Anleger, die an der Börse mit dem Handel von Aktien Geld verdienen möchten, egal ob es Neulinge oder erfahrene Aktionäre sind, ist die **Selbstüberschätzung**. Daraus leitet sich die Regel ab, nicht davon auszugehen, dass der Markt in all seinen Facetten und Verhaltensweisen gekannt wird. Pures Glück und schnelle daraus resultierende Gewinne sind also auf keinen Fall mit Können zu verwechseln. Es passiert nicht selten, dass Anleger aufgrund ihres vermeintlichen Könnens viel Geld in verlustbringende Aktien investieren. Im Rahmen der Selbstüberschätzung spielt auch die Missachtung von Börsentrends eine entscheidende Rolle. Wird gegen einen aktuellen Trend gehandelt, egal ob es sich um einen auf- oder abwärts Trend handelt, so endet dies meist mit hohen Verlusten. Experten empfehlen, ein Börsentagebuch zu führen, in dem Anleger festhalten, wieso welches Wertpapier zu welchem Zeitpunkt und warum erworben wurde. Auch bei dem Aktienhandel gilt, dass Erfahrung der beste Lehrmeister ist. Verluste sollten also als Investition in das eigene (Börsen-) Wissen verbucht werden. Auch die **mangelnde Zeitabstimmung**

beziehungsweise das falsche Timing kann zu Verlusten oder reduzierten Gewinnen führen. Die Wahrscheinlichkeit, dass ein Abwärts-Trend weiter geht, ist stets höher, als dass sich der Kurs des Wertpapiers in kurzer Zeit wieder normalisiert beziehungsweise Gewinne verzeichnet. Zeichnet sich eine solche Entwicklung ab, so sollte erwägt werden, die Unternehmensanteile schnellstmöglich zu verkaufen. Ähnlich verhält es sich bei Positiv-Trends. Aus Angst, die Aktie, die deutlich an Wert gewonnen hat, erst dann zu verkaufen, wenn diese wieder an Wert verliert, entscheiden sich Anleger dazu, die Aktie „auf dem halben Weg" zu verkaufen. So wird die Chance auf deutlich höhere Gewinne von vielen Aktionären aus Angst vor einem bevorstehenden Kursverfall, nicht genutzt. Auch sollten es Aktionäre vermeiden, häufig umzuschichten und Aktien bereits nach kurzer Zeit wieder zu verkaufen. Natürlich abgesehen von sich deutlich abzeichnenden Abwärts-Trends. Das Umschichten bringt normalerweise stets Kosten mit sich, wie beispielsweise die Gebühren, die die Broker erheben und die Rendite schmälern.

Broker sind Personen oder (online) Plattformen, die im Auftrag von Kunden Wertpapiergeschäfte an der Börse abwickeln. Anstatt Broker kann auch der Begriff Makler verwendet werden.

Risikoanalyse – Einige, wichtige Kennzahlen auf dem Aktienmarkt

Um vor dem Kauf einer Aktie zuverlässig zu ermitteln, ob sich das jeweilige Unternehmen in Schwierigkeiten befindet und / oder ob der aktuelle Kurs derselben preiswert oder doch überteuert ist, können Kennzahlen zur Aktien-beziehungsweise Unternehmensbewertung genutzt werden. Die wichtigsten, die auch bereits Einsteiger, die mit dem Aktienhandel beginnen möchten, kennen sollten, werden hier erläutert, um Neulingen aufzuzeigen, wie diese eine eigene und unabhängige Risikoanlyse durchführen können.

Kennzahlen zur Profitabilität von Unternehmen

Der Gewinn des Unternehmens

Logischerweise zählt der Gewinn zu den aussagekräftigsten und wichtigsten Kennzahlen, wenn es darum geht, ein Unternehmen im Hinblick auf dessen Wirtschaftlichkeit zu bewerten. Es wird zwischen unterschiedlichen Gewinnen unterschieden. Der Gewinn vor Zinsen, Steuern und Abschreibungen (EBITDA - Earnings before Interests, Taxes and Depreciation) gibt lediglich Auskunft darüber, ob ein

Unternehmen aus der reinen unternehmerischen Tätigkeit profitabel ist, denn Zinsen, Steuern und Abschreibungen werden außen vor gelassen und fließen nicht in die Berechnung mit ein. Der operative Gewinn (EBIT – Earnings before Interest and Taxes) berücksichtigt die Wertverluste im Rahmen von Abschreibungen. Werden von diesem operativen Gewinn noch die zu zahlenden Zinsen und die Steuern abgezogen, so ergibt sich daraus der Jahresüberschuss. Natürlich ist es für Aktionäre von Vorteil, wenn das Unternehmen hohe Gewinne erwirtschaftet, denn davon hängt schlussendlich die Höhe der Dividende ab.

Das Gewinnwachstum

Die Kennzahl Gewinnwachstum gibt den Anlegern Informationen über den Anstieg des Gewinns in einer bestimmten Zeitperiode. Sinnvoll ist es, das künftige Wachstum zu analysieren aber auch auf die Vergangenheit zu schauen. Anhand des Gewinnwachstums kann auch in etwa eingeschätzt werden, ob es sich um ein finanziell wachsendes, stagnierendes oder schrumpfendes Unternehmen handelt. Auch die Gewinnerwartungen können so grob erkannt werden.

Die Gesamtkapitalrendite

Um zu erkennen, ob ein Unternehmen mit den zur Verfügung stehenden Kapital, also sowohl Eigen- als auch Fremdkapital, rentabel wirtschaftet, kann die Kennzahl der Gesamtkapitalrendite genutzt werden.

$$\text{Gesamtkapitalrendite} = \frac{\text{Gewinn}}{\text{Bilanzsumme}}$$

Je höher die aus der Rechnung resultierende Prozentzahl ist, desto positiver ist diese zu bewerten.

Die Eigenkapitalrendite

Wie auch bei der Gesamtkapitalrendite, ist auch hier eine hohe Prozentzahl als positiv zu bewerten. Die Eigenkapitalrendite setzt den Gewinn eines Geschäftsjahres, normalerweise die Earnings before interests and taxess (EBIT) oder den Jahresüberschuss, ins Verhältnis zu dem vorhandenen Eigenkapital. Da es sich bei dem Eigenkapital um das Geld der Aktionäre handelt, die durch den Aktienkauf Mitinhaber der Gesellschaft geworden sind, gibt die Eigenkapitalrendite Aufschluss über den rentablen oder weniger rentablen Einsatz des Geldes derselben. Das Fremdkapital fließt dementsprechend nicht mit in die Rechnung ein.

$$\text{Eigenkapitalrendite} = \frac{\text{EBIT}}{\text{Eigenkapital}}$$

Kennzahlen zur Bewertung von Aktien

Das Kurs-Gewinn-Verhältnis

Das KGV steht nicht für kleinster gemeinsamer Vielfacher, sondern, wenn es sich um Aktien handelt, für das Kurs-Gewinn-Verhältnis. Dieses wird auch als Mutter aller Kennzahlen für die Bewertung von Aktien bezeichnet. Wie es der Name bereits verrät, wird hier also der Aktienkurs, sprich der Preis, den ein Aktionär pro Aktie zahlt, mit dem Gewinn des Unternehmens ins Verhältnis gesetzt. Zunächst wird dafür der Gewinn des Unternehmens durch die Anzahl der ausgegebenen Aktien geteilt, um so den Gewinn pro Aktie zu ermitteln. Dafür kann der Vorjahres-Gewinn oder auch der zukünftige zu erwartende Gewinn des aktuellen Jahres genutzt werden.

$$Kurs - Gewinn - Verhältnis = \frac{\text{Aktienkurs}}{\text{Gewinn/Aktie}}$$

Rechenbeispiel:

Gewinn/Aktie = 10 Euro

Aktienkurs = 150 Euro

$$\text{Kurs} - \text{Gewinn} - \text{Verhältnis} = \frac{150}{10} = 15$$

Das Ergebnis der Berechnung bei einem Gewinn pro Aktie von 10 Euro und einem aktuellen Aktienkurs in Höhe von 150 Euro, lautet KGV = 15 und gibt an, dass Aktionäre das 15-fache der aktuell erzielten Gewinne für die Aktie bezahlen.

Grundsätzlich steht ein niedriges KGV für günstige Aktien und ein hohes KGV für teure Aktien.

Liegt das Kurs-Gewinn-Verhältnis zwischen den Werten 12 und 15, so gilt dieses als durchschnittlich. Eine niedrige Bewertung nach dem KGV steht allerdings nicht nur für günstige Aktien, sondern eben auch dafür, dass die Zukunftserwartungen eher pessimistisch wahrgenommen werden. Andersherum gehen hohe Bewertungen nach dem KGV mit optimistischeren Erwartungen hinsichtlich der Entwicklung des Werts der Aktie, sprich des Aktienkurses, einher. Studien besagen jedoch, dass sich der Kauf von, laut der Kennzahl KGV, niedrig bewerteten Aktien eher bewährt als von solchen, die hoch bewertet sind.

Das Shiller-Kurs-Gewinn-Verhältnis

Bei dem Shiller-KGV handelt es sich um eine modifizierte Version des Kurs-Gewinn-Verhältnisses und zählt zu den am häufigsten genutzten Kennzahlen für die Bewertung von Aktiengesellschaften. Es handelt sich um einen vergangenheitsorientierten Indikator, der angibt, wieviel Jahre dafür benötigt werden, dass die erwarteten Gewinne den Kaufpreis amortisiert (abgezahlt) haben. Das Shiller-KGV versucht die Schwächen des KGV auszugleichen, in dem nicht nur der Gewinn eines Jahres in die Berechnung mit einbezogen wird, sondern der Durchschnitts-Gewinn der letzten zehn Jahre. Das hat den großen Vorteil, dass konjunkturelle Schwankungen und andere Einmaleffekte das Verhältnis zwischen dem Kurs und dem Gewinn nicht so stark verzerren. Im Hinblick auf die Berechnung ist noch wichtig zu erwähnen, dass der Gewinn nach Steuern (Jahresüberschuss; EAT – Earning after Taxes) genutzt wird.

Shiller-Kurs-Gewinn-Verhältnis

$$= \frac{\text{Nachsteuergewinn}}{\text{Umsatz/Aktie}}$$

Vor allem für Anleger, die langfristig eine Aktiehalten

möchten, ist die Shiller-Kennzahl interessant, um Überbewertungen zu erkennen.

Das Kurs-Umsatz-Verhältnis

Das Kurs-Umsatz-Verhältnis, kurz KUV, stellt eine weitere Kennzahl zur Bewertung von Aktien dar. Wie auch das zuvor vorgestellte KGV, setzt das KUV einen Betrag beziehungsweise Wert mit dem Aktienkurs ins Verhältnis. Anstelle des Gewinns wird jetzt jedoch mit dem Umsatz pro Aktie gearbeitet. Stets ist zu empfehlen, das KGV und KUV gemeinsam zu betrachten, denn es existieren schließlich Unternehmen, die zwar einen hohen Umsatz erzielen, jedoch (noch) keinen Gewinn erwirtschaften. Ein Vergleich der Aktien von verschiedenen Unternehmen macht vor allem im Hinblick auf die Zugehörigkeit ein und derselben Branche Sinn. Zum Beispiel sind die Hersteller von Automobilen deutlich kapitalintensiver, diese benötigen also mehr Kapital, um dieses in Forschung und Entwicklung zu investieren, als Technologie-Unternehmen. Als Folge daraus haben die ersten im Normalfall einen höheren KUV.

Für die Berechnung muss zuerst der Umsatz pro Aktie (Umsatz des Unternehmens/Anzahl der Aktien) ermittelt werden.

$$\text{Kurs-Umsatz-Verhältnis} = \frac{\text{Aktienkurs}}{\text{Umsatz / Aktie}}$$

Eine Aktie, bei der der KUV über dem Wert 1,5 liegt, gilt als teuer. Eine Faustregel besagt, dass ein Kurs-Umsatz-Verhältnis von 1,0 ein fairer Wert ist.

Das Kurs-Cash-Flow-Verhältnis

Zunächst ist es wichtig, hier festzuhalten, dass der Cash Flow die Zahlungskraft von Unternehmen angibt. Damit das Kurs-Cash-Flow-Verhältnis (KCV) als zuverlässige Kennzahl für die Bewertung von Aktien genutzt werden kann, sollte dieses stets über einen mehrjährigen Zeitraum betrachtet werden. Im Vergleich zu dem KGV werden hier nicht die Gewinne betrachtet, sondern die Zahlungsflüsse des Unternehmens. Problematisch an dieser Kennzahl ist jedoch, dass diese die Restwerte von erworbenem Anlagevermögen nicht berücksichtigt. So kann es passieren, dass hohe, einmalige Investitionen dazu führen, dass das Kurs-Cash-Flow-Verhältnis über die Jahre stark schwankt. Aus eben diesem Grund sollte das KCV nie einzeln, sondern immer unter zusätzlicher Betrachtung des KGV genutzt werden. Im Rahmen der Berechnung desselben wird auf den operativen Cash Flow, der auch als Mittelzufluss aus der laufenden Geschäftstätigkeit bezeichnet werden kann, zurückgegriffen.

$$Kurs - Cash - Flow - Verhältnis = \frac{\text{Aktienkurs}}{\text{operativerCashFlow/Aktie}}$$

oder

$$Kurs - Gewinn - Verhältnis = \frac{\text{Marktkapitalisierung}}{\text{operativerCashFlow}}$$

Rechenbeispiel:

Operativer Cash Flow = 8.000.000 Euro

Marktkapitalisierung = 50.000.000 Euro

$$\text{Kurs} - \text{Cash} - \text{Flow} - \text{Verhältnis} = \frac{50.000.000}{8.000.000} = 6{,}25$$

Die Berechnung des KCV mit einer Marktkapitalisierung von 50 Millionen Euro und einem operativen Cash Flow von 8 Millionen Euro, ergibt den Wert 6,35. Dieser gibt an, dass es 6,25 Jahre dauert, bis der Wert des Unternehmens von dem Cash Flow finanziert wird.

Das Kurs-Buchwert-Verhältnis

Im Gegensatz, zu den drei zuvor erläuterten Kennzahlen zur Bewertung von Aktien, ist das Kurs-Buchwert-Verhältnis substanzorientiert und basiert auf dem Eigenkapital einer Aktiengesellschaft. Zur Berechnung des KBV wird der aktuelle Aktienkurs durch den Buchwert pro Aktie dividiert.

$$\text{Kurs} - \text{Buchwert} - \text{Verhältnis} = \frac{\text{Aktienkurs}}{\text{BuchwertproAktie}}$$

Rechenbeispiel:

Buchwert pro Aktie = 35 Euro

Aktienkurs = 35 Euro

$$\text{Kurs} - \text{Buchwert} - \text{Verhältnis} = \frac{35}{35} = 1$$

Das Ergebnis der Berechnung des KBV bei einem Buchwert von 35 Euro und dem Aktienkurs von 35 Euro lautet KBV = 1. Das bedeutet, dass der Buchdem Marktwert (Marktkapitalisierung) der Aktie entspricht. Eine Aktie ist umso preiswerter, je niedriger das Kurs-Buchwert-Verhältnis ist. Das Kurs-Buchwert-Verhältnis zeigt also die Höhe des Vermögens auf, das auf jeden in das Unternehmen investierten Euro entfällt. Im Beispiel ist dies ebenfalls 1 Euro. Es kann jedoch auch vorkommen, dass das KBV (zum Beispiel) 1,20 beträgt. Das würde wiederum bedeuten, dass pro 1 Euro, der für den Kauf der Aktie benötigt wird, 1,20 Euro an Unternehmenskapital erhalten wird.

Der Buchwert einer Aktie wird durch den Quotienten aus der Berechnung: Eigenkapital dividiert durch die gesamte Anzahl der Aktien des Unternehmens ermittelt. Wenn der Buchwert erheblich über dem aktuellen Preis beziehungsweise Kurs der Aktie liegt, so kann dies als Kaufsignal interpretiert werden, denn pro Aktie, die beispielsweise 1 Euro kostet, erhält der Aktionär einen höheren Anteil an dem Eigenkapital des Unternehmens.

Die Dividendenrendite

Auch bei der Dividendenrendite, handelt es sich um eine Aktien-Kennzahl. Diese gibt an, wie hoch die Ausschüttung je Euro, der in eine Aktie investiert wurde, ausgefallen ist, setzt also die Dividende und den Aktienkurs in ein Verhältnis zueinander.

$$\text{Dividendenrendite} = \frac{\text{Dividende}}{\text{Aktienkurs}}$$

Rechenbeispiel:

Aktienkurs = 100 Euro

Dividende pro Aktie = 2,50 Euro

$$\text{Dividendenrendite} = \frac{2{,}5}{100} = 0{,}025 = 2{,}5\%$$

Das Ergebnis der Berechnung der Dividendenrendite bei einem Aktienkurs von 100 Euro und einer Dividende pro Aktie von 2,50 Euro gibt an, dass das pro Euro 2,5 % Dividende gezahlt werden. Ist eine Aktie, wie hier im Beispiel, also 100 Euro wert, so erhält der Aktionär im Falle einer Dividendenausschüttung (100 Euro * 2,5 % = 2,50 Euro) 2,50 Euro pro Aktie (siehe Rechenbeispiel).

Zu beachten ist hier, dass die Dividendenrenditen von Aktien ständig beziehungsweise täglich schwanken. Das liegt an dem sich ebenfalls fortlaufend ändernden Aktienkurs, der für die Berechnung derselben herangezogen wird. Unsicherheiten für Aktionäre bestehen hier vor allem im Hinblick auf die zukünftig zu erzielende Dividende, die grundsätzlich mit der Höhe von in der Vergangenheit ausgeschütteten Dividenden nichts zu tun hat.

Kennzahlen zur finanziellen Stabilität

Die nachfolgend beleuchteten Kennzahlen dienen zur Analyse der finanziellen Stabilität von Aktienunternehmen.

Die Eigenkapitalquote

Die Eigenkapitalquote (EKQ) gibt an, wie hoch der Anteil des Eigenkapitals im Verhältnis zum Gesamtkapital, sprich der Bilanzsumme, ist. Je höher die Eigenkapitalquote, desto unwahrscheinlicher ist es, dass das jeweilige Unternehmen, in eine Krise rutscht. Das liegt auch an der höheren Kreditwürdigkeit, die damit einhergeht. Grundsätzlich erreichen nur die wenigsten Unternehmen eine Eigenkapitalquote von 100 %. Dies ist durchaus beabsichtigt, denn oftmals ist es schlichtweg günstiger Kredite, also Fremdkapital, aufzunehmen, als eine Kapitalerhöhung durchzuführen. Durch die letzte würden junge Aktien ausgegeben werden und die Gesellschaft müsste den erwirtschafteten Gewinn dementsprechend mit mehr Anlegern teilen.

$$\text{Eigenkapitalquote} = \frac{\text{Eigenkapital}}{\text{Bilanzsumme (Gesamtkapital)}}$$

Grundsätzlich sollte die Eigenkapitalquote also möglichst hoch sein, um sich darauf verlassen zu können, dass das Unternehmen auch in Krisenzeiten in der Lage ist, zusätzliches Fremdkapital aufzunehmen. Aktiengesellschaften mit einer besonders niedrigen Eigenkapitalquote haben es logischerweise schwer an Fremdkapital zu gelangen, da sich diese bereits zu einem gewissen Teil durch dasselbe finanzieren. Auch hier eignet sich der Vergleich nicht bei Unternehmen verschiedener Branchen, da die EKQ beispielsweise bei kapitalintensiven Unternehmen deutlich höher als bei Kreditinstituten ausfällt.

Der Grad der Verschuldung

Im Umkehrschluss zur Eigenkapitalquote gibt der Verschuldungsgrad Aufschluss über das Verhältnis zwischen Eigen- und Fremdkapital. Für die Berechnung wird auf die Bilanzsumme geschaut.

$$\text{Verschuldungsgrad} = \frac{\text{Fremdkapital}}{\text{Eigenkapital}}$$

Rechenbeispiel:

Eigenkapital = 100.000.000 Euro

Fremdkapital= 120.000.000 Euro

(Bilanzsumme = 100.000.000 Euro + 120.000.000 Euro = 220.000.000 Euro)

$$\text{Verschuldungsgrad} = \frac{120.000.000\text{Euro}}{100.000.000\text{Euro}} = 1{,}2 = 120\%$$

Der Verschuldungsgrad beträgt also 120 %. Es versteht sich eigentlich von selbst, dass Unternehmen mit hohem Verschuldungsgrad als riskant bewertet werden.

Der Zinsdeckungsgrad

Diese Kennzahl gibt Auskunft darüber, ob das jeweilige Unternehmen in der Lage ist, die Zinsen der aufgenommenen Kredite an das Kreditinstitut zurückzuzahlen. Dafür wird der Gewinn beziehungsweise das Betriebsergebnis vor dem Abzug der Zinsen und Steuern (EBIT – Earnings before Interests and Taxes) in das Verhältnis mit den für das Fremdkapital zu zahlenden Zinsen gesetzt.

$$\text{Zinsdeckungsgrad} = \frac{\text{EBIT}}{\text{Zinsaufwand}}$$

Rechenbeispiel:

EBIT = 2.500.000 Euro

Zinsaufwand = 850.000 Euro

$$\text{Zinsdeckungsgrad} = \frac{2.500.000\text{Euro}}{850.000\text{Euro}} = 2{,}9$$

Aus dem Ergebnis geht hervor, dass das Unternehmen bei einem Gewinn vor dem Abzug von Zinsen und Steuern von 2.500.000 Euro und bei einem Zinsaufwand von 850.000 Euro, 2,9 Mal soviel erwirtschaftet, wie dieses benötigt, um die Zinsen für das Fremdkapital zu zahlen. Weist ein Unternehmen ein Zinsdeckungsgrad von unter 1 auf, so bedeutet dies unter Umständen, dass dieses in der Zukunft Zahlungsschwierigkeiten haben wird.

Die Liquiditätsgrade

Die Unterteilung von Unternehmen in Liquiditätsgrade, gibt Aufschluss darüber, in welchem Umfang Unternehmen in der Lage sind, kurzfristigen Verbindlichkeiten (Schulden beziehungsweise

Zahlungsverpflichtungen) mit den vorhandenen finanziellen Mitteln nachzukommen. Grundsätzlich wird zwischen drei Liquiditätsgraden unterschieden: der Liquidität ersten, zweiten und dritten Grades. Zu erwähnen ist, dass alle Grade nur die in der Bilanz aufgeführten Zahlungsverpflichtungen berücksichtigen.

Die Liquidität ersten Gradeswird auch als **Cash Ratio**bezeichnet und betrachtet die flüssigen Mittel, also den Kassenbestand, Bundesbankguthaben, Guthaben bei anderen Kreditinstituten sowie Schecks und veräußerbare Wertpapiere und setzt diese ins Verhältnis mit den kurzfristigen Verbindlichkeiten. Dazu zählen unter anderen die Verbindlichkeiten aus Lieferungen und Leistungen.

$$\text{CashRatio} = \frac{\text{flüssigeMittel}}{\text{kurzfristigeVerbindlichkeiten}}$$

Beträgt das Ergebnis aus der oben aufgeführten Rechnung über 100 %, so ist das Unternehmen in der Lage alle kurzfristigen Verbindlichkeiten allein durch die Verwendung der liquiden Mittel zu begleichen, was diesem dementsprechend eine hohe Zahlungsfähigkeit bescheinigt. In der Praxis sind jedoch Werte zwischen 10 % und 30 % normal, da kurzfristige Verbindlichkeiten in der Regel auch durch die Forderungen gegenüber Lieferanten, etc. und / oder Vorräte gedeckt werden können.

Die Liquidität zweiten Grades, die auch **Quick Ratio** genannt wird,berücksichtigt abgesehen von den flüssigen Mitteln auch die kurzfristigen Forderungen. Aus eben diesem Grund sind für Unternehmen Werte zwischen 100 % und 120 % erstrebenswert, da, anders als bei der Liquidität des ersten Grades, die Forderungen nun direkt in die Rechnung mit einbezogen werden und nicht mehr gesondert zum Begleichen von Verbindlichkeiten zur Verfügung stehen. Werte unter 100 % können ein Indiz dafür sein, dass das Unternehmen seinen Verbindlichkeiten nicht nachkommen kann und somit die Zahlungsfähigkeit desselben gefährdet ist.

$$\text{QuickRatio} = \frac{\text{flüssigeMittel} + \text{kurzfristigeForderungen}}{\text{kurzfristigeVerbindlichkeiten}}$$

Die Liquidität dritten Grades oder **Current Ratio**wird auf gleiche Weise wie die Quick Ratio berechnet, jedoch werden auch die Vorräte miteinbezogen. Die Current Ratio sollte mindestens bei 120 % liegen. Liegt diese unter 120 % so bedeutet dies, dass eine kurzfristige Finanzierung des Anlagevermögens stattgefunden hat, obwohl dieses nach den gültigen Bilanzregeln langfristig finanziert werden muss.

$$\text{CurrentRatio} = \frac{\text{flüssigeMittel} + \text{kurzfristigeForderungen} + \text{Vorräte}}{\text{kurzfristigeVerbindlichkeiten}} = 2{,}9$$

Nichtsdestotrotz können die Liquiditätsgrade keine als sicher anzunehmende Entwicklung über die Liquidität von Unternehmen in Aussicht stellen. Das liegt daran, dass weitere Zahlungsströme, die bisher noch nicht bilanziert wurden, nicht betrachtet werden.

In dem vorangegangenen Abschnitt wurde viel von flüssigen Mitteln (auch: liquide Mittel) gesprochen. Diese sind im Allgemeinen solche Zahlungsmittel, die dem Unternehmen zur sofortigen Verwendung bereitstehen. Neben dem Bargeld zählen auch Bankguthaben und Schecks zu den liquiden beziehungsweise flüssigen Mitteln. Hinsichtlich der Höhe der liquiden Mittel, die einem Unternehmen zur Verfügung stehen sollten, ist festzuhalten, dass es hier stark auf die Branchenangehörigkeit beziehungsweise Geschäftstätigkeit ankommt. Damit nicht die Zahlungsunfähigkeit droht und alle laufenden Ausgaben, wie beispielsweise die Miete von Geschäftsräumen oder die Gehaltszahlungen, beglichen werden können, müssen also stets liquide Mittel vorhanden sein.

DAS DEPOT UND EINIGE, RENOMMIERTE ANLAGESTRATEGIEN

Die wichtigsten Grundlagen sollte der Leser nun, nach der Lektüre der ersten drei Kapitel, verinnerlicht haben, sodass nun mit den ersten Schritten an der (Wertpapier-) Börse begonnen werden kann. Ziel dieses Kapitels ist es, den Leser an die Hand zu nehmen und diesem alle wichtigen Schritte aufzuzeigen, von der Eröffnung eines Depots für den Handel von Aktien bei einer Bank oder einem Broker, bis hin zu dem Kauf von Aktien.

Was ist ein Depot?

Im ersten Schritt an der Börse geht es zunächst darum, ein Wertpapier-Depot bei einer Bank zu eröffnen. Über dieses Depot werden die vom Aktionär gewünschten Aktien gekauft, verkauft oder an einen anderen Inhaber übertragen. Auf dem Guthaben des Depots, bei dem es sich um ein Bestandskonto handelt, werden die virtuellen Wertpapiere gutgeschrieben. In physischer Form liegen diese also weder bei der Bank, noch bei dem Aktionär vor, sondern werden ausschließlich über IT-Systeme verwaltet.

Neben den normalen Einzeldepots, gibt es auch solche, die von mehreren Personen genutzt werden können. Hier haben beide Inhaber die Möglichkeit, ohne die Zustimmung des anderen mit Wertpapieren zu handeln. Nutzen beispielsweise Eheleute das Gemeinschaftsdepot, so wird die steuerliche Abrechnung erleichtert.

Oft werden die Begriffe Depot und Portfolio synonym verwendet. Diese Gleichsetzung der zwei Begrifflichkeiten ist jedoch falsch. Ein Depot ist der (virtuelle) Aufbewahrungsort für Wertpapiere, welches diese außerdem verwaltet. Ein Portfolio hingegen umfasst viele verschiedene Anlageformen. Es kann sich aus dem Wertpapierdepot, sprich aus Aktien, Fonds, Anleihen und Zertifikaten; Einlagen des Tagesgeld- und Festgeldkontos; Edelmetallen und Immobilien zusammensetzen. Es kommt logischerweise stets darauf an, was erworben wurde, sprich ob dies Wertpapiere wie Aktien oder Anleihen oder Immobilien, etc. sind. Grundsätzlich kann ein Portfolio alles umfassen, was eine zukünftige Wertsteigerung in Aussicht stellt.

Die Kosten eines Depots

Da es sich bei einem Depot um eine Dienstleistung handelt, die von Banken zur Verfügung gestellt wird, fallen für die Kunden dementsprechend Kosten an, die hier betrachtet werden sollen. Allerdings ist festzuhalten, dass die Kosten beziehungsweise das Kostenmodell je nach dem Anbieter stark abweichen.

Der Unterschied zwischen Direktbanken und online Brokern besteht darin, dass die ersten neben dem Handel mit Wertpapieren über das Depot auch weitere Finanzdienstleistungen anbieten. Dazu gehört zum Beispiel die zur Verfügungsstellung eines Verrechnungskontos in Form eines Giro- oder Tagesgeldkontos. Über dasselbe werden dann direkt die Gebühren, die für die Depotführung sowie die Durchführung von Trades anfallen (können), berechnet. Viele online Broker hingegen haben keine Bankenlizenz, sodass diese keine Konten, sondern lediglich das Depot anbieten. Es gibt aber auch solche, die durchaus über eine solche Lizenz verfügen und dementsprechend auch (Verrechnungs-) Konten anbieten. Bei den online Brokern, die über keine Bankenlizenz verfügen, kann ein Giro- oder Tagesgeld bei einer Partner-Bank desselben beantragt und als Verrechnungskonto genutzt werden. Besteht die Wahl zwischen Tagesgeld- und Girokonto, so empfiehlt es sich, das Tagesgeldkonto als Verrechnungskonto des Depots zu nutzen, um von der Verzinsung des Guthabens zu profitieren.

Es empfiehlt sich logischerweise, sich für das Depot mit den günstigsten Konditionen zu entscheiden, schließlich soll mit dem Aktienhandel Geld verdient werden.

Die Depotführungsgebühren

Je nach der Bank, bei der das Depot eröffnet wird, werden diese Gebühren in Abhängigkeit von dem Volumen des Depots oder auch durch eine fixe Summe berechnet. Einige Anbieter, wie Direktbank-en und online Broker, ermöglichen den Kunden jedoch eine kostenlose Depotführung. Hier gilt es abzuwägen, welche Bank oder welcher Broker die attraktivsten Konditionen bietet.

Die Handelsgebühren

Auch bei den Handelsgebühren, die von den Anbietern immer dann erhoben werden, wenn eine Aktie gekauft oder verkauft wird, ist es ratsam, zahlreiche Banken und Broker miteinander zu vergleichen.

Die Übertragung des Depots

Die Übertragung des Depots ist zumindest in Deutschland grundsätzlich mit keinerlei Kosten verbunden. Für Aktionäre, die bereits seit längerer Zeit ein Depot bei einem vergleichsweise teuren Anbieter besitzen, können dementsprechend eine Depotübertragung durchführen, um von besseren Konditionen zu profitieren.

Die Sicherheit des Depots

Interessant zu wissen ist, was mit den Aktien der Kunden beziehungsweise Anlegern geschieht, wenn eine Bank oder ein Broker, Insolvenz anmeldet, sprich pleite geht. Im Normalfall sind Aktiendepots beziehungsweise deren Inhaber in Deutschland gut geschützt. Zunächst ist festzuhalten, dass Girokonten stets mit einer Einlagensicherung von 100.000 Euro zählen. Geht die Bank also pleite, so erhalten die Kunden der Bank Beträge bis zu 100.000 Euro komplett zurückerstattet. Bei Wertpapieren ist das allerdings anders, denn diese befinden sich zwar im Besitz der Bank oder des Brokers, die die Aktien jedoch nicht weiter verleihen, sondern lediglich für deren (virtuelle) Aufbewahrung zuständig sind. Auch eine Verpfändung der Wertpapiere darf von der Bank nicht vorgenommen werden. Mit anderen Worten spielt es für Anleger nur eine untergeordnete

Rolle, ob die Bank, bei der die Wertpapiere innerhalb des Depots aufbewahrt werden, pleite geht, denn die Wertpapiere gehen nicht verloren, sondern welchseln lediglich das Depot.Das liegt daran, dass dem Eigentümer der Wertpapiere im Falle einer Insolvenz des Verwahrers ein Anspruch auf Herausgabe zusteht. Es gibt allerdings einen Sonderfall, der hier ebenfalls erwähnt werden soll. Hat ein Anleger die Aktien einer Bank im Aktiendepot derselben, wenn diese Insolvenz anmeldet, so unterliegen diese nicht der Einlagensicherung und verlieren dementsprechend ihren Wert. Es kann zu einem Totalverlust kommen. Dieses Schicksal müssen jedoch nicht nur die Aktionäre der Bank erleiden, die die Wertpapiere auf dem Depot derselben aufbewahren, sondern alle Mitinhaber, sprich Aktionäre, der Bank.

Praktisch- Das Musterdepot

Einige Banken und online Broker bieten ihren Kunden die Möglichkeit, Aktien zu handeln, ohne dabei echtes Geld aufs Spiel zu setzen. Logischerweise kann so auch kein Geld hinzugewonnen werden. Allerdings ist dies eine interessante Option, die jeder Beginner nutzen sollte, um erste Erfahrungen mit dem Handel von Aktien zu sammeln. Auf diese Weise kann nicht nur geschaut werden, ob der

Handel mit Aktien erfolgreich verlaufen würde, sondern ebenso ein Blick auf die verschiedenen Möglichkeiten eines Depots und dessen Funktionsweise geworfen werden. In aller Regel stellen Musterdepots die Entwicklungen des realen Aktienmarktes dar und bieten so einen guten Einstieg in die Welt des Handels mit Wertpapieren. Über ein solches Musterdepot können Anleger verschiedene Strategien erproben und die Entwicklung der in der Simulation erworbenen Aktien genau verfolgen. Ein weiterer Vorteil an diesen Simulationen ist, dass die Anleger sich so mit den Gebühren vertraut machen können, um so zu ermitteln, wie viel Rendite durch dieselben verloren geht. Durch die Registrierung bei mehreren Banken oder Brokern können außerdem die Kosten der Depotführung und die für die Transaktionen verglichen werden. Als interessant ist auch das Angebot vieler Broker zu bewerten, welches Anlegern kostenlose Schulungsmaterialien zu Verfügung stellt. Doch was ist bei der Wahl von Bank oder Broker zu beachten? Mehr dazu im folgenden Unterkapitel.

Im Hinblick auf die Finanzkrise, bei der zahlreiche Anleger viel Geld verloren haben, da diese schlichtweg falsch von den Mitarbeitern der Banken beraten wurden, ist es heutzutage für die Banken gesetzlich-verpflichtend ein Beratungs-Protokoll anzulegen. Natürlich nur, wenn es eine Beratung gegeben hat. Bei online Broker und Direktbanken findet diese in der Regel nicht statt. Das Protokoll dient dazu, die Beratung zu bewerten beziehungsweise dazu, festzustellen, ob Anleger hinsichtlich des Risikos, welches diese einzugehen bereit sind, ausreichend informiert wurden.

Die Wahl der Bank beziehungsweise des Brokers

Die erste Frage, mit der sich hinsichtlich der Wahl der Bank oder des Brokers auseinandergesetzt werden sollte, ist, ob der Aktienhandel möglichst günstig, sprich mit niedrigen Gebühren, oder doch etwas teurer, dafür jedoch mit persönlichem Kontakt zu Mitarbeitern des Anbieters, durchgeführt werden soll. Klassische Banken bieten Anlegern die Möglichkeit, sich vor Ort in der Filiale direkt von einem Berater betreuen und informieren zu lassen. Dieser kann im Hinblick auf Chancen und Risiken von Aktien und über Anlagestrategien aufklären. Im Vergleich zu den Dienstleistungen von Direktbanken oder online Brokern sind die Finanzdienstleistungen rund um den Handel mit Aktien, die von den herkömmlichen Banken angeboten werden, grundsätzlich teurer. Das liegt vor allem daran, dass sich online

Broker und Direktbanken ausschließlich auf das Geschäft im Internet konzentrieren und den Kunden nicht die Möglichkeit der persönlichen Beratung in der Filiale bieten. Nicht nur im Hinblick auf die Kosten und Gebühren können die Anbieter aus dem Internet punkten. Auch in Sachen Flexibilität sind diese von Vorteil. Die Aktiendepots bei diesen Anbietern können rund um die Uhr über das World Wide Web abgerufen werden und die Abwicklung erfolgt meist deutlich schneller und einfacher. Nichtsdestotrotz, lohnt es sich, stets zu vergleichen.

Ausgiebig vergleichen – Worauf kommt es an?

Da die Kosten- beziehungsweise Gebührenmodelle sehr stark voneinander abweichen können, sollte dringend ein umfangreicher Vergleich angestellt werden. Dafür ist es wichtig, bereits im Voraus zu wissen, wie viel Aktien pro Monat gehandelt werden sollen. Es existieren Anbieter, die den Kunden mehrere kostenlose Kaufaufträge pro Monat versprechen. Dies nützt nur wenig, wenn die Aufträge, die darüber hinaus gehandelt werden mit saftigen Gebühren versehen sind, die deutlich die zu erwartende Rendite schmälern. Ebenfalls gibt es, wie bereits angemerkt, Anbieter, bei denen die Führung des Depots überhaupt nichts kostet. Dort sind jedoch die Gebühren meist erhöht, um dieses auszugleichen. Kurz zusammengefasst gibt es zahlreiche Anbieter, die sich stark in ihren Kostenmodellen unterscheiden. Da ist es nicht immer einfach den Überblick zu behalten. Praktisch ist es, sich auf einer Vergleichsseite im Internet zu informieren, welcher Anbieter, die individuell am besten passenden Konditionen bietet. Hier kann das zu erwartende Nutzerverhalten angegeben werden, sodass basierend auf demselben der passende Broker beziehungsweise die passende (Direkt-) Bank ermittelt wird. Zu dem Nutzerverhalten zählt die Anzahl der abzuwickelnden Käufe und Verkäufe von Aktien sowie die Höhe der in Auftrag gegebenen Kauf- und Verkaufsaufträge. Es wird also ermittelt, ob es sich um einen Kleinanleger, der bis zu zehn Kauf- beziehungsweise Verkaufsaufträge jährlich durchführt, um einen Anleger, der mehrmals pro Jahr sein Depot umschichtet, also Aktien kauft und verkauft, oder um einen Anleger, der besonders aktiv ist, handelt. Je nachdem, um welchen Typ von Anleger es sich gemessen an der Zahl der Kauf- oder Verkaufsordern und an der Höhe derselben handelt, kommen andere Broker infrage. Für einen Kleinanleger, der lediglich fünf Trades im Jahr tätigt, lohnt sich ein Depot mit hohen, fixen Kosten nicht. Für Anlegern, die hingegen oft neue Aktien kaufen und alte verkaufen, wäre es von hohem Nachteil, sich für ein Depot zu entscheiden, welches die Trades mit prozentualen Gebühren versieht.

Die Vergleichskriterien im Überblick

Hier sollen nun die wichtigsten Vergleichskriterien für die Wahl des Brokers übersichtlich aufgeführt werden. Neben den Gebühren wird auch ein Blick auf weitere, wichtige Merkmale geworfen, wie beispielsweise den Kundenservice.

Die Depotgebühr: Diese wird nicht von allen Broker erhoben, zum großen Vorteil für Kleinanleger, die nur wenige Trades im Monat tätigen möchten und so viel Geld sparen können. Für diese ist es von Vorteil, einen Broker zu wählen, der die Gebühr für das Debot prozentual von der Summe aller in einem bestimmten Zeitraum getätigten Transaktionen erhebt.

Die Ordergebühr: Im Hinblick auf die Ordergebühr ist festzuhalten, dass diese je nach Broker in Prozent, also je nach der Höhe des getätigten Trade festgelegt ist. Es gibt jedoch auch Anbieter, die pro Order einen Festpreis berechnen. Es richtet sich also nach der Höhe der Trades, welche Abrechung (prozentual oder per Festpreis) vorteilhaft ist. Werden oftmals hohe Trades getätigt, so ist logischerweise die Abrechnung der Ordergebühr per Festpreis zu empfehlen. Andersherum kann sich die prozentuale Abrechnung lohnen, wenn Trades in geringerer Höhe getätigt werden.

Die Handelsplatzkosten: Grundsätzlich sehen sich Anleger, die über Aktien verfügen, die an der deutschen Börse gehandelt werden, mit vergleichsweise niedrigen Handelsplatzkosten konfrontiert. Diese werden von den Börsen für den Kauf von Aktien erhoben. Ein Vergleich lohnt sich definitiv, da viele Broker spezielle Konditionenmit den Börsen ausgehandelt haben.

Der Kundenservice: Um bei der Wahl des Brokers nicht nur den günstigsten, sondern den mit dem besten, kundenfreundlichsten Service zu wählen, sollte genau geschaut werden, welche Hilfestellung den Kunden geboten wird. Wichtig ist die telefonische Erreichbarkeit zu den üblichen Geschäftszeiten sowie die Möglichkeit der Kontaktaufnahme über das Internet (E-Mail und Chat).

Die Auszeichnungen: Oft lassen sich seriöse Broker, die durch ein attraktives Angebot überzeugen, bereits an diversen Auszeichnungen erkennen.

Verschiedene Wirtschafts- und Finanzmagazine testen regelmäßig das Angebot und die Konditionen von Brokern und bewerten diese dementsprechend. Logischerweise ist die Wahl eines Brokers zu empfehlen, der in der Vergangenheit bereits mehrfach ausgezeichnet wurde. Natürlich muss das Angebot zu den persönlichen Vorstellungen beziehungsweise Anlageverhalten passen.

Im Zusammenhang mit dem Handel von Aktien (und anderen Wertpapieren) fällt oft der Begriff **Trade.** *Hier handelt es sich um Transaktionen, die an der Börse durchgeführt werden. Der Kauf einer Aktie stellt also genauso einen Trade dar, wie auch der Verkauf. Der Begriff stammt aus dem Englischen und beschreibt den Handel mit Finanzinstrumenten. Personen, die Trades ausführen, können als Trader bezeichnet werden. Theoretisch sind alle Aktionäre, sprich Personen die Anteile an einer Aktiengesellschaft erworben haben, Trader. Besonders gebräuchlich ist der Begriff jedoch für Anleger, die besonders aktiv mit Wertpapieren handeln. Sogenannte Daytrader kaufen und verkaufen Wertpapiere innerhalb eines Tages, um so von kurzzeitigen Kursschwankungen zu profitieren. Herkömmliche Anleger hingegen orientieren sich eher langfristig und gehen weniger spekulativ bei der Wahl der Aktien vor.*

Kundenmeinungen: Auch die Meinungen beziehungsweise Bewertungen von Kunden sollten als Auswahlkriterium in die Entscheidung, über welchen Broker mit Aktien gehandelt werden soll, miteinfließen. In Internetforen finden sich zahlreiche Beiträge, in denen sich Kunden austauschen und ihre Erfahrungen mit den verschiedenen Brokern kundtun. Hier kann bereits einiges über den Kundenservice und ebenso über die Gebühren in Erfahrung gebracht werden. Es sollte allerdings darauf geachtet werden, dass die dort veröffentlichten Informationen aktuell und objektiv sind.

Seriöse Broker erkennen

Unabhängig von der vom Broker oder der Direktbank versprochenen Finanzdienstleistungen, ist es wichtig, dass es sich um einen seriösen Anbieter handelt. Dafür ist auch der Sitz der Firma entscheidend. Seriöse Broker sollten ihren **Sitz** stets innerhalb der Grenzen der Europäischen Union haben, da hier einheitliche Regelungen für alle Finanzdienstleister gelten. Allerdings ist die **Regulierung und Kotrolle** Aufgabe der nationalen Finanzaufsichtsbehörden, die die Einhaltung der Regeln überwachen und sicherstellen. Als besonders streng gelten die britische Aufsichtsbehörde FCA sowie die deutsche BaFin und die Finanzmarktaufsicht aus den Niederlanden. Im Hinblick auf das Verrechnungskonto, welches meist neben dem Depot angelegt werden muss und über das die Gebühren für die Depotführung und die getätigten Trades beglichen werden, ist bedeutend, dass dieses durch einen staatlichen **Einlagensicherungsfonds** geschützt ist. Ebenso zeugt eine **Trennung der Einlagen von dem Vermögen des Anbieters** von dessen Seriosität. Ist dem nicht so, so sind die Anleger im Falle einer Insolvenz nicht vor Verlusten geschützt, denn die Gelder derselben würde direkt mit in die Insolvenzmasse fließen.

Die Anmeldung beziehungsweise Registrierung bei einem Broker / einer Direktbank

Ist der richtige, den individuellen Bedürfnissen entsprechende Anbieter, sprich Direktbank oder Broker gefunden, so muss sich dort zunächst registriert werden, um mit dem Handel von Aktien über das Depot beginnen zu können.

Die große Mehrheit aller Broker gibt Neukunden die Möglichkeit, sich direkt auf der Internetseite desselben zu registrieren. Der Antrag für die Eröffnung des Depots beziehungsweise der dazu gehörigen Verrechnungskonten (sollte es sich um einen Broker mit Banklizenz handeln), wird am Computer ausgefüllt und elektronisch an den Broker übermittelt. In seltenen Fällen kann es erforderlich sein, den Antrag auszudrucken, mit der Unterschrift zu versehen und dem Broker auf dem postalischen Wege zukommen zu lassen. So wie es der Gesetzgeber vorschreibt, müssen im Rahmen der Antragsstellung einige Fragen im Hinblick auf Erfahrungen im beratungsfreien Handel beantwortet werden. Ebenso muss Auskunft über die aktuellen Vermögensverhältnisse und die Einkommenssituation gegeben werden. Die Eröffnung des Verrechnungskontos erfolgt automatisch zusammen mit der des Depots, außer natürlich es wird sich für einen Broker ohne Bankenlizenz entschieden. Hier muss zunächst ein Verrechnungskonto bei einer Partner-Bank eröffnet werden.

Danach folgt die Prüfung der Identität der Person, die die Einrichtung des Depots beantragt. Viele Broker nutzen das sogenannte PostIdent Verfahren, bei dem ein Mitarbeiter der Deutschen Post die Identität des Antragsstellers unter Vorlage des Lichtbildausweises zweifelsfrei überprüft. Neuerdings wird jedoch immer häufiger das VideoIdent Verfahren zur Feststellung der Identität angeboten. Für die Kunden ist dies deutlich bequemer. Das Haus oder die Wohnung muss dafür nicht verlassen werden und die Freischaltung des Kontos erfolgt deutlicher schneller und unkomplizierter. Über ein Videotelefonat prüfen Mitarbeiter die Identität des Antragsstellers innerhalb weniger Minuten. Soll ein Gemeinschaftsdepot eröffnet werden, so müssen dementsprechend beide Personen anwesend sein und die Identität bestätigen.

Nach erfolgreichem Abschluss der Identifizierung folgt dann die Zustellung der erforderlichen Unterlagen (Vertragsunterlagen, Zugangsdaten sowie Transaktionsnummern) per Post. Über die Eingabe der Zugangs- beziehungsweise Logindaten kann auf das online Depot zugegriffen werden. Die Transaktionsnummern dienen der Sicherheit und sind stets im Rahmen von Trades anzugeben, um sicherzustellen, dass, falls es zu einem Fremdzugriff kommt, keine Transaktionen getätigt werden können.

Strategien vor dem Kauf der Aktien

Nach der Eröffnung des Depots und dem dazugehörigen Verrechnungskonto bei einem online Broker oder einer Direktbank, könnte bereits mit dem Kauf von Aktien begonnen werden. Dies erfolt über die

Benutzeroberfläche der Direktbank oder des online Brokers. Allerdings ist es nicht nur sinnvoll, sondern dringend zu empfehlen, über eine (Aktien-) Strategie zu verfügen, an die sich gehalten wird. Auch bei dem Aktienhandel gilt, dass fast jede Strategie besser ist, als überhaupt keine zu verfolgen. Im Verlauf dieses Buches wurde bereits mehrfach betont, dass Langfristigkeit wichtig für den Erfolg der Geldanlage in Wertpapiere ist. Kurzzeitige Kurschwankungen sollten dementsprechend „ausgesessen" werden, auch, um häufiges Umschichten des Depots zu vermeiden, denn schließlich mindern die anfallenden Gebühren die Rendite. Ebenso von Bedeutung ist es, dass durch den Kauf von verlockenden Aktien, die in aller Munde sind und zumindest vermeintlich eine Aussicht auf eine hohe Rendite bieten, die langfristig angesetzte Aktienstrategie nicht verworfen wird. Längerfristig betrachtet zahlt es sich in den meisten Fällen aus, nicht nach Lust und Laune eine Aktie nach der anderen zu kaufen und kurzfristig wieder zu verkaufen. Eine gute Anlagestrategie und viel Durchhaltevermögen sind also entscheidende Faktoren für eine gewinnbringende Geldanlage in Unternehmensanteile. Die Frage ist also, wie eine gute Anlagestrategie gefunden beziehungsweise ausgemacht wird, denn schließlich gibt es nahezu unendlich viele, die allesamt versprechen, große Erfolge an der Börse zu erzielen. Gleich von Anfang an soll hier festgehalten werden, dass einige besonders komplex sind und nur von wirklich erfahrenen Anlgern angewandt werden sollten, für andere wiederum bedarf es der Nutzung von Computer-Programmen. Auf diese überaus komplexen und komplizierten Strategien soll hier nicht im Detail eingegangen werden. Stattdessen werden solchen betrachtet, die auch von Einsteigern genutzt werden können.

Die Relative Stärke Strategie

Die erste Strategie, die hier im Rahmen des Buches vorgestellt werden soll, ist die der relativen Stärke, die sich in der Vergangenheit häufig als erfolgreich herausgestellt hat. Es handelt sich um ein System zur Berechnung der Entwicklung einer Aktie im Vergleich zu dessen vergangener Performance. Das Ergebnis der Berechnung gibt dann Aufschluss darüber, ob eine Aktie in ihrem Wert steigt beziehungsweise einen Aufwärtstrend verzeichnet oder das Gegenteil. Die Strategie wurde von Robert Levy entwickelt und baut auf der Annahme beziehungsweise der (zumindest in der Vergangenheit festgestellten) Tatsache auf, dass Aktien, die innerhalb des vorangegangenen Jahres an Wert gewonnen haben, auch weiterhin Kursgewinne verzeichnen werden. Die Strategie basiert also in anderen Worten formuliert, auf der Annahme, dass die Faktoren, die für die positive Entwicklung verantwortlich waren, auch in der Zukunft Bestand haben werden. Vor allem vor dem Hintergrund, dass viele Einsteiger, die nur wenig oder gar keine Erfahrung mit dem Aktienhandel haben, zu Beginn die Aktien kaufen, die niedrig im Kurs stehen und auf einen erneuten Anstieg spekuliert wird, ist diese Strategie interessant. Es wird fälschlicherweise davon ausgegangen, dass der Kurs der Aktie nicht noch tiefer fallen kann und sich kurz- bis mittelfristig wieder erholen wird. Wird die Geschichte der Börse beziehungsweise der Aktien betrachtet, so wird jedoch festgestellt, dass es sich in der Regel so verhalten hat, dass Aktien, die in der Vergangenheit an Wert gewonnen haben, dies auch in der Zukunft tun werden.Dementsprechend haben Aktien, die bereits zuvor an Wert eingebüßt hatten, nur äußerst selten eine positive Entwicklung des Kurses verzeichnen können. Die Strategie der relativen Stärke ermöglicht es Anlegern, die Aktien innerhalb eines Index, beispielsweise des Deutschen Aktien Index (DAX), direkt miteinander zu vergleichen, nach ihrer relativen Stärke zu sortieren und gemäß dieser einen Kauf zu tätigen.

Der **erste Schritt** der befolgt weden sollte, beschreibt die Definition des sogenannten

Anlageuniversums. Dieses kann einzelne Länder aber auch Regionen oder die ganze Welt umfassen. Ebenso kann das Anlageuniversum einem Index entsprechen. Grundsätzlich ist festzuhalten, dass sich große Indizes besser für einen Vergleich von Aktien unter Verwendung der Strategie der Relativen Stärke eignen. Ist der Index beziehungsweise das Universum der Wahl, innerhalb desselben die Aktien hinsichtlich ihrer Entwicklung verglichen werden soll, gefunden, so müssen nun im **zweiten Schritt die erfolgversprechendsten Aktien ermittelt werden**. Danach folgt die Erstellung einer Rangliste, in der die Aktien des Index nach ihrer relativen Stärke sortiert werden. Zunächst muss die relative Stärke der gewählten Aktien jedoch berechnet werden, um diese dann miteinander vergleichen zu können.

Berechnung der relativen Stärke

Für die Berechnung derselben werden Informationen benötigt. Aus den Monatsschlusskursen der vergangenen 60 Wochen, sprich 15 Monaten, aller im Index vertretenen Aktien, wird der Durchschnittswert berechnet. Festzuhalten ist, dass auch kürzere aber ebenso längere Perioden betrachtet werden können. Der aktuelle Kursder Aktie wird dann im Rahmen der Berechnung durch den

Durchschnitt der Monatsschlusskursedesselben dividiert. Die Rechnung wird für jede im Index aufgelistete Aktie wiederholt.

$$\text{RelativeStärke} = \frac{\text{AktuellerAktienkurs}}{\text{Durchschnittderletzten15Monatsschlusskurse}}$$

Werte, die unter 1,0 liegen, zeigen also, dass der aktuelle Kurseiner Aktie unter dem Durchschnittkurs der letzten 15 Monate liegt. Solche, die über 1,0 liegen, verzeichnen einen Kursanstieg im Vergleich zu dem Durchschnitt.

Beispielrechnung:

Im Rahmen der Beispielrechnung wird lediglich die Aktie der Volkswagen AG betrachtet, anstatt alle Unternehmen des Deutschen Aktien Index miteinander zu vergleichen. Wichtig ist, dass der Leser die Vorgehensweise versteht beziehungsweise verinnerlicht.

In der Tabelle sind die Monats-Schlusskurse der vergangenen 15 Monate aufgeführt.

Volkswagen Vz	Monat	Erster	Hoch	Tief	Schluss	Veränderung
2017	Januar	133,2	156,45	132,4	144,65	8,56%
	Februar	145,25	148,78	137,25	139,93	-3,26%
	März	140,51	146,05	132,98	136,47	-2,47%
	April	136,89	146,63	130,28	145,35	6,51%
	Mai	145,97	146,49	133,6	134,71	-7,32%
	Juni	135,12	139,13	129,9	133,21	-1,11%
	Juli	133,26	145,88	129,88	129,9	-2,48%
	August	130,43	132,33	124,8	125,55	-3,35%

	September	126,85	141,73	125,95	137,55	9,56%
	Oktober	137,74	157,23	136,38	156,3	13,63%
	November	163,72	178,61	153,73	178,61	14,27%
	Dezember	174,18	176,35	166,18	166,71	-6,66%
2018	Januar	166,8	192,46	161,48	177,02	6,35%
	Februar	178,52	181,62	158,06	161,12	-8,98%
	März	160,6	163,8	151,32	161,38	0,16%

Quelle: https://www.boerse.de/historische-kurse/Volkswagen-Vz-Aktie/DE0007664039

Die Schlusskurse der einzelnen Monate sind in der Spalte „Schluss“ zu finden. Aus diesen wird der Durchschnittwert der letzten 15 Monate berechnet.

$$\text{Durchschnittswert} = 148{,}564$$

Nun muss lediglich noch der aktuelle Kurs der

Volkswagen Aktien ermittelt werden, um diesen durch den Durchschnittswert zu dividieren. Dieser wird kinderleicht über das Internet ermittelt.

Quelle: google

Die Berechnung der relativen Stärke der Volkswagen Aktie sieht also folgendermaßen aus.

$$\text{RelativeStärkeVWAktie} = \frac{147{,}10}{158{,}564} = 1{,}172$$

Nach der Berechnung der relativen Stärken aller im Index gelisteten Aktien, wird eine Rangfolge erstellt, aus der dann die besten gewählt und gekauft werden.

Erwähnenswert ist hier noch, dass sich Anleger durch die Überwachung dieser Rangliste vor starken Kursverlusten absichern können. Dafür ist es unerlässlich, die Liste regelmäßig einer Aktualisierung zu unterziehen. Aktien die deutlich an Wert verloren haben, sollten „aussortiert“, sprich verkauft werden, um den Verlust gering zu halten. Diese werden dann durch andere ersetzt, die sich nun hoch oben in der Rangliste der relativen Stärke befinden.

Stärken und Schwächen der Strategie

Das Ergebnis, sprich die relative Stärke, gibt also Aufschluss darüber, dass sich die beispielhaft betrachtete Aktie von Volkswagen innerhalb der letzten 15 Monate in einer Aufwärtsbewegung befindet, sich also positiv entwickelt. Zum Glück ist es nicht erforderlich die Berechnung der relativen Stärke für alle Aktien eines Index durchzuführen, da diese in Fachmagazinen und auch im Internet aufgeführt und ebenfalls danach sortiert werden. Es gilt, die Aktien mit der höchsten relativen Stärke zu wählen. Allerdings ist auch die Strategie von Levy kein Garant dafür, dass die Aktie sich tatsächlich weiterhin positiv entwickelt.

Großer Vorteil der Strategie der relativen Stärke ist, dass diese leicht zu verstehen und anzuwenden ist.

Außerdem werden Emotionen außen vor gelassen und rein nach den Ergebnissen der Berechnung vorgegangen. Als negativ zu bewerten ist, dass die Aktien, die eine hohe relative Stärke aufweisen, bereits stark in ihrem Wert gestiegen sind, somit teurer sind und eventuell vor einem Kurseinbruch stehen.

Kurzes Fazit zur Strategie der relativen Stärke

Um die zukünftige Entwicklung einer Aktie besser einzuschätzen, sollten auch einige der vorher vorgestellten Kennzahlen zur Bewertung derselben miteinbezogen werden. Zumindest das Kurs-Umsatz- und das Kurs-Gewinn-Verhältnis sind einfach zu ermitteln und geben weitere nützliche Informationen.

Die Markenstrategie

Bei der Markenstrategie handelt es sich um eine etwas kompliziertere, konservative Strategie für die Geldanlage in Aktien. Wichtig ist, wie bei nahezu allen Strategien am Aktienmarkt, dass diese langfristig durchgeführt wird. Hier geht es darum, die Aktien von bekannten und in der Vergangenheit erfolgreichen Markenunternehmen zu kaufen und zwar zu einem möglichst günstigen Preis. Da von diesem schließlich die zu erwartende Rendite abhängt. Der

Fokus wird im Rahmen dieser Strategie auf die starken Marken gelegt, da diese auch in Zeiten der Inflation (Geldentwertung) eine erhöhte Stabilität bieten. Durch die Erhöhung der Preise, die diese leichter als kleinere Unternehmen beziehungsweise weniger starke Marken durchsetzen können, sind die starken Marken dementsprechend wettbewerbsfähiger. Um diese starken Unternehmen auszumachen, ist eine methodische Vorgehensweise ratsam. Ein Fragenkatalog kann weiterhelfen, eine Einschätzung vorzunehmen.

Da gerade von der Cash Flow Marge gesprochen wurde und der Begriff Marge im weiteren Verlauf dieses Buches erneut Verwendung findet, soll kurz erläutert werden, worum es sich handelt. Grundsätzlich wird der Begriff genutzt, um Gewinnspannen zu beschreiben. Beispielsweise die EBIT-Marge, die weiter unter erwähnt wird, gibt das Verhältnis zwischen dem Gewinn vor dem Abzug von Steuern und Zinsen, also dem EBIT, und den Umsatzerlösen an. Die Cash Flow Marge gibt das Verhältnis zwischen dem operativen Cash Flow und den Umsatzerlösen an und wird folgendermaßen berechnet:

Es sollte sich zunächst ganz allgemein gefragt werden, ob das Unternehmen und seine Tätigkeiten nachvollziehbar sind? Auch die Frage, ob Substitutionsgüter (Güter, die die selben Bedürfnisse stillen) von anderen Unternehmen existieren und die Produkte somit ersetzen können, ist angebracht. Ebenso ist sinnvoll zu ermitteln, ob das Unternehmen eine Monopolstellung Inne hat und auch in der Zukunft noch über ausreichendes Wachstumspotenzial verfügt. Wird die Mehrzahl dieser Fragen mit „ja" beantwortet, so geht es im nächsten Schritt an die Analyse weiterer Kriterien. Die Eigenkapitalquote der Aktiengesellschaft sollte mindestens 25 % betragen, auch im Verlauf der vergangenen Jahre, bei einem Gewinnwachstum von über 10 % pro Jahr. Die tesaurierten beziehungsweise einbehaltenen Gewinne sollten außerdem über die Hälfte aller Gewinne ausmachen. Im Hinblick auf die Umsatzrendite, sollte diese nach der Markenstrategie 10 % oder mehr betragen und zukünftig weiter ansteigen. Bezüglich der Cash Flow Marge ist festzuhalten, dass diese über 15 % liegen sollte.

Im Rahmen der Markenstrategie spielt auch der Innere Wert von Aktien eine wichtige Rolle, der hier nicht vernachlässigt, sondern im weiteren Verlaufe des Buches vorgestellt werden soll.

Die Dividendenstrategie

Im Hinblick auf die Bankenkrisen in der Vergangenheit, suchen Anleger nach einer Strategie, die trotz fallender Kurse dafür sorgt, dass regelmäßig ein Gewinn mit Aktien erzielt wird. Durch den Kauf von Wertpapieren, die hohe Dividenden in Aussicht stellen, haben Anleger die Möglichkeit, sich durch dividendenstarke Aktien (vermeintlich) abzusichern. Die Dividendenstrategie wurde bereits in den 1930er Jahren von dem Investor und Theoretiker Benjamin Graham erfunden beziehungsweise entwickelt. Graham begann mit dem Kauf der im us-amerikanischen Index Dow Jones gelisteten, im Hinblick auf die Dividenden, stärksten Unternehmen. Das Bewertungskriterium waren also ausschließlich die Dividenden. Wichtig, so Graham, war beziehungsweise ist, dass die Dividenden-Rangliste jedes Jahr aktualisiert wird, um durch eine Umschichtung des Aktiendepots stets die dividendenstärksten Aktien zu erwerben. Graham kaufte jeweils die zehn besten, dividendenstärksten Aktien des Index, um diese nach einem Jahr gegen die dann aktuell stärksten Aktien auszutauschen, sollte sich etwas in der Rangfolge geändert haben. Auch in der jungen Vergangenheit erzielen zahlreiche Aktionäre attraktive Gewinne durch die Ausschüttung von Dividenden. Denn in schwierigen Zeiten an der Börse, in denen die Aktien an Wert einbüßen und die Kurse somit fallen, wird dennoch ein stabiler Geldzufluss in Form der Dividenden erzielt. Nichtsdestotrotz ist hier auch die Aktienrendite zu betrachten, die schlussendlich über Gewinn oder Verlust entscheidet. Wie bei nahezu allen Strategien, die an der Börse verfolgt werden, ist es auch bei der Dividendenstrategie von großer Bedeutung, die entsprechenden Aktien in Crash-Zeiten nicht zu veräußern, sondern viel mehr abzuwarten bis sich der Kurs wieder erholt. Auch eine ausreichende Diversifikation ist wichtig, um mit der Dividendenstrategie erfolgreich an der Börse mit Aktien zu handeln. Eine Alternative zu der dem Erwerb einzelner, dividendenstarken Aktien, ist der Kauf eines Exchange Traded Fund (ETF), der mehrere starke Titel, sprich Aktien, enthält.

Nachteil an der Dividendenstrategie ist, dass durch die Fokussierung auf dividedenstarke Unternehmen, ein positiver Börsentrend verpasst werden könnte. Auch ist als nachteilig zu bewerten, dass viele Unternehmen, die den Aktionären hohe Dividenden ausschütten, dies nicht immer tun werden, die Dividenden also streichen könnten. So kann es dazu kommen, dass einer dividendenstarke Aktie, die in ihrem Wert gefallen ist, die Dividenden gestrichen wird. Nun könnten sich die Aktionäre nicht mehr über die Dividenden freuen und außerdem müsste die Aktie, zumindest, wenn nach der Dividendenstrategie nach Graham vorgegangen wird, verkauft werden. Der Verkaufspreis wird jedoch im Rahmen fallender Kurse dementsprechend gering ausfallen, sodass sich hier ein Verlust einstellt. Einige Aktiengesellschaften stellen deshalb hohe Dividenden in Aussicht, um auf diese Weise eine deutlich höhere Anzahl an Käufern zu finden, obwohl sich der Aktienkurs negativ entwickelt.

Die Berechnung der Dividendenrendite

Die Dividendenrendite wird aus dem Teil des Gewinns, welches von dem Unternehmen ausgeschüttet wird, also der Dividenden und aus dem aktuellen Aktienkurs berechnet. Dafür wird die Dividende durch den Aktienkurs dividiert.

$$\text{Dividendenrendite} = \frac{\text{Dividende}}{\text{Aktienkurs}}$$

Wie bereits angemerkt, birgt diese Strategie Tücken, die gekannt werden sollten. Das liegt daran, dass die Dividendenrendite bei fallenden Kursen ansteigt. Mit anderen Worten verlieren die Aktien an Wert, sodass die fallende Kursrendite die Dividendenrendite zunichtemacht. Das nachfolgende Beispiel soll das Problem kurz aufzeigen.

Beispielrechnung zur Veranschaulichung der Tücken der Dividendenstrategie

Im Rahmen dieses Beispiels wird nun ein Unternehmen betrachtet, das stets eine Dividende von 4 Euro pro Aktie ausschüttet. Um dem Leser aufzuzeigen, dass die Dividendenstrategie nur erfolgversprechend ist, wenn weitere Kriterien beachtet werden, soll die Strategie unter der Voraussetzung fallender Aktienkurse unter die Lupe genommen werden.

Im ersten Jahr ist die Aktie noch 100 Euro wert, die Dividendenrendite würde also wie folgt ausfallen:

$$\text{Dividendenrendite(1.Jahr)} = \frac{4}{100} = 0{,}04 = 4\%$$

Im **zweiten Jahr** fällt der Kurs der Aktie **von 100 Euro auf 80 Euro**, verliert dementsprechend um 20 % beziehungsweise 20 Euro an Wert.

$$\text{Dividendenrendite(2.Jahr)} = \frac{4}{80} = 0{,}05 = 5\%$$

Die Dividendenrendite ist folglich um 1 %, von 4 % auf 5 %, gestiegen. Allerdings ist die Kursrendite um 20 % gefallen, sodass die Aktienrendite insgesamt um 15 % (Kursrendite + Dividendenrendite) gesunken ist.

Im **dritten Jahr** ist der Kurs bereits von 80 Euro auf**60 Euro** gefallen. Die Kursrendite hat also ein Minus von 25 % verzeichnet (- 20 Euro / 80 Euro).

$$\text{Dividendenrendite} = \frac{4}{60} = 0{,}067 = 6{,}7\%$$

Der fallende Wert der Aktie bewirkt, dass die Dividendenrendite steigt. Insgesamt verliert die Aktie und somit der Aktionär an Geld, da die Aktienrendite mittlerweile im dritten Jahr ein Minus von 18,3 % aufweist.

Insgesamt ist der Verlauf der Kursrendite über die drei im Beispiel betrachteten Jahre negativ. Der **Kurs sinkt in diesem Zeitraum von 100 Euro auf 60 Euro, sprich um 40 %.** Die Dividendenrendite steigt jedoch von 4 % auf 6,7 %, sprich um 2,7 %. Insgesamt wird also eine **Aktienrendite von – 33,3** % erzielt.

Zusammengefasst lässt sich hier feststellen, dass die Geldanlage nach der Dividendenstrategie in die Aktie des Beispiel-Unternehmens alles andere als ein gutes Investment darstellt. Durch rechtzeitiges Umschichten könnte dem Verlust durch den fallenden Kurs entgegengewirkt werden, sollte keine Mindest-

Haltedauer festgelegt sein.

Um der Gefahr, die steigende Dividendenrenditen bei deutlich sinkenden Aktienkursen auslösen, vorzubeugen, ist es also wichtig, weitere Kriterien im Blick zu haben. Wichtig ist zu schauen, ob das Unternehmen auch in der Zukunft Gewinne erzielen wird, die nicht nur in Form von Dividenden an die Aktionäre ausgeschüttet werden, sondern ebenfalls, ob ein Teil der Gewinne beispielsweise in Forschung und Entwicklung investiert wird, um die Zukunftsfähigkeit der unternehmerischen Tätigkeit zu gewährleisten. Werden lediglich Dividenden ausgeschüttet, so fehlt dieses Geld innerhalb des Unternehmens. Aktiengesellschaften wie Google schütten beispielsweise keine Dividende aus, dafür wird das Geld zum Beispiel in die Erschließung neuer Geschäftsfelder investiert, was wiederum den Aktienkurs steigen lässt. Schlussendlich kommt es nämlich auf die Aktienrendite an. Weiterhin ist es ratsam, wenn die Dividendenstrategie erfolgreich angewandt werden soll, zu überprüft, ob innerhalb der vergangenen 10 Jahre konstante Dividendenzahlungen ausgeschüttet wurden. Die Ausschüttungsquote sollte zwischen 25 % und 75 % betragen, bei einer jährlichen Dividendenrendite von mindestens 1 %.

Kurzes Fazit zu der Dividendenstrategie

Trotz der weiter oben erläuterten Tücken, die mit der Dividendenstrategie einhergehen können, eignet sich diese dennoch für Anleger, die in der Lage sind, die Aktie über einen langen Zeitraum zu halten und Kurseinbrüche auszusitzen. Alternativ können Aktionäre auch auf ETFs zurückgreifen, die ausschließlich dividendenstarke Aktien enthalten, sodass sich der Aufwand minimiert.

Im vorangegangenen Unterkapitel wurde viel von Aktien- und Kursrendite gesprochen. Diese Begriffe sollen nun erläutert werden. Bei der Aktienrendite handelt es sich um eine Kennzahl, die die gesamte Entwicklung der Geldanlage wiederspiegelt. Diese berücksichtigt also den Kursgewinn beziehungsweise –verlust und die Dividendenrendite gleichermaßen (diese werden addiert beziehungsweise subtrahiert und ergeben die Aktienrendite). Ist die Dividendenrendite also hoch, die Kursverluste jedoch höher, so ergibt sich daraus eine negative Aktienrendite (siehe Beispielrechnung über die Tücken der Dividendenrendite).

Die Small-Cap-Strategie

Eine weitere Strategie, die im Rahmen dieses Buches vorgestellt werden soll, ist die sogenannte Small-Cap-Strategie. Es geht also um den Kauf von Aktien kleiner Unternehmen, die günstig erworben werden können. Dabei darf es sich jedoch nicht um spekulative Pennystocks oder ähnliche Aktien von risikobehafteten Unternehmen handeln, sondern um aufstrebende, wachstumsstarke Aktiengesellschaften mit erfolgversprechenden Aussichten für die Zukunft. Wichtig ist dafür, dass die entsprechenden Small-Caps über ein solides, zukunftsfähiges Geschäftsmodell verfügen und auch im Hinblick auf die Finanzen gut aufgestellt sind. Eine fortlaufende Analyse der fundamentalen Kennzahlen der Aktie beziehungsweise des Unternehmens ist von großer Bedeutung, um negative Entwicklungen bereits frühzeitig zu erkennen.

Wird also nach einem zukunftsfähigen Small-Cap-Unternehmen Ausschau gehalten, so besteht die Möglichkeit, dass dieses im Laufe der Zeit zu einem großen Unternehmen anwächst, wodurch sich der Aktienkurs positiv entwickeln würde. Um von diesem zu profitieren, muss das Potenzial des kleinen, aufstrebenden Unternehmen jedoch unbedingt erkannt werden, bevor große Investoren die Aktie erwerben und den Kurs in die Höhe treiben. An diesen attraktiven Kursgewinnen können Anleger durch den Einsatz der Small-Cap-Strategie teilhaben und den Wert der günstig erworbenen Aktien deutlich steigern.

Small-Caps können in Wachstums- (Growth) und Wert-Unternehmen (Value) unterteilt werden. Die ersten zeichnen sich durch ein hohes Wachstum aus, mit dem ein hohes KGV einhergeht. In der Regel sind wachstumsstarke Unternehmen auch im Hinblick auf ihren Wert beständig. Im Rahmen der Auswahl von Small-Caps sollten also das Unternehmen-Wachstum sowie der Unternehmens-Wert betrachtet werden. Doch wie wird ermittelt, ob das betrachtete Unternehmen den Anforderungen gewachsen ist? Hier kommen einige Auswahlkriterien in Betracht.

Die Auswahlkriterien für attraktive Small-Caps im Überblick

Im Rahmen der Ermittlung der Größe des Unternehmens wird ein Blick auf den Jahresumsatz desselben geworfen. Die Marktkapitalisierung spielt eine untergeordnete Rolle, da es hier mehr um die reinen Unternehmensdaten, statt um markttechnische Informationen geht. Unternehmen mit einem **jährlichen Umsatz bis zur einer Milliarde Euro**, sind meist noch nicht in den Fokus von großen Investoren geraten, sodass Anteile an denselben vergleichsweise günstig zu erwerben sind. Ebenso spielt, wie bereits angemerkt, die Wachstumsrate eine entscheidende Rolle. Diese sollte in Boom-Phasen bei 25 % oder darüber liegen und in Phasen schwacher Konjunktur bei mindestens 12 %. Besonders das **Gewinn- und Umsatzwachstum** sind zu betrachten, wobei das Verhältnis des ersten zum zweiten nicht unter den Faktor 1 rutschen sollte. Die **Rendite des Umsatzes** sollte mindestens 7 % betragen, sodass dem kleinen Unternehmen eine gefestigte Marktstellung bescheinigt werden kann, die diesem in Krisenzeiten erlaubt, Preissenkungen oder auch Kostenerhöhungen besser zu verkraften. Wie bereits im Rahmen einer Informationsbox erläutert, gibt der **Cash Flow** eines Unternehmens Aufschluss über dessen Finanzkraft. Bei den Small-Caps, die hier betrachtet werden, muss der Cash Flow stets positiv sein. Dieser wird direkt mit dem Gewinn der Aktiengesellschaft ins Verhältnis gesetzt und sollte höchstens 20 % unter dem Gewinn liegen. Das **Handelsvolumen** einer Aktie zeigt auf, wie beliebt diese an der Börse ist beziehungsweise wie oft diese dort gehandelt wird. Dementsprechend zeigt ein vergleichsweise kleines Handelsvolumen von ungefähr 300.000 bis 350.000 Aktien monatlich, dass das Wertpapier noch nicht in den Fokus großer Investoren gerückt ist. Um Pennystocks und andere risikobehaftete Unternehmen, nicht in die Betrachtung miteinzubeziehen, sollte des Weiteren ein **Aktienkurs** beziehungsweise –preis von mindestens fünf Euro vorliegen. Die **Eigenkapitalquote** und somit der Verschuldungsgrad sollte so hoch beziehungsweise so niedrig wie möglich sein, um die Zahlungsfähigkeit sicherzustellen.Mindestens 30 % sollte die erste betragen. Auch die **Eigenkapitalrendite** spielt bei der Bewertung von erfolgversprechden Aktien kleiner Unternehmen eine entscheidende Rolle. Diese sollte mindestens 15 % des Gesamtkapitals ausmachen und im Verlauf der Jahre stetig ansteigen.

Um Fehlentwicklungen frühzeitig entgegenwirken zu können, sollten diese fundamentalen Daten kleiner Unternehmen einer kontinuierlichen Beobachtung unterzogen werden.

Kurzes Fazit zur Small-Cap-Strategie

Die Small-Cap-Strategie setzt voraus, dass wichtige Kennzahlen zur Bewertung von Unternehmen beziehungsweise Aktien gekannt und im Rahmen der Unternehmens-Analyse genutzt werden. Daneben ist es von Bedeutung, dass Tendenzen frühzeitig erkannt werden, bevor große Investoren zahlreiche Anteile an dem Unternehmen erwerben und somit für einen Kursanstieg sorgen. Von diesem soll natürlich profitiert werden – durch den Kauf günstiger, erfolgversprechender Aktien, vor dem Eintritt der Investoren.

Die Strategie des antizyklischen Tradens

Wird diese Strategie genutzt, so wird gegen einen bestehenden Trend „gewettet". Es handelt sich hier also um das Gegenstück der Trendstrategie. Es werden Aktien zu günstigen Kursen gekauft, wenn die allgemeine wirtschaftliche Lage und damit die Wertentwicklung der Aktien schlecht ist. Es gilt den eigentlichen Wert von Unternehmen zu ermitteln, um herauszufinden, ob die Aktien desselben eventuell unterbewertet sind. Dafür werden fundamentalen Werte, wie zum Beispiel die Eigenkapitalquote und die Dividenden, ermittelt. Die tatsächliche Unternehmens-Situation, die in der Bilanz ausgewiesen wird, wird dann mit dem Marktwert an der Börse verglichen. Liegt der zweite unter dem ersten, so kann dies ein Kaufsignal sein, muss es jedoch nicht, denn andere Einflussfaktoren können ebenfalls eine Rolle spielen. Es kann nämlich auch passieren, dass der Aktienkurs nicht die erwartete Wende vollzieht und weiter an Wert einbüßt, sodass Verluste erzielt werden. Auch der psychologische Aspekt ist hier nicht außer Acht zu lassen. Menschen verhalten sich wie Herdentiere und gehen meist den Weg des geringsten Widerstands. Es verhält sich oft so, dass sich eine Aktie im Aufwärts-Trend befindet und in den Medien von hohen Kursgewinnen gesprochen wird. Viele Anleger steigen erst dann ein, sodass es früher oder später zu einem Kurseinbruch, sprich einer Wende, kommt, in der viele Anleger ihre Anteile veräußern möchten, da der Kurs nicht mehr steigt, sondern stagniert. Dieses veranlasst also zahlreiche Aktionäre die Anteile an dem Unternehmen zu veräußern, sodass der Kurs rapide fällt. Nun ist der Zeitpunkt gekommen, an dem Anleger, die die antizyklische Strategie nutzen, zuschlagen sollten. Danach gilt es abzuwarten, bis sich der Kurs wieder normalisiert hat und erneut ansteigt. Zu erwähnen ist, dass zahlreiche Investoren, die erfolgreich mit der Strategie des antizyklischen Tradens sind, nach der sogenannten 50-Prozent-Verlust-Regel handeln. Nach dieser muss eine Aktie mindestens an 50 % ihres Wertes verlieren, damit diese für einen Kauf interessant wird. Wichtig für den (zukünftigen) Erfolg dieser Aktien ist außerdem, dass diese vor dem Kurseinbruch stabil in ihrer Wertentwicklung waren. Mit anderen Worten sollte eine Aktie, die beispielsweise innerhalb eines Jahres um 300 % an

Wert gewonnen hat und dann plötzlich um 50 % einbricht, nicht in ein antizyklischen Aktien Depot aufgenommen werden. Die Anwendung der 50-Prozent-Verlust-Regel birgt einen weiteren Vorteil. Emotionen werden so komplett außen vor gelassen und die Kaufentscheidung beruht ausschließlich auf der quantitativen Wertentwicklung der Aktie.

Kurzes Fazit zur Strategie des antizyklischen Tradens

Findet diese Strategie Anwendung, so wird auf einen erneuten Anstieg des Aktienkurses nach dem Verfall desselben „gewettet". Tritt dieser Fall ein, so sind attraktive Gewinne möglich. Natürlich müssen die Aktien auch wieder rechtzeitig verkauft werden, bevor es zu einem neuen Kurseinbruch kommt. Beispielsweise funktionierte die Strategie hervorragend, als im März des Jahres 2000 die Dotcom-Blase (auch Internetblase genannt) platzte. Die Kurse von Internet-Unternehmen befanden sich sprichwörtlich am Boden und waren dementsprechend günstig zu haben, denn nur wenige Anleger wollten noch etwas mit diesen zu dem Zeitpunkt verlustbringenden Wertpapieren zu tun haben. Allerdings gab es auch Anleger, die die günstigen Preise nutzten und so im Verlauf der nächsten fünf Jahre satte Renditen verbuchen konnten.

Die Value Investing Strategie

Bei dieser handelt es sich um eine, die deutlich komplexer anzuwenden ist, als die bisher vorgestellten Strategien. Aus diesem Grund soll hier äußerst detailliert vorgegangen werden, um dem Leser die wichtigen, zu beachtenden Schritte dieser Strategie näher zu bringen.

Wie auch die Dividendenstrategie wurde die Value Investing Strategie von dem bekannten Wirtschaftswissenschaftler und Investor Benjamin Graham zu Beginn der 1930er Jahrein den Vereinigten Staaten entwickelt. Dieser gilt auch als Erfinder der fundamentalen Wertpapieranalyse, auf der das Value Investing aufbaut. Interessant ist, dass Warren Buffett, der bekannte Starinvestor, an der Universität von Columbia von Graham unterrichtet wurde und diesem wohl einen mehr oder weniger großen Teil seines Erfolges zu verdanken hat. Doch nun soll auf die Value Investing Strategie an sich eingegangen werden, zunächst nach Graham und anschließend nach Buffett, der die Strategie etwas abänderte und wie allgemein bekannt ist, große Erfolge damit feiern konnte.

Im einfachen Sinne formuliert, kann festgehalten werden, dass es sich bei dem Value Investment um eine Strategie handelt, bei der es darum geht, den wahren, eigentlichen Wert einer Aktie zu bestimmen beziehungsweise zu schätzen. Liegt dieser Wert deutlich unter dem Aktienkurs beziehungsweise –preis, so wird das Wertpapier gekauft. Es wird also nach unterbewerteten Aktien gesucht. Steigt der Wert des Wertpapiers dann an, so wird dieses gewinnbringend verkauft. Auch können die Unternehmensanteile gehalten werden, sollten die daraus hervorgehenden Dividenden die Investition rechtfertigen. Ein wesentliches Element dieser Strategie ist der sogenannte innere Wert einer Aktie, der vor allem von Warren Buffett geprägt wurde, doch dazu anschließend mehr.

Das Value Investing nach Benjamin Graham

Zu Lebzeiten von Benjamin Graham war es noch nicht so einfach wie heute, an aktuelle Informationen über Unternehmen und deren Aktien zu gelangen. Graham konnte somit nicht im Internet nach aktuellen Kursentwicklungen, etc. suchen, sondern recherchierte in Bibliotheken nach den relevanten Daten. Gezielt hielt der Lehrmeister von Warren Buffett nach Unternehmen Ausschau, die an der Börse unterbewertet wurden. Dafür verglich Graham im Rahmen einer fundamental Analyse unter anderem den Börsenkurs mit den liquiden Mitteln, die dem Unternehmen zu diesem Zeitpunkt zur Verfügung standen, nachdem alle Verbindlichkeiten davon abgezogen beziehungsweise herausgerechnet wurden. Bei diesem Wert handelt es sich um den sogenannten **Nettobarwert**, der auch Nettogegenwartswert (engl. Net Current Asset Value) genannt wird. Die Berechnung des Nettobarwerts ermöglicht es, Aufschluss darüber zu erhalten, ob eine Aktie unterbewertet ist oder nicht.

Bei der fundamentalen Aktienanalyse handelt es sich um eine Art der Aktienanalyse, die sowohl quantitative, als auch qualitative Kriterien untersucht. Die qualitativen Kriterien, die im Rahmen der Analyse von Bedeutung sind, sind beispielsweise das Geschäftskonzept und die Branche, in der das Unternehmen seine Produkte und / oder Dienstleistungen anbietet. Hier handelt es sich meist um subjektive Bewertungen, die eine gewisse Unsicherheit mit sich bringen. Die quantitativen Kriterien beziehen sich allein auf die Geschäftszahlen der Aktiengesellschaft, die in der Bilanz zu finden sind.

Die fundamental Analyse

Zunächst setzt das Value Investing eine fundamentale Analyse des Unternehmens voraus, um die Qualität desselben und somit die der Aktie einschätzen zu können und je nach dem zu handeln, sprich den Kauf einer Aktie zu tätigen oder nicht. Die Analyse dient, wie der Name es bereits verrät, der Bewertung der fundamentalen Daten einer Aktie. Die Analyse setzt sich aus der Betrachtung von quantitativen Daten, die in der Bilanz des jeweiligen Unternehmens zu finden sind, sowie aus qualitativen Daten, die einer subjektiven Einschätzung bedürfen, zusammen.

Im Rahmen der fundamentalen Aktienanalyse wird eine Vielzahl von Kennzahlen genutzt, um auf diese Weise einen Überblick über die Unternehmens-Qualität zu erhalten. Neben einem Blick auf das historische Wachstum der Aktiengesellschaft, sind auch die Kapitalrenditen, sprich zum Beispiel die Eigen- und Gesamtkapitalrendite Teil der Analyse. Auch die Verschuldung, sprich der Fremdkapitalanteil, ist bei der fundamentalen Analyse nicht außer Acht zu lassen.

Da innerhalb des letzten Unterkapitels der Begriff Nettobarwert verwendet wurde, soll nun kurz angerissen werden, wobei es sich hier handelt. Der Wert, den zukünftige

Zahlungen in der Gegenwart besitzen, wird Barwert genannt.Der Nettobarwert oder auch Nettogegenwartswert gehört zu der dynamischen Investitionsrechnung und gibt Aufschluss über den Barwert von Ein- und Auszahlungen

Das Working-Capital-Verhältnis

Außerdem interpretierte Graham die Jahresabschlüsse von Aktiengesellschaften, die dieser hinsichtlich des **Working-Capital-Verhältnisses** analysierte. Das Working Capital gehört zu den Bilanzkennzahlen, die Auskunft über die Finanzierung von Unternehmen gibt und wird aus der Differenz des Umlaufvermögens und den kurzfristigen Verbindlichkeiten berechnet.

$$\text{WorkingCapital} = \text{Umlaufvermögen} - \text{kurzfristigeVerbindlichkeiten}$$

Das ist jedoch noch nicht das Working-Capital-Verhältnis. Um dieses zu errechnen, muss das Working Capital noch in ins Verhältnis mit dem kurzfristigen Umlaufvermögen gesetzt.

$$\text{Working} - \text{Capital} - \text{Verhältnis} = \frac{\text{WorkingCapital}}{\text{kurzfristigesUmlaufvermögen}}$$

Das Ergebnis sollte im optimalen Fall über 30 % betragen und gibt Aufschluss über die Fähigkeit des Unternehmens, sich langfristig über das Umlaufvermögen finanzieren zu können. Es kann hier jedoch auch zu abweichenden Werten kommen, das hängt natürlich einerseits von der Lage des Unternehmens ab, jedoch auch von der Branche, in der dieses aktiv ist.

Die current ratio

Auch das aktuelle Verhältnis (current ratio), so Graham, ist im Rahmen der Betrachtung der Lage des Unternehmens zu betrachten. Im Rahmen dieses Buches wurde bereits kurz auf die Cash Ratio eingegangen, die sich wie folgt berechnet.

$$\text{CashRatio} = \frac{\text{flüssigeMittel}}{\text{kurzfristigeVerbindlichkeiten}}$$

Auch Graham nutzte diese Formel, um zu ermitteln, ob Unternehmen über mehr Vermögenswerte als über Verbindlichkeiten verfügen. Liegen die ersten also über den zweiten, so deutet das darauf hin, dass Zahlungsschwierigkeiten in der Zukunft unwahrscheinlich sind.

Der innere Wert und die Sicherheitmarge (nach Graham)

Ebenso die **Sicherheitsmarge(Margin of Safety)** spielt eine wichtige Rolle, falls sich für die Value Investing Strategie entschieden wurde. Allerdings muss zuerst der **innere Wert** der Aktie berechnet werden, um dann die individuell definierbare Margin of Safety festzulegen. Es wird nun auf die Berechnung des inneren Wertes nach Graham eingegangen, die auch also vereinfachte Berechnung des inneren Wertes bezeichnet wird. Die folgende Formel wird für die Ermittlung desselben genutzt:

$$InnererWert = GewinnproAktie * (8{,}5 + 2 * Wachstum(\%)$$

Das Ergebnis, sprich der innere Wert, ist natürlich wie immer, abhängig von den zur Berechnung genutzten Eingabegrößen. Sinnvoll ist es, das durchschnittliche Gewinnwachstum der vergangenen zehn Jahre zu verwenden und den aktuellen beziehungsweise zuletzt ausgewiesenen Gewinn pro Aktie (Gewinn pro Aktie = Jahresüberschuss / Anzahl der Aktien) in die Berechnung miteinzubeziehen. Berechtigt ist die Frage, was die Zahl 8,5 innerhalb der Formel bedeutet. Diese gibt das, für Unternehmen, die nicht wachsen, vorausgesetzte beziehungsweise zu erwartende Kurs-Gewinn-Verhältnis (KGV) an. Um den inneren Wert zu berechnen wird also das zu erwartende KGV mit dem doppelten Wachstumsraten (2* Wachstum (%)) addiert und anschließend mit dem Gewinn pro Aktie multipliziert. Liegt der innere Wert über dem aktuellen Aktienkurs, so bedeutet dies, dass die Aktie unterbewertet und somit ein günstiger Kauf möglich ist. Die bereits erwähnte Sicherheitsmarge wird genutzt, um Abweichungen der Berechnung des inneren Wertes auszugleichen. Die Margin of Safety wird individuell festgelegt und kann beispielsweise 50 % betragen. Die 50 % werden dann von dem inneren Wert abgezogen. Würde dieser also, um ein Beispiel zu nennen, bei 50 Euro liegen, so beträgt der innere Wert nach dem Abzug der Sicherheitsmarge noch 25 Euro. Nun soll kurz die Vorgehensweise nach der einfachen Berechnung des inneren Wertes veranschaulicht werden.

Schritt für Schritt zum inneren Wert (nach Graham)

Im ersten Schritt sollten Anleger, die den inneren Wert nach Graham im Rahmen der Value Strategie berücksichtigen möchten, damit beginnen, die inneren Werte von in verschiedenen Indezes geführten Aktien zu ermitteln. Zum Beispiel können Aktien aus dem DAX, dem MDAX oder dem SDAX betrachtet werden. Im folgenden Schritt geht es dann an die Verwendung der Sicherheitsmarge auf jeden einzelnen ermittelten inneren Wert. Dann werden alle Aktien herausgesucht und notiert, deren Kurs unterhalb des durch die Sicherheitsmarge angepassten inneren Wertes liegt. Sinnvoll ist dann die Bildung einer Rangliste der Aktien, die den prozentualen Unterschied von innerem Wert (mit Margin of Safety) und dem aktuellen Aktienkurs berücksichtigt. Je größer der prozentuale Abstand, desto besser. Im nächsten Schritt geht es daran, die nach diesen Kriterien zehn besten Aktien zu erwerben und zwar jeweils zum gleichen Kaufpreis. In eine Aktie wird also nicht mehr Geld als in andere Aktien der Rangliste investiert. Steigt der Kurs der Aktie dann bis zum Erreichen des inneren Werts (inklusive Sicherheitsmarge), so wird die Aktie verkauft und die auf der (aktualisierten) Rangliste folgende Aktie erworben. Eine Überprüfung der Rangliste sollten Anleger stets zum Monatsende angestellt werden. Die Aktualisierung derselben wird zum Ende des Jahres durchgeführt und Aktien, die nicht mehr die

Kriterien nach dem inneren Wert erfüllen, werden durch neue ersetzt.

Beispielrechnung des inneren Wertes nach Graham

Im Rahmen dieser Beispielrechnung wird nun veranschaulicht, wie der innere Wert nach Benjamin Graham berechnet wird.

Die XYZ AG hat einen Jahresüberschuss von 500.000 Euro erwirtschaftet und insgesamt 200.000 Aktien ausgegeben. Das Wachstum des Unternehmens betrug im selben Zeitraum 5 %.

- Jahresüberschuss: 500.000 Euro
- Anzahl der Aktien: 200.000 Stück
- Unternehmenswachstum: 5 %

Damit der innere Wert berechnet werden kann, ist zunächst erforderlich, dass der Gewinn pro Aktie ermittelt wird:

$$\text{GewinnproAktie} = \frac{\text{Jahresüberschuss}}{\text{AnzahlderAktien}}$$

$$GewinnproAktie = \frac{500.000Euro}{200.000Aktien} = 2{,}5Euro/Aktie$$

Nun, da der Gewinn pro Aktie ermittelt ist, folgt die Berechnung des inneren Wertes:

$$InnererWert = GewinnproAktie * (8{,}5 + 2 * Wachstum(\%))$$

$$InnererWert = 2{,}5 * (8{,}5 + 2 * 5) = 46{,}25$$

Der innere Wert beträgt im Rahmen dieses Beispiels, also 46,25 Euro. Liegt der aktuelle Kurs dieser Aktie beispielsweise bei 35 Euro, so ist demnach ein Kauf zu empfehlen, da der echte, wahre Wert, sprich der innere Wert, deutlich über dem Kurs liegt. Die Aktie ist somit unterbewertet und günstig zu erwerben. Andersherum ist von einem Kauf abzuraten, wenn der Aktienkurs dem inneren Wert entspricht oder gar über diesem liegt. Dann ist die Aktie nämlich zu teuer, was einen weiteren Kursanstieg weniger wahrscheinlich macht.

Hier soll jedoch noch darauf hingewiesen werden, dass der innere Wert einer Aktie nicht mit exakter Genauigkeit bestimmt werden kann, weder von Graham, noch von Buffett.

Der fundamentale Aktienwert

Des Weiteren entwickelte Benjamin Graham eine Formel, über die der **fundamentale Aktienwert** auf einfache Art und Weise berechnet werden kann. Hier handelt es sich allerdings um eine einfache Faustformel, die wie die anderen Kennzahlen und Formeln nicht alleine betrachtet werden sollte. Die Formel enthält, dass eine Aktie nicht teurer sein darf als das 1,5-fache des Eigenkapitals des Unternehmens pro Aktieund als das 15-fache des Gewinns pro Aktie.

$$\text{FundamentalerAktienwert} = \sqrt{1{,}5 * 15 * \text{GewinnproAktie} * \text{EigenkapitalproAktie}}$$

Durch die Multiplikation der Faktoren 1,5 und 15 kann die Formel auch folgendermaßen formuliert werden:

$$\text{FundamentalerAktienwert} = \sqrt{22{,}5 * \text{GewinnproAktie} * \text{EigenkapitalproAktie}}$$

Liegt das Ergebnis der Berechnung des fundamentalen Aktienwerts unter dem aktuellen Kurs der betrachteten Aktie, so bedeutet das, dass diese unterbewertet und somit günstig zu erwerben ist. Benjamin Graham bezeichnete den fundamentalen Wert der Aktie als maximalen Kaufpreis, den ein Investor mit defensiver, sprich sicherheitsorientierter Einstellung, für eine Aktie zahlen sollte. Liegt der fundamentale Aktienwert dagegen über dem aktuellen Aktienkurs oder auch auf gleicher Höhe, so empfiehlt es sich für sicherheitsorientierte Anleger, keinen Kauf des entsprechenden Wertpapiers zu tätigen.

Die wichtigsten Regeln Benjamin Grahams für Anleger und die Aktienbewertung im Überblick

Benjamin Graham verfasste einige Regeln, die Anlegern dabei helfen können, sich für den Kauf der richtigen Aktien zu entscheiden, um langfristig mit dieser Form der Geldanlage erfolgreich zu sein.

Anleger sollten laut Graham keinesfalls den Fehler begehen, Aktien zu kaufen, wenn diese gerade erst in ihrem Kurs gestiegen oder gefallen ist. Außerdem mahnt der Investor Anleger dazu, dass diese **Aktien nicht mit der Erwartung nach schnellen Gewinne kaufen**, sondern vielmehr auf die **Langfristigkeit** der Anlage achten sollten. Dazu ist es wichtig, dass sich der Anleger im Rahmen der Analyse so verhält, **als ob dieser das ganze Unternehmen erwerben wollte**. Selbstverständlich bezieht sich Graham auch auf die Suche nach dem (echten, wahren) Wert eines Unternehmens, der zumindest ansatzweise über die oben vorgestellten Formeln ermittelt werden kann. Ebenfalls **sollten weitere Kennzahlen mit in die Gesamtbetrachtung einfließen**, wobei Aktien mit einem niedrigen, unterdurchschnittlichen Kurs-Gewinn-Verhältnis, die außerdem hohe Dividenden versprechen und ein Gewinnwachstum von 200 % innerhalb der letzten zehn Jahre aufweisen, sprich eine Gewinn-Verdopplung, besonders zu empfehlen sind. Für Anfänger ist es laut Graham ratsam, sich **zunächst auf Standardwerte** (beispielsweise die im Deutschen Aktien Index geführten Unternehmen) zu konzentrieren. Auch sprach sich der Investor für eine **Diversifizierung des Wertpapierdepots in Aktien und Anleihen** aus, wobei die letzten mindestens 25 % des Depots ausmachen sollten. Doch mehr zu den Anleihen im weiteren Verlauf des Buches. Neben diesen „allgemeinen Verhaltensregeln" für Anleger an der Börse, legte Graham auch, die seiner Meinung nach, **wichtigsten Bewertungskriterien für Aktien** vor. Der **Kurs einer Aktie sollte den Buchwert derselben nicht um mehr als zwei Drittel übertreffen**. Außerdem darf das **Kurs-Gewinn-Verhältnis (KGV) einer Aktie nicht bei unter 40 % desselben innerhalb der letzten fünf Jahre liegen**. Der **Börsenwert** des betrachteten Unternehmens sollte des Weiteren bei **mehr als zwei Dritteln des**

Nettoumlaufvermögens liegen. Im Hinblick auf die Zahlungssicherheit von Aktienunternehmen, sollten Anleger ebenfalls beachten, dass das **Eigenkapital über dem Fremdkapital** liegt, die kurzfristigen Verbindlichkeiten höchstens die Hälfte des Umlaufvermögens betragen, der Gewinn innerhalb der letzten zehn Jahre durchschnittlich um mindestens 7 % angestiegen ist und es in den vergangenen zehn Jahren nicht mehr als zwei Mal zu Gewinnrückgängen in Höhe von maximal 5 % gekommen ist.Laut Graham ist es empfehlenswert, eine **Aktie dann zu veräußern, wenn diese um 50 % an Wert gewonnen hat** und / oder die Dividende nicht ausgeschüttet beziehungsweise gewährt wird. Des Weiteren sollte verkauft werden, wenn die Aktie über einen Zeitraum von zwei Jahren gehalten wurde, ohne, dass diese um 50 % gestiegen beziehungsweise die Dividende ausgefallen ist.

Der innere Wert nach Warren Buffett

Wie bereits angemerkt, war Warren Buffett Student von Starinvestor Benjamin Graham und entwickelte selbst eine Vorgehensweise, um den echten Wert von Aktien zu bestimmen beziehungsweiseabzuschätzen. Zunächst nutzte Buffett zwar die Strategie seines Lehrmeisters Graham, stellt jedoch fest, dass diese nicht mehr so funktionierte, wie es einst der Fall war. Das war auf die boomende Wirtschaft nach dem Zweiten Weltkrieg zurückzuführen, in der zahlreiche Unternehmen enorm an Wert gewinnen konnten. Viele der ehemalig unterbewerteten Aktien waren das nun nicht mehr und die Suche unter Verwendung der Methoden Grahams nach eben diesen, gestaltete sich immer schwieriger. Graham hatte stets im großen Stil stark unterbewertete Aktien gekauft, teils über 100 Stück. Buffett änderte diese Strategie und begann damit, auf wenige, jedoch qualitativ hochwertige Aktiengesellschaften zu setzen beziehungsweise Anteile an denselben zu erwerben und diese langfristig zu halten, um die Aktien dann gewinnbringend zu veräußern.Warren Buffett und sein Kollege Charlie Munger gehören zu den erfolgreichsten Investoren der Welt, nicht zuletzt dank der Ermittlung des inneren Wertes von Aktien, der auf unterschiedliche Art und Weise berechnet werden kann.

Nach Buffett ist der innere Wert die Menge an Geld, die über die gesamte Lebenszeit des Unternehmens aus diesem gewonnen werden kann, ohne, dass dieses dabei insolvent wird. Diesen gilt es herauszufinden, um unabhängig von den in der Bilanz aufgeführten Daten, die oftmals geschönt sind, einen Eindruck von dem Wert des Unternehmens zu erhalten und so festzustellen, ob die Aktie an der Börse zu hoch, zu niedrig oder richtig bewertet ist. Im Rahmen der Ermittlung des inneren Wertes nach Buffett, wird also geschaut, wie viel Erträge die Aktiengesellschaft in der Zukunft erzielen wird und was diese heute wert sind. Diese Betrachtung ist zielführend, da beispielsweise 1000 Euro heute mehr wert sind, als in zehn Jahren, da das Geld über diesen Zeitraum angelegt werden und somit vermehrt werden kann. Es geht also darum, den heutigen Wert des Unternehmens durch die Abzinsung des zukünftigen Wertes zu erhalten. Es wird sich dementsprechend nicht auf den heutigen Gewinn verlassen, sondern eine Prognose für zukünftige Gewinne beziehungsweise eine Gewinnprojektion angestellt. Und das ist auch das Problem bei der Ermittlung des inneren Wertes, denn diese beruht auf einigen Schätzungen, sodass stets eine gewisse Planungsunsicherheit vorherrscht. Nun soll die Vorgehensweise nach der KGV-Methode im folgenden Abschnitt näher betrachtet werden, um dem Leser anschließend ein veranschaulichendes Beispiel zu geben. Anschließend wird noch die DCF-Methode betrachtet.

Die Ermittlung des inneren Wertes nach der KGV-Methode in der Schritt für Schritt Erklärung

Schritt – Gewinnprognose für die kommenden Jahre erstellen

Im Rahmen der Ermittlung des inneren Wertes wird sich nicht auf das Kurs-Gewinn-Verhältnis verlassen, sondern eine Prognose im Hinblick auf zukünftige Gewinne angestellt. Dazu wird der heutige Gewinn pro Aktie betrachtet. Zusätzlich ist es erforderlich, einen Blick auf die historischen (Gewinn-) Wachstumsraten zu werfen und einen Durchschnittswert aus diesen zu bilden. Sinnvoll ist es, die vergangenen zehn Jahre zu betrachten. Auch die Prognosen von Analysten sollten hinzugezogen werden. Aus den historischen Wachstumsraten und der Prognose der Analysten wird dann überlegt, ob diese auch in der Zukunft Bestand haben werden. Dafür ist logischerweise auch ein Blick auf die Branche und deren Entwicklung sinnvoll. Nun wird der aktuelle Gewinn pro Aktie mit der zu erwartend-en jährlichen Wachstumsrate über einen Zeitraum von zehn Jahren multipliziert, um so den (zu erwartenden) zukünftigen Gewinn pro Aktie in zehn Jahren zu erhalten. Zu erwähnen ist hier, dass selbstverständlich auch ein anderer Zeitraum betrachtet werden kann, dieser muss also nicht zwingend zehn Jahre betragen. Folgende Formel wird dafür genutzt:

Gewinn pro Aktie in X Jahren = aktueller Gewinn pro Aktie * (erwartetes Wachstum pro Jahr + 1)^{Jahre}

1. Schritt – Die Gewinnbewertung und Berechnung des zukünftigen Aktienwerts

Im zweiten Schritt wird nun das Kurs-Gewinn-Verhältnis (beispielsweise) der letzten zehn Jahre unter die Lupe genommen. Auch hier wird der Durchschnitt gebildet, um zu schauen, wie viel den Aktionären die Aktie in den vergangenen Jahren wert war. (Das KGV gibt Aufschluss darüber, den wieviel fachen Preis des Gewinns die Aktionäre bereit sind für die Aktie zu zahlen). Zur Berechnung kann der ermittelte Durchschnitt des KGV genutzt werden aber auch eine vorsichtigere, konservative Schätzung, die etwas unter dem Durchschnitt liegt. Das KGV wird dann mit dem Gewinn pro Aktie in (beispielsweise) zehn Jahren multipliziert, um den Aktien- beziehungsweise Unternehmenswert in X Jahren zu erhalten:

Aktienwert in X Jahren = Gewinn pro Aktie in X Jahren * Schätzung des KGV

2. Schritt – Die Festlegung der Renditeerwartungen

Zunächst ist es sinnvoll, die übliche Rendite von Aktien zu betrachten. Diese schwankt zwischen 6 % und 8%. Die Renditeforderung ist natürlich individuell zu bestimmen.

3. Schritt – Die Berechnung des inneren Werts

Um nun den inneren Wert zu berechnen, wird auf den zukünftigen Aktien- beziehungsweise Unternehmenswert geblickt, der im zweiten Schritt ermittelt wird sowie auf die Renditeforderung. Die Rechnung sieht folgendermaßen aus:

$$\text{Innerer Wert} = \frac{\text{zukünftigerWertderAktie}}{(\text{Renditeforderung}+1)^{\wedge}\text{Jahre}}$$

4. Schritt – Die Sicherheitsmarge (Margin of Safety)

Je nachdem, ob eine Margin of Safety genutzt werden soll, wird diese von dem inneren Wert abgezogen.

Innerer Wert mit Margin of Safety = Innerer Wert – (Innerer Wert * Margin of Safety)

Das Ergebnis ist der Höchstpreis

beziehungsweise Kurs, zu dem Aktien des Unternehmens gekauft werden sollten.

5. Schritt – Warten

Im letzten Schritt geht es daran, zu warten, bis der Aktienkurs entweder genau dem inneren Wert entspricht oder unter dem inneren Wert liegt. Es dies der Fall, so wird die Aktie gekauft und sollte, wurde eine zutreffende Prognose angestellt, innerhalb der nächsten X Jahre eine Rendite von X % jährlich abwerfen.

Es kommt selbstverständlich vor, dass unterbewertete Aktien im Rahmen eines Abwärtstrends, weiter an Wert verlieren. Buffett bezeichnet dies jedoch als zweitrangig, denn die Langfristigkeit spielt eine entscheidende Rolle für den Erfolg der Anlage nach der Value Strategie. Dic Aktie sollte also über den geplanten Zeitraum von X Jahren gehalten werden, bevor es an den Verkauf geht.

Beispielrechnung – Ermittlung des inneren Wertes der Adidas Aktie nach der KGV-Methode

Zu besseren Veranschaulichung der Berechnung des inneren Wertes nach der KGV-Methode, wird diese hier nun angewandt. Die dafür betrachtete Aktiengesellschaft ist der deutsche Sportartikelhersteller Adidas, der im Deutschen Aktien Index (DAX) gelistet ist.

6. Schritt - Gewinnprognose für die kommenden Jahre erstellen

Jahr 20	09	10	11	12	13	14	15	16	17
Gewinn je Aktie (unverwässert)	1,25	2,71	2,93	2,52	3,76	2,35	3,15	5,08	5,42

1.

Der heutige Gewinn pro Aktie, beziehungsweise der zuletzt ausgewiesene Gewinn pro Aktie von Adidas im Jahr 2017, beträgt (unverwässert) 5,42 Euro.

Adidas AG Aktien-Kennzahlen

Quelle: www.boerse.de (https://www.boerse.de/fundamental-analyse/Adidas-Aktie/DE000A1EWWW0#kennzahlen)

Nun geht es daran, den Durchschnittswert der jährlichen, historischen Gewinn-Wachstumsraten zu berechnen. Dafür wird eine kompliziert anmutende Formel genutzt (im Grunde ist diese kinderleicht anzuwenden, es geht lediglich um das richtige Einsetzen der Werte). Im Rahmen dieser Formel werden lediglich die Gewinne von zwei Daten benötigt, jeweils zu Anfang der Betrachtung und gegen Ende. Mit anderen Worten spielen hier die Werte des Jahres 2009 und des Jahres 2017 eine Rolle. Der Zeitraum der Betrachtung beträgt neun Jahre.

Durchschnittliches jährliches Gewinnwachstum = (((((Gewinn Ende – Gewinn Anfang) / (Gewinn Anfang))+1)$^{(1\ /\ \text{Zeitraum in Jahren})-1)*100)}$

Für das hier betrachtete Beispiel der Wachstumsrate der Adidas Aktie, sieht die Formel so aus:

Durchschnittliches jährliches Gewinnwachstum (2009-2017) = (((((5,42-1,25) / (1,25))+1)^(1 / 9)-1)*100) = 17,70

In den vergangenen neun Jahren wurde also pro Jahr ein Gewinnwachstum von 17,70 % erzielt.

Außerdem lohnt es sich, einen Blick auf die Entwicklung des Umsatzes in der betrachteten Zeitperiode (hier neun Jahre) zu werfen.

Adidas AG Aktien-Kennzahlen

Jahr	2009	2010	2011	2012	2013	2014	2015	2016	2017
Umsatz je Aktie	49,6	57,3	63,6	71,1	69,2	71,1	84,4	95,7	104,0

Quelle: www.boerse.de (https://www.boerse.de/fundamental-analyse/Adidas-Aktie/DE000A1EWWW0#kennzahlen)

Aus den Kennzahlen zu dem Umsatz pro Aktie geht hervor, dass dieser, mit Ausnahme des Jahres 2013, konstant angestiegen ist und sich innerhalb der neun Jahre mehr als verdoppelt hat. Bei ebenfalls steigenden Gewinnen kann also davon ausgegangen werden, dass Adidas auch in der Zukunft weiter wächst. Hier ist auch die Fußball Weltmeisterschaft 2018 in Russland zu erwähnen, die dem Sportartikelhersteller einen weiteren Anstieg des Umsatzes und Gewinns in Aussicht stellt.

Um jedoch wieder auf das Gewinnwachstum zurückzukommen, ist es nun sinnvoll eine etwas vorsichtigere Prognose abzugeben und die Wachstumsrate für die Berechnung des inneren Wertes auf 14 % festzulegen.

Es folgt die Berechnung des Gewinns pro Aktie in neun Jahren:

Gewinn pro Aktie in X Jahren = aktueller Gewinn pro Aktie * (erwartetes Wachstum pro Jahr + 1)^{Jahre}

Gewinn pro Aktie in 9 Jahren = 5,42 * (0,14+ 1)^{9} = 17,62

Der Gewinn pro Aktie wird in neun Jahren 17,62 Euro betragen.

7. Schritt – Die Gewinnbewertung und Berechnung des zukünftigen Aktienwerts

Im zweiten Schritt folgt die Betrachtung des Kurs-Gewinn-Verhältnisses (KGV) der vergangenen Jahre (2009 – 2017)

Adidas AG Aktien-Kennzahlen

Jahr	2009	2010	2011	2012	2013	2014	2015	2016	2017
KGV	30,20	18,00	17,20	26,70	24,60	24,50	28,50	29,60	30,80

Quelle: www.boerse.de (https://www.boerse.de/fundamental-analyse/Adidas-Aktie/DE000A1EWWW0#kennzahlen)

Aus den Kennzahlen des Kurs-Gewinn-Verhältnis lässt sich erkennen, dass dieses über die Jahre zwischen 17,20 und 30,80 schwankte. Nun wird aus den Kurs-Gewinn-Verhältnissen der Durchschnitt gebildet:

$$Durchschnitt\,KGV(2009-2017) = \frac{30{,}2+18+17{,}2+26{,}7+24{,}6+24{,}5+28{,}5+29{,}6+30{,}8}{9} = 25{,}67$$

In der Vergangenheit waren die Anleger also bereit, das 25,67-fache des Gewinns für eine Adidas Aktie zu zahlen. Um auch hier etwas vorsichtiger zu agieren, kann der Durchschnittswert etwas nach unten korrigiert werden. Hier soll mit der Schätzung des zukünftigen Kurs-Gewinn-Verhältnisses von 23 weiter gerechnet werden.

Aktienwert in X Jahren = Gewinn pro Aktie in X Jahren * Schätzung des KGV

Aktienwert in 9 Jahren = 17,62 * 23 = 405,26

Der Wert einer Aktie beziehungsweise der Unternehmenswert in 9 Jahren beträgt laut der Rechnung und dem darin vorausgesetzten

Gewinnwachstums 405,26 Euro.

8. Schritt- Die Festlegung der Renditeerwartungen

Nun muss sich der Anleger fragen, welche Erwartungen dieser an die Rendite in neun Jahren hat. Durchschnittliche beträgt die Marktrendite für Aktien, wie bereits erwähnt, 6 % bis 8 % jährlich. Die letzte, sprich 8 %, soll hier im Rahmen der Rechnung verwendet werden.

9. Schritt – Die Berechnung des inneren Werts

Im vierten Schritt müssen jetzt lediglich die im Voraus ermittelten Werte (zukünftiger Aktienwert und Renditeerwartungen) in die Formel des inneren Werts eingesetzt werden.

Gewinn pro Aktie in 9 Jahren (zukünftiger Wert der Aktie)= 405,26

Jährliche Renditeforderung = 8 %

Innerer Wert

$$= \frac{zukünftigerWertderAktie}{(Renditeforderung + 1)^\wedge Jahre}$$

Innerer Wert $= \frac{405,26}{(0,08+1)^{\wedge}9} = 202,73$

Das Ergebnis beträgt 202,73 Euro und somit ist die Berechnung des inneren Werts abgeschlossen, allerdings kann noch die Margin of Safety von diesem abgezogen werden.

10. Schritt - Die Sicherheitsmarge (Margin of Safety)

Hier soll eine Sicherheitsmarge von 10 % verwendet werden, diese kann natürlich frei gewählt werden.

Innerer Wert mit Margin of Safety = Innerer Wert – (Innerer Wert * Margin of Safety)

Innerer Wert mit Margin of Safety = 202,73 – (202,73 * 0,1) = 182,46

Wird also eine Margin of Safety in Höhe von 10 % angewandt, so beträgt der innere Wert 182,46 Euro. Der Kaufkurs für die Adidas Aktie beträgt also (höchstens) 182,46 Euro.

11. Schritt – Warten

Durch einen Blick auf die Kursentwicklung der Adidas Aktie wird festgestellt, dass der aktuelle Aktienkurs bei 204,80 Euro liegt, also etwas über dem inneren Wert nach der KGV-Methode und der Anwendung der Margin of Safety von 10 %.

Quelle: Google Suche

Demnach ist diese Aktie überbewertet. Für Anleger gilt also: abwarten, bis der Kurs der Aktie auf 202,73 Euro beziehungsweise (mit Sicherheitsmarge von 10 %) auf 182,46 Euro sinkt oder unterhalb dieses Preises fällt, um diese dann zu kaufen. Fraglich ist natürlich, wann und ob der Aktienkurs diesen Wert erreicht.

Die Aussage ist also, dass im Moment ein Kauf der Adidas Aktie, wenn nach der Value Investing Strategie unter Verwendung der KGV-Methode vorgegangen wird, nicht zu empfehlen ist, da der Kurs über dem inneren Wert liegt.

Die Ermittlung des inneren Wertes nach der DCF-Methode in der Schritt für Schritt Erklärung

Eine weitere Methode, um den inneren Wert einer Aktie zu bestimmen beziehungsweise abzuschätzen, ist die Discounted Cash Flow Methode. Hier werden die zukünftigen Cash Flows, also Geldflüsse, abgeschätzt. Das Unternehmen wird dementsprechend nach den eingehenden Zahlungsflüssen bewertet, wobei bei der Discounted Cash Flow Methode auch die Schulden und das Guthaben des Unternehmens berücksichtigt werden. Diese Geld- beziehungsweise Kapitalflüsse werden dann abgezinst, um zu erfahren, welchen Wert diese heute haben. Es gibt verschiedene Cash Flows, hier in der Berechnung des inneren Wertes nach der DCF-Methode wird der Free Cash Flow (FCF) genutzt, der angibt, wie viel Geld das Unternehmen nach der Bedienung der Kapitalkosten eingenommen hat. Dieses steht dementsprechend für die Tilgung von Schulden, etc. zur Verfügung. Erwähnenswert ist, dass es verschiedene Ansätze dieser Methode gibt, die unterschiedlich komplex in ihrer Anwendung sind. Im Rahmen des Buches soll hier auf ein vergleichsweise leicht umzusetztendes Verfahren eingegangen werden.

12. Schritt – Die Schätzung der zukünftigen Cash Flows

Um die zukünftigen Geldflüsse zu schätzen, ist zunächst erforderlich, die Cash Flows der vergangenen Jahre zu betrachten. Da diese teilweise starken Schwankungen unterliegen, ist es sinnvoll einen Durchschnittswert aus den Cash Flows der letzten drei Jahren zu errechnen. Anschließend wird auf Basis des Durchschnittswerts der vergangenen Cash Flows eine Prognose für die kommenden Jahre erstellt. Dafür wird eine Wachstumsrate benötigt, die geschätzt werden muss. Hier lohnt sich, ein Blick auf vergangene Wachstumsraten zu werfen.

13. Schritt – Das Abzinsen der Cash Flows

Im zweiten Schritt werden nun die erwarteten Cash Flows der nächsten Jahre abgezinst. Dazu wird ein sogenannter Abzinsungsfaktor verwendet. Die Cash Flows der einzelnen Jahre werden durch den Abzinsungssatz dividiert. Dieser errechnet sich wie folgt:

$$\text{Abzinsungsfaktor} = (1 + \text{Abzinsungssatz})^{\text{Jahre}}$$

Nachdem alle Discounted Cash Flows (abgezinste Zahlungsströme) für die kommenden Jahre berechnet wurden, wird die Summe aus diesen gebildet. Die Summe ist der Wert der zukünftigen Cash Flows, die das Unternehmen innerhalb des betrachteten Zeitraums nach dieser Schätzung einnehmen wird.

14. Schritt – Festlegen des Restwerts

Da das Unternehmen nach dem betrachteten, zukünftigen Zeitraum aller Voraussicht nach noch weiter bestehen wird, muss im dritten Schritt der Restwert berechnet werden. Für diese Berechnung ist erforderlich, dass eine weitere Schätzung angestellt wird: die über das Langzeitwachstum des Unternehmens. Der Restwert wird über folgende Formel berechnet:

$$= \frac{LetzterDiscountedCashFlow * (1 + Langzeitwachstumsrate)}{(Abzinsungssatz - Langzeitwachstumsrate)}$$

15. Schritt – Die Betrachtung des Guthabens und der Schulden

Durch einen Blick in die Bilanz der Aktiengesellschaft, werden die Schulden sowie das Guthaben (liquide Mittel) über die diese verfügt, ermittelt. Die Gesamtschulden werden dann von dem Gesamtguthaben subtrahiert. Daraus ergibt sich dann der Netto Cash.

16. Schritt – Die Berechnung des inneren Wertes

Im letzten Schritt wird der innere Wert berechnet. Dafür werden die zuvor errechneten Werte zusammengezählt. Es wird also die Summe aus der Summe der abgezinsten Cash Flows, des Restwerts sowie des Netto Cash berechnet. Das Ergebnis wird dann durch die Gesamtanzahl der Aktien des Unternehmens geteilt, um so den inneren Wert pro Aktie zu erhalten.

Innerer Wert =

$$\frac{Summe abgezinste Cash Flows + Restwert + Netto Cash}{Anzahl aller Aktien}$$

Beispielrechnung – Ermittlung des inneren Wertes der Adidas Aktie nach der DCF-Methode

Auch im Rahmen dieser Beispielrechnung soll die Aktie der Adidas AG brachtet und veranschaulicht werden, wie der innere Wert nach der DCF-Methode geschätzt wird.

1. Schritt – Die Schätzung der zukünftigen Cash Flows

Zunächst geht es daran, den Free Cash Flow des Unternehmens der vergangenen drei Jahren zu ermitteln und aus diesen Werten einen Durchschnitt zu bilden.

Cash Flow der Adidas Aktie (2015 – 2017)

Jahr	2015	2016	2017
Free Cash Flow (in Millionen Euro)	646	791	995

Quelle: https://www.marketwatch.com/investing/stock/adidas/financials/cash-flow

Der durchschnittliche Cash Flow der Jahre 2015 bis 2017 beträgt also 810,67 Millionen Euro.

Durchschnitt des Free Cash Flow =

$$\frac{646 + 791 + 995}{3} = 810{,}67$$

Der durchschnittliche Free Cash Flow, der im Zeitraum von 2015 bis einschließlich 2017 erzielt wurde, beträg 810.670.000 Euro (810,67 Millionen Euro).

2. Schritt – Das Abzinsen der Cash Flows

Nun folgt die Abzinsung der Free Cash Flows. Zunächst werden jedoch die Durchschnittswerte des Free Cash Flows der vergangenen drei Jahre genutzt, um so die zukünftigen Cash Flows abzuschätzen. Sinnvoll ist eine Betrachtung über die nächsten zehn Jahre. Im Jahre 0, also zum jetzigen Zeitpunkt beträgt der (Durchschnitts-) Cash Flow 810,67 Millionen Euro. Auf diesen wird die Wachstumsrate von 14 % hinzugerechnet, sodass die Adidas AG im ersten Jahr der zukünftigen Entwicklung der Zahlungsströme einen Cash Flow von 924,16 Millionen Euro erzielen wird (810,67 * 1,14 = 924,16). Als Abzinsungsrate beziehungsweise -satz sollen hier 8 % verwendet werden. Diese kann übrigens auch errechnet werden, worauf hier jedoch verzichtet werden soll. Mithilfe der Abzinsungsrate kann dann der Abzinsungsfaktor berechnet werden:

$$\text{Abzinsungsfaktor} = (1 + \text{Abzinsungssatz})^{\text{Jahre}}$$

Beispiel für Jahr 1:

$$\text{Abzinsungsfaktor} = (1 + 0{,}08)^{1} = 1{,}08$$

Anschließend wird der Free Cash Flow durch den Abzinsungsfaktor dividiert, um den abgezinsten Cash Flow zu erhalten:

Abgezinster Cash Flow =

$$\frac{FreeCashFlow}{\text{Abzinsungsfaktor}}$$

Abgezinster Cash Flow =

$$\frac{924{,}16}{1{,}08} = 855{,}7$$

Für die darauf folgenden Jahre wird genau gleich vorgegangen. Um auf den nachfolgenden Free Cash Flow zu kommen, muss der vorherigen lediglich um die Wachstumsrate „vergrößert“ werden.

Jahr	Free Cash Flow (in Millionen Euro)	Abzinsungsfaktor	Abgezinster Cash Flow (Discounted Cash Flow) (in Millionen Euro)
1	924,16	1,08	855,7
2	1053,54	1,17	900,46
3	1201,04	1,26	953,21
4	1369,19	1,36	1006,76
5	1560,89	1,47	1061,83
6	1779,41	1,59	1119,13
7	2028,53	1,71	1186,27
8	2312,52	1,85	1250,01
9	2636,27	2,00	1318,14

10	3005,35	2,16	1391,37

Nun wird die Summe aller abgezinsten Cash Flows gebildet, diese beträgt 11042,88 Millionen Euro.

3. Schritt – Festlegen des Restwerts

Nun wird der Rest- beziehungsweise Endwert berechnet. Als Langzeitwachstumsrate werden hier 3 % verwendet, die durchaus konservativ sind.

$$\text{Restwert} = \frac{\text{LetzterDiscountedCashFlow} * (1 + \text{Langzeitwachstumsrate})}{(\text{Abzinsungssatz} - \text{Langzeitwachstumsrate})}$$

$$\text{Restwert} = \frac{1391{,}37 * (1 + 0{,}03)}{(0{,}08 - 0{,}03)} = 28662{,}22$$

Der Rest- oder auch Endwert beträgt 28662,22 Millionen Euro, also in etwa 28,66 Milliarden Euro.

4. Schritt – Die Betrachtung des Guthabens und der Schulden

Im vierten Schritt muss in die Bilanz geschaut werden. Die liquiden Mittel und die gesamten Schulden müssen ermittelt werden. Ein Auszug der letzten

Bilanz (2017) der Adidas AG sieht so aus:

adidas AG Consolidated Statement of Financial Position (IFRS)	
€ in millions	**March 31, 2017**
Cash and cash equivalents	1.524
Short-term financial assets	5
Accounts receivable	2.876
Other current financial assets	605
Inventories	3.609
Income tax receivables	81
Other current assets	649
Assets classified as held for sale	-
Total current assets	**9.348**
Property, plant and equipment	1.933

Goodwill	1.403
Trademarks	1.654
Other intangible assets	165
Long-term financial assets	187
Other non-current financial assets	90
Deferred tax assets	785
Other non-current assets	119
Total non-current assets	**6.336**
Total assets	**15.684**
Short-term borrowings	1.406
Accounts payable	1.931
Other current financial liabilities	214
Income taxes	455
Other current provisions	578
Current accrued liabilities	1.926
Other current liabilities	531

Liabilities classified as held for sale	-
Total current liabilities	**7.041**
Long-term borrowings	982
Other non-current financial liabilities	28
Pensions and similar obligations	361
Deferred tax liabilities	371
Other non-current provisions	60
Non-current accrued liabilities	92
Other non-current liabilities	47
Total non-current liabilities	**1.941**
Share capital	202
Reserves	582
Retained earnings	5.936
Shareholders' equity	**6.719**

Non-controlling interests	(17)
Total equity	**6.702**
Total liabilities and equity	**15.684**

Quelle: https://www.adidas-group.com/de/investoren/ergebnisse/

Die mit Grün gekennzeichneten Werte (Cash and cash equivalents (Flüssige Mittel), Short-term financial assets (kurzfristige Finanzanlagen), Short-term borrowings (kurzfristige Finanzverbindlichkeiten) und Long-term borrowings (langfristige Finanzverbindlichkeiten)) werden nun im Rahmen der Ermittlung des Netto Cash genutzt.

Cash and cash equivalents (Flüssige Mittel) und die Short-term financial assets (kurzfristige Finanzanlagen) stellen die liquiden Mittel des Unternehmens dar und die Short-term borrowings (kurzfristige Finanzverbindlichkeiten) und Long-term borrowings die gesamten Schulden. Um den Wert des Netto Cash zu berechnen werden die Schulden von den flüssigen Mitteln subtrahiert.

Netto Cash = Liquide Mittel – Gesamtschulden

Netto Cash = (1524 + 5) – (1406 + 982) = 1529 – 2388 = - 859

Der Netto Cash von Adidas ist negativ und beträgt – 859 Millionen Euro.

Schritt – Die Berechnung des inneren Wertes

Im letzten Schritt werden die ermittelten Werte zusammengerechnet, sprich addiert und dann durch die Anzahl aller Aktien des Unternehmen dividiert. Hier diese noch ein Mal im Überblick:

- Summe abgezinste Cash Flows = 11042,88 Millionen Euro
- End- oder Restwert = 28662,22 Millionen Euro
- Netto Cash = - 859 Millionen Euro
- Die Anzahl der Aktien der Adidas AG beträgt 209,22 Millionen

Innerer Wert =

$$\frac{Summe abgezinste Cash Flows + Restwert + Netto Cash}{Anzahl aller Aktien}$$

$$\text{Innerer Wert} = \frac{11042{,}88 + 28662{,}22 - 859}{209{,}22} = 185{,}67$$

Der innere Wert der Adidas Aktie beträgt nach der Methode des Discounted CashF low 185,67 Euro. Soll nun noch die Margin of Safety abgezogen werden, beispielsweise von 10%, so ergibt sich folglich:

Innerer Wert mit Margin of Safety = 185,67 – (185,67 * 0,1) = 167,10

Wird eine Sicherheitsmarge von 10% bestimmt, so liegt der innere Wert nach der Berechnung mit der DCF-Methode bei 167,10 Euro.

Auch hier wird festgestellt, dass die Aktie der Adidas AG überbewertet ist. Wie auch schon im ersten Beispiel für die Berechnung des inneren Wertes (KGV-Methode), müssen Anleger die die Value Investing Strategie nutzen, auch hier warten, bis der Kurs der Adidas Aktie auf mindestens 185,67 Euro, beziehungsweise, wenn eine Margin of Safety von 10% genutzt wird, auf 167,10 Euro fällt.

Die Risiken des Value Investing und eine kurze abschließende Zusammenfassung

Wie bereits angemerkt, ist auch eine wohldurchdachte Value Investing Strategie, im Rahmen derselben zahlreiche Analysen von Aktien und Unternehmen durchgeführt wurden, kein Garant für eine gewinnbringende Geldanlage. Das liegt vor allem daran, dass zum Beispiel bei der Ermittlung des inneren Wertes, dem eigentlichen Hauptbestandteil der Value Investing Strategie, einige Schätzungen und Prognosen für die Zukunft erstellt werden, die nicht zwingend eintreten. Ein besonders großer Nachteil dieser Strategie liegt darin, dass aufstrebende Start Ups, also junge Unternehmen mit interessanten Wachstumsraten und einem nachhaltigen, zukunftsfähigen Geschäftsmodell, nicht berücksichtigt werden. Solche Aktiengesellschaften, die zwar noch keinen Gewinn erwirtschaften, also (noch) nicht rentabel sind, jedoch riesiges Zukunftspotenzial bergen, werden im Value Investing nicht beachtet. Es besteht also das Risiko, dass die Strategie dafür sorgt, dass die Aktien von schnell wachsende, jungen Unternehmen „übersehen" werden.

Nun sollen die wesentlichen Merkmale des Value Investings zusammengefasst dargestellt werden. Für Anleger, die diese Strategie anwenden möchten, ist es erforderlich, wie ein Unternehmerzu denken und zu agieren. Das bedeutet, dass das Geschäftsmodell der Aktiengesellschaften gekannt werden muss, um abhängig davon Prognosen im Hinblick auf das Risiko sowie auf die Renditeerwartungen der Anlage zu erstellen. Ebenso ist die fundamentale Analyse der Aktien notwendig, um so herauszufinden, ob es sich um ein qualitativ hochwertiges Unternehmen mit einem nachhaltigen Geschäftsmodell handelt oder ob dies nicht der Fall ist. Um die Analyse durchführen zu können, wird vorausgesetzt, dass Geschäftsabschlüsse und allgemeine Unternehmensinformationen gelesen und verstanden werden. Ebenso sind die Verfahren zu Bewertung von Aktien hilfreich beziehungsweise erforderlich, um die Value Investing Strategie erfolgreich umsetzen zu können. Schlussendlich sind logischerweise auch die Grundlagen des Wertpapierhandels an der Börse wichtig, um Trends frühzeitig zu erkennen.

Vor allem für Kleinanleger ist die Value Investing Strategie geeignet, da es diese ermöglicht, ein individuelles Portfolio unter Berücksichtigung der Renditeforderungen zu erstellen beziehungsweise aufzubauen. Die Analysen und Schätzungen vor dem Kauf einer Aktie sind zwar umfangreich und sollten sorgfältig sowie detailliert aufgestellt werden, jedoch ist der Aufwand für Transaktionen gering, denn es gilt abzuwarten, wie sich die Aktie der Wahl entwickelt. Erreicht der Aktienkurs den inneren Wert oder liegt darunter, so wird dementsprechend ein Kauf getätigt. Abschließend lässt sich jedoch feststellen, dass die Value Investing Strategie nicht besonders gut für Anfänger, die gerade erst mit dem Handel von Aktien begonnen haben, geeignet ist, da relativ viel Fachwissen vorhanden sein sollte. Nichtsdestotrotz wurde das Value Investment hier erläutert, um dem Leser zumindest eine Idee von dieser Strategie zu geben.

Der Cornerstone Ansatz von O'Shaughnessy

Auch der us-amerikanische Investor James O'Shaughnessy entwickelte eine Investmentstrategie, die dieser sich sogar patentieren ließ. O'Shaughnessy legt dabei großen Wert auf die disziplinierte und emotionslose Ausführung von Strategien und interessierte sich nur wenig für den Markt. Dieser sei eine Ansammlung von unlogischen Sachverhalten. Im Hinblick auf die Rendite und das Risiko ist O'Shaughnessy der Meinung, dass hohe Rendite (-aussichten) nicht immer gleichzeitig ein hohes Risiko bergen, denn renditestarke Strategien hatten sich im Rahmen seiner Nachforschungen, in denen der Investor auf die Entwicklung von Aktien über Jahrzehnte blickte, als weniger risikoreich herausgestellt, verglichen mit solchen, die als risikoreich bezeichnet wurden, trotzdem jedoch weniger Rendite abwarfen.

Der Absolvent der Studiengänge internationale Wirtschaft und Business Diplomatie verfügt außerdem über ein Wirtschaftswissenschaftsstudium und gilt als einer der Gründer von quantitativen Aktienanalysen. Insgesamt hat O'Shaughnessyzwei Strategien entwickelt, die hier nun vorgestellt werden sollen. Allerdings gibt es auch noch eine dritte, die sich aus einer Kombination der beiden zusammensetzt, hier jedoch nicht vorgestellt wird. Es ist noch zu erwähnen, dass O'Shaughnessy, wie auch Warren Buffett und weitere Starinvestoren, Wert darauf legt, **Aktien langfristig zu halten** und das Depot dementsprechend nicht andauernd umzuschichten. Je mehr gekauft oder verkauft wird, desto schlechter wirkt sich das auf die Ertragskraft des Depots aus, denn die Gebühren, die die Banken und Broker für den Handel erheben, machen sich durchaus negativ und ertragsschmälernd bemerkbar.

Im Rahmen des **Wachstumsportfolios (Cornerstone Growth)** werden die Aktien von Unternehmen gekauft, die zwar klein sind, jedoch über konstantes, kontunierliches Wachstum verfügen. Die Kennzahlen Gewinn pro Aktie und auch die relative Stärke derselben spielen eine Rolle. Außerdem wird das Kurs-Umsatz-Verhältnis genutzt, welches laut O'Shaughnessy das am besten geeignetste Kriterium für die Ermittlung des heutigen und zukünftigen Aktienwerts. Eine weitere Strategie James O'Shaughnessy ist die Erstellung eines **Wertportfolios (Cornerstone Value)**, welche sich ausschließlich aus Aktien von marktführenden Unternehmen zusammensetzt und durch Kontinuität punktet. Die beiden Ansätze sowie eine Kombination aus Wachstums- und Wertpapierportfolio nach O'Shaughnessy sollen nun etwas näher betrachtet werden, denn dabei handelt es sich um vergleichsweise einfach anzuwendende Strategien.

Das Wachstumsportfolio (Cornerstone Growth)

Die Cornerstone Growth Strategie hat im Vergleich zu dem Index S&P 500 innerhalb von zehn Jahren deutlich mehr Rendite erzielt und ist somit eine Betrachtung wert. O'Shaughnessy kaufte im Rahmen für sein Wachstumsportfolio Anteile von den Unternehmen, die über eine Marktkapitalisierung von mindestens 150 Millionen US-Dollar verfügten. Außerdem muss der Gewinn pro Aktie über einen Zeitraum von fünf Jahren stetig, sprich jedes Jahr, angestiegen sein, damit die Aktie gekauft wird. Gleichzeitig wird ein Kurs-Umsatz-Verhältnis von unter 1,5 vorausgesetzt, damit das Wertpapier als Geldanlage interessant wird. Auch die relative Stärke wird genutzt. Erfüllen Unternehmen die Voraussetzungen hinsichtlich der Marktkapitalisierung, des Gewinns pro Aktie und des Kurs-Umsatz-Verhältnisses, so werden diese in eine Rangfolge nach den Kriterien der relativen Stärke gebracht. Anschließend werden die 50 Aktien mit dem größten relativen Stärke gekauft beziehungsweise in das Depot aufgenommen. Dann gilt es, abzuwarten und zu schauen, wie sich die Aktien der Wahl langfristig entwickeln.

Das Wertportfolio (Cornerstone Value)

Ein ebenso interessanter Ansatz von O'Shaughnessy ist der des Cornerstone Values. Wie bereits angemerkt, werden hier ausschließlich Marktführer aufgenommen. Die Kriterien, die einer Aktiengesellschaft eine marktführende Eigenschaft bescheinigen, sind laut O'Shaughnessy die folgenden. Zunächst muss die Marktkapitalisierung der infrage kommenden Unternehmen bei mindestens einer Milliarde US-Dollar liegen. Die gesamte Anzahl der Aktie des Unternehmens, die sich im Umlauf befinden, muss höher als der Marktdurchschnitt sein. Ebenso der innerhalb der letzten 12 Monate erzielte Umsatz muss über dem Marktdurchschnitt liegen, mindestens eineinhalb Mal. Die Unternehmen beziehungsweise Aktien, die all diese Kriterien erfüllen, werden im Rahmen der Cornerstone Value Strategie dann auf die Dividendenrenditen untersucht. Es folgt die Erstellung einer Rangliste, in der die 50 Aktien mit der höchsten Dividendenrendite schlussendlich gekauft werden. Wie bei der Cornerstone Growth Strategie, muss auch hier langfristig abgewartet und die Titel entsprechend gehalten werden.O'Shaughnessy bezeichnet dies als sklavisch-es Durchhaltevermögen, welches Anleger unter Beweis stellen müssen, um erfolgreich die Wert- als auch die Wachstumsportfolio-Strategie anzuwenden.

Die Levermann-Strategie

Die ehemalige deutsche Investmentbankerin Susan Levermann arbeitet heutzutage als Lehrerin und entwickelte eine interessante Strategie für die Bewertung wichtiger Aktienkennzahlen. Kaufentscheidungen werden also nur dann getätigt, wenn bestimmte Kennzahlen eine gewisse Punktzahl erreichen, die Susan Levermann definiert hat. Der Strategie liegt folglich ein Bewertungsmodell nach Punkten zugrunde. Hier soll die Strategie nun beschrieben und ein Blick auf dasBewertungssystem geworfen werden. Insgesamt verwendet Levermann 13 Kennzahlen, die unabhängig von einander betrachtet und bewertet werden. Die Bewertung erfolgt entweder mit einem Punkt (+1), null Punkten (0) oder mit einem Minuspunkt (-1) und ist logischerweise an gewisse Bedingungen geknüpft. Dem Modell von Susan Levermann zufolge sind die Aktien des Deutschen Aktien Index, sprich Large-Cap Unternehmen, einen Kauf wert, die mindestens vier Punkte erreichen. Für die Aktien anderer Indizes gilt, dass diese mindestens sieben Punkte erreichen müssen, um nach Levermann die Kaufkriterien zu erfüllen. Die Aktien von am DAX geführten Unternehmen sollten dann verkauft werden, wenn die Bewertung bei zwei oder weniger Punktenliegt. Doch nun genauer zu den Kennzahlen beziehungsweise den Bewertungskriterien, die diesen zugrunde liegen.

1. Die Eigenkapitalrendite

Im ersten Schritt beginnen Anleger, die nach der Strategie Levermanns vorgehen, damit, die Eigenkapitalrendite des Unternehmens zu bestimmen. Für

Prozentsätze, die unterhalb von zehn liegen, wird ein Minuspunkt (-1) vergeben. Befindet sich die Eigenkapitalquote zwischen zehn und 20 %, so werden 0 Punkte (0) verliehen. Liegt die Eigenkapitalquote jedoch über 20 %, so erhält die Aktie beziehungsweise das Unternehmen einen Punkt (+1).

2. Die EBIT-Marge

Die EBIT-Marge beziehungsweise die Marge des Gewinns vor Zinsen und Steuern wird ebenfalls betrachtet. Nach Levermann wird ein Minuspunkt (-1) vergeben, wenn diese unterhalb von 6 % liegt. Ein Punkt (+1) erhält die Aktie beziehungsweise das Unternehmen dann, wenn die EBIT-Marge mehr als 12 % beträgt. Für Werte zwischen 6 % und 12 % werden Null Punkte (0) erteilt.

3. Die Eigenkapitalquote

Hier wird dem Unternehmen ein Punkt (+1) gegeben, wenn es eine Eigenkapitalquote von mehr als 25 % hat. Eine negative Bewertung in Form eines Minuspunkts (-1) erhält das Unternehmen, wenn die Eigenkapitalquote unterhalb von 15 % liegt, Null Punkte (0) werden hingegen vergeben, wenn der Wert zwischen 15 % und 25 % liegt.

4. Das Kurs-Gewinn-Verhältnis (KGV) (aktuelles Jahr)

Auch Levermann nutzt die beliebte Kennzahl zur Bewertung von Aktien im Rahmen ihres Modells. Ist das aktuelle KGV mehr als 0 und weniger als 12, so gibt es einen Punkt (+1). Eine neutrale Bewertung mit Null Punkten (0) wird dann erteilt, wenn das Kurs-Gewinn-Verhältnis bei Werten zwischen 12 und 16 liegt. Ein Minuspunkt (-1) erhalten Aktiengesellschaften, die ein hohes KGV über 16 oder auch ein solches besitzen, welches unter 0 liegt.

5. Das Kurs-Gewinn-Verhältnis (KGV) über fünf Jahre

Im Rahmen der Ermittlung des Kurs-Gewinn-Verhältnisses über fünf Jahre wird ein Durchschnittswert aus den KGV der vergangenen drei Jahren und denen der zukünftigen zwei Jahre gebildet. Die ersten können den Unternehmensberichten entnommen werden, während die zwei zukünftigen Kurs-Gewinn-Verhältnisse im Rahmen einer Prognose geschätzt werden, zum Beispiel von Analysten.Liegt das KGV bei Werten, die größer als 0 sind und gleichzeitig 12 nicht übersteigen, so wird ein Punkt (+1) vergeben. Einen Minuspunkt (-1) hingegen

Die Berechnung soll an einem kurzen Beispiel veranschaulicht werden.

Beispiel:

Der aktuelle Aktienkurs beträgt 12 Euro. Außerdem wurde im letzten Jahr ein Gewinn pro Aktie von 1,10 Euro erzielt, vor zwei Jahren waren es 1,15 Euro und vor drei Jahren 1,05 Euro. Die Prognosen von Analysten deuten darauf hin, dass der Gewinn pro Aktie im aktuellen Jahr 1,20 Euro betragen wird und im darauffolgenden Jahr 1,25 Euro.

Der Fünf-Jahres-Durchschnitt wird folgendermaßen berechnet.

$$\text{Fünf-Jahres-Durchschnitt} = \frac{1{,}10+1{,}15+1{,}05+1{,}20+1{,}25}{5} = 1{,}15$$

Der Fünf-Jahres-Durchschnitt ist 1,15 Euro. Nun wird die bereits unter Kennzahlen zur Bewertung von Aktien vorgestellte Formel zur Berechnung des Kurs-Gewinn-Verhältnis genutzt.

$$\text{Kurs} - \text{Gewinn} - \text{Verhältnis} = \frac{\text{Aktienkurs}}{\text{Gewinn/Aktie}}$$

$$\text{Kurs} - \text{Gewinn} - \text{Verhältnis} = \frac{12}{1{,}15} = 10{,}43$$

Da der errechnete Wert kleiner als 12 und größer als 0 ist, wird an die Aktie aus dem Beispiel somit ein Punkt (+1) vergeben.

6. Die Empfehlungen von Analysten

Levermann lässt im Rahmen ihres Modells auch die Meinungen beziehungsweise Empfehlungen von Analysten nicht außer Acht. Um den Levermann-Ansatz zu verstehen, ist es wichtig zu wissen, dass Analysten eine Einstufung von Aktien in eine **Fünf-Stufen-Skala**vornehmen. Die **erste Stufe lautet kaufen**, **die zweite übergewichten**, **die dritte halten**, **die vierte untergewichten** und **die fünfte verkaufen**. Aus diesen Empfehlungen wird ein Durchschnittswert berechnet, sodass eine Art „Durchschnittsempfehlung" daraus abgeleitet werden kann. Levermann geht so vor, dass die Kaufempfehlungen der Analysten als negativ mit einem Minuspunkt (-1) bewertet werden, aus dem simplen Grund, dass nach einer solchen Empfehlung keine positiven Überraschungen an der Börse mehr zu erwarten sind. Andersherum verhält es sich, wenn die Analysten eine Verkaufsentscheidung aussprechen, denn dann kann es durchaus noch zu (positiven) Überraschungen kommen.Nichtsdestotrotz gibt es hier eine Ausnahme. Bewerten nämlich nur wenige Analysten (maximal fünf) ein Small-Cap Unternehmen positiv, sprechen also eine Kaufempfehlung aus, so wird ein Punkt (+1) vergeben. Bei einer Verkaufsempfehlung, die von nur wenigen Analysten für ein Small-Cap Unternehmen formuliert wird, verhält es sich umgekehrt und es gibt einen Minuspunkt (-1). Das ist darauf zurückzuführen, dass sich die Meinung einer Minderheit von Analysten nicht so schnell auf den Aktienkurs auswirkt, wie die Meinung von vielen. Wird weder eine Kauf- noch Verkaufsempfehlung gegeben, ergibt die Rechnung als Werte zwischen 3,0 und 4,0; so wird die Aktie mit Null Punkten (0) bewertet.

Ein kleines Beispiel soll dieses nun näher erläutern und verständlicher machen.

Beispiel:

Fünf Analysten sprechen sich für einen Verkauf der Aktie aus, während sich zwei für Übergewichten und einer für Untergewichten aussprechen. Zunächst macht es Sinn zu schauen, wie viele Analysten ihre Einschätzung abgegeben haben, da, wenn es weniger als fünf sind, umgekehrte Empfehlungen ausgesprochen werden. Hier im Beispiel ist das jedoch nicht so.

Insgesamt haben nämlich 5 (Verkauf) + 2

(Übergewichten) + 1 (Untergewichten), also 8 Analysten ihre Empfehlungen abgegeben. Die Berechnung unter Berücksichtigung der weiter oben aufgeführten Skala, sieht nun folgendermaßen aus:

$$\text{DurchschnittderBewertungen} = \frac{(\text{AnzahlAnalysteneinerBewertung} * \text{BewertunglautSkala}) + (\text{AnzahlAnalysteneinerBewertung} * \text{BewertunglautSkala}) + \cdots}{\text{AnzahlallerAnalysten}}$$

Für das Beispiel würde die Rechnung also so aufgestellt:

$$\text{DurchschnittderBewertungen} = \frac{(5*1)+(2*2)+(1*4)}{8} = 1{,}625$$

Der Durchschnitt der Bewertungen von insgesamt acht Analysten beträgt 1,625 und somit lautet die Durchschnittsempfehlung „kaufen“, was nach Levermann wiederum mit einem Punkt (+1) versehen wird.

7. Die Gewinnrevision

Auch die Analysten-Erwartungen im Hinblick auf die Gewinne von Aktiengesellschaften werden im Levermann-Modell betrachtet. Anstatt von Gewinnrevision könnte synonym auch von Gewinnberichtigung oder –änderungen gesprochen werden. Geschaut wird dementsprechend, wie sich die Erwartungen an den Gewinn innerhalb der vergangenen vier Wochen verändert haben. Die Aktien von Unternehmen, bei denen Analysten einen Anstieg des Gewinns um mindestens 5%vorausgesagt haben, erhalten einen Punkt (+1). Ein Minuspunkt (-1) wird dann vergeben, wenn die Gewinnerwartung der Analysten um 5% oder mehr gesunken ist. Null Punkte (0) erhalten die Aktien, deren Gewinnerwartungen laut den Analysten weder gesunken noch gestiegen sind. An folgendem Beispiel soll dies nun veranschaulicht werden.

Im vorangegangenen Unterkapital wurden die Begriffe Über- und Untergewichten genutzt. Diese werden im Zusammenhang mit der Mischung des Portfolios verwendet. Eine Mischung von Aktien verschiedener Branchen innerhalb des Portfolios trägt dazu bei, dass das Verlustrisiko gesenkt wird. Wird also von Analysten die Empfehlung zum Untergewichten gegeben, so bedeutet dies, dass die Gewichtung der Aktie innerhalb des Portfolios reduziert werden sollte. Anteile werden dementsprechend veräußert. Bei einer Übergewichtung handelt es sich andersherum um eine Empfehlung für den (Zu-) Kauf von Aktien, die bereits im Portfolio vorhanden sind, sodass diese die anderen Aktien an Wert übersteigen beziehungsweise einen größeren Portfolio-Anteil darstellen.

Beispiel:

Die Analysten schätzten den Gewinn der Aktie vor einem Monat auf 3,00 Euro. Mittlerweile, einen Monat später, sind die Schätzungen auf 2,75 Euro gefallen. Nun wird die Veränderung der Gewinnerwartungen berechnet:

Veränderung der Gewinnerwartungen = $\frac{2,75-3,00}{3,0}$ = -0,083 = - 8,3 %

Die Gewinnerwartungen der Analysten haben also um 8,3 % abgenommen. Nach dem Bewertungsmodell Levermanns wird die entsprechende Aktie also mit einem Minuspunkt (-1) bewertet.

8. Die Reaktion der Börse auf die Veröffentlichung von Quartalszahlen

Alle Aktiengesellschaften, die im Prime Standard des Deutschen Aktien Index (DAX) gelistet sind, sind dazu verpflichtet vier Mal pro Jahr einen Quartalsbericht zu veröffentlichen, der wichtige Informationen, wie beispielsweise die Gewinn-und-Verlustrechnung enthält. Innerhalb des Bewertungsmodells von Levermann wird berechnet, wie sich der Kurs einer Aktie im Verhältnis zu dem Vergleichsindex am Tag der Veröffentlichung des letzten

Quartalsberichts, verhält. Betrachtet werden hier also der Aktienkurs und der Kurs des gesamten Index, in dem die Aktie gelistet ist. Ein Pluspunkt (+1) wird dann vergeben, wenn die Aktie sich um mindestens 1 % besser als der Vergleichsindex entwickelt. Hat sich der Aktienkurs hingegen um mindestens 1 % schlechter als der Vergleichsindex entwickelt, so gibt es einen Minuspunkt (-1). Null Punkte (0) werden der Aktie dann gegeben, wenn weder eine positive Entwicklung von + 1 % oder mehr oder eine negative Entwicklung des Kurses von – 1 % oder weniger stattfindet. Folgendes Beispiel verdeutlicht diese Bewertung.

Beispiel:

Am Tag der Quartalsbericht-Veröffentlichung legte der Kurs der Aktie um 2 % zu, während der Mark, also der Index, in dem die Aktie geführt wird, um 3 % zulegte. Im relativen Vergleich der Aktie mit dem Index verliert die Aktie also um 1 % (2 % - 3 % = -1 %). Die Aktie würde also einen Minuspunkt (-1) erhalten.

9. Der Sechs-Monats-Kurs-Verlauf

Wie der Name es bereits ein Stück weit verrät, gibt diese Kennzahl Aufschluss über die prozentuale

Veränderung eines Aktienkurses. Auf- oder Abwärtstrends können so erkannt und in ihrem Ausmaß bestimmt werden. Im Rahmen der Levermann-Analyse wird der heutige Kurs mit dem vor sechs Monaten verglichen. Zu erwähnen ist hier allerdings, dass über die sechs Monate ein Durchschnittskurs berechnet wird, der aus den Schlusskursen der elektronischen Börse XETRA gebildet wird. Außerdem werden Dividendenausschüttungen, die zwischenzeitlich stattfinden, nicht mit berücksichtigt.

Ein Punkt (+1) wird dann vergeben, wenn der aktuelle Aktienkurs mindestens 5% über dem vor sechs Monaten liegt, sprich einen deutlich Anstieg erlebt hat. Andersherum werden Aktien, deren Kurs im Vergleich mit dem vor sechs Monaten um 5% oder mehr gefallen ist, mit einem Minuspunkt (-1) bewertet. Aktien, deren Kursgewinne oder –verluste, die unter 5% beziehungsweise über –5 % liegen, erhalten Null Punkte (0).

10. Der Ein-Jahres-Kurs-Verlauf

Auch der Kursverlauf einer Aktie, den diese innerhalb des Zeitraumes von einem Jahr aufweist, ist Teil des levermannschen Bewertungsmodells. Wie auch bei dem Sechs-Monats-Kurs-Verlauf wird hier der Durchschnittskurs gebildet und für die Berechnung genutzt. Auch die Bewertung ist dieselbe: liegt der aktuelle Kurs also beispielsweise 5% oder mehr über dem Durchschnittskurs des letzten Jahres, so gibt es einen Punkt (+1).

11. Das Kursmomentum

Diese Kennzahl hilft dabei, zu erkennen, ob eine Aktie eine Trendwende vollzieht. Mit anderen Worten, ob diese von einem Aufwärts- in einen Abwärtstrend übergeht oder umgekehrt. Levermann bewertet die Aktie, deren aktueller Kurs 5% oder mehr über dem Kurs vor sechs Monaten liegt, mit einem Punkt (+1). Allerdings muss dafür auch gegeben sein, dass der aktuelle Aktienkurs unterhalb von 5% des Kurses vor 12 Monaten liegt, sodass hier eine echt, positive Trendwende vorliegt. Ein Minuspunkt (-1) wird dann vergeben, wenn der aktuelle Kurs mindestens 5% unter dem Kurs vor sechs Monaten liegt und außerdem nicht unter 5% unterhalb des Kurses vor 12 Monaten liegt. Trifft beides nicht zu, so werden Null Punkte (0) vergeben.

Beispiel:

Der aktuelle Aktienkurs hat im Vergleich zu dem Kurs vor 12 Monaten 2% eingebüßt. Im Vergleich zu dem Kurs vor sechs Monaten hat der heutige, aktuelle Kurs 5% verloren. Die Aktie wird dementsprechend mit einem Minuspunkt (-1) bewertet, da eine negative Trendwende vorliegt.

12. Der Reversaleffekt

Diese Kennzahl dient dazu, einen Vergleich der Entwicklung einer Aktie über drei aufeinanderfolgende Monate mit der eines Index anzustellen, beispielsweise des Deutschen Aktien Index oder das us-amerikanischen Standard & Poor's 500 (S&P 500). Betrachtet werden die letzten drei Monate. Ein Punkt (+1) wird an solche Aktien vergeben, die in den letzten drei Monaten in ihrer Kursentwicklung beziehungsweise –performance stets unter der des Vergleichsindex lagen. Einen Minuspunkt (-1) erhalten die Aktien, die in diesen drei (einzeln betrachteten) Monaten schlechter abschnitten als der Vergleichsindex. Null Punkte werden an Aktien vergeben, auf die die Kriterien für einen Punkt (+1) aber auch diese für einen Minuspunkt (-1) nicht zutreffen.

Beispiel:

Vor drei Monaten ist der Kurs der Aktie um 3 % gefallen, vor zwei Monaten um 4 % gestiegen und vor einem Monat um 1 % gefallen. Der Vergleichsindex stieg vor drei Monaten um 5 %, vor zwei Monaten konnte dieses Wachstum beibehalten werden und vor einem Monat kam es zu einem Fall des Index um 0,5 %. Nun werden die einzelnen Monate gegenübergestellt, um die relative Entwicklung der Aktie zu dem Vergleichsindex zu ermitteln. Dafür wird die Entwicklung des Vergleichsindex von der der Aktie subtrahiert, Monat für Monat.

Monat	Vor drei Monaten	Vor zwei Monaten	Vor einem Monat
Aktie	-3 %	+4 %	-1 %
- Vergleichsindex	+5 %	+5 %	-0,5 %
= Ergebnis	-8 %	-1 %	-0,5 %

Aus der Tabelle ist ersichtlich, dass die Aktie in den drei betrachteten Monaten stets schlechter als der Vergleichsindex abschneidet und somit einen Punkt (+1) erhält.

13. Das Gewinnwachstum

Auch die Kennzahl Gewinnwachstum nutzt Levermann im Rahmen ihres Modells zur umfangreichen Bewertung von Aktien. Hier wird ein Vergleich der Schätzung für den Gewinn des kommenden Jahres mit der für das aktuell betrachtete Jahr angestellt, um zu ermitteln, ob die Gewinne steigen, stagnieren oder gar rückläufig sind. Ein Punkt (+1) wird dann vergeben, wenn steigende Gewinne erwartet werden. Dafür müssen die Erwartungen an den Gewinn des kommenden Jahres die des nächsten Jahres um mindestens 5% übersteigen. Einen Minuspunkt (-1) erhalten solche Aktien beziehungsweise Unternehmen, denen Gewinn-Erwartung für das kommende Jahr mindestens 5 % unterhalb der für das aktuelle Jahr liegt. Null Punkte (0) erhalten dementsprechend die Aktien, deren zukünftige Gewinnerwartung zwischen -5 % Prozent und +5% gegenüber der aktuellen Erwartungen liegen. Im nachfolgenden Beispiel soll dies nun veranschaulicht werden.

Beispiel:

Der Gewinn der Aktie wird für das kommende Jahr auf 1,50 Euro geschätzt. Dieses Jahr wird von einem Gewinn von 1,80 Euro ausgegangen. Es gilt nun, dass Gewinnwachstum zu ermitteln, um entweder einen Punkt (+1), Minuspunkt (-1) oder null Punkte (0) zu vergeben.

$$\text{Gewinnwachstum} = \frac{\text{Endwert} - \text{Anfangswert}}{\text{Anfangswert}}$$

$$\text{Gewinnwachstum} = \frac{1{,}50 - 1{,}80}{1{,}80} = -\ 0{,}167 = -\ 16{,}7\ \%$$

Das Gewinnwachstum der Aktie im Beispiel beträgt also – 16,7 % und ist somit eindeutig negativ, es werden fallenden Gewinne für das kommende Jahr erwartet. Außerdem liegt das Wachstum mehr als 5% unter der Erwartung für das nächste Jahr, sodass hier ein Minuspunkt (-1) vergeben wird.

Abschließende Worte zum Levermann-Verfahren

Nun, nachdem das Levermann-Verfahren, welches zu den sogenannten Scoring-Methoden gehört, ausführlich vorgestellt und beschrieben wurde, sollen nun abschließend einige Worte im Hinblick auf die Vor- und Nachteile desselben verfasst werden. Grundsätzlich ist von Vorteil, dass es sich bei dem Levermann-Verfahren um eine zumindest vergleichsweise objektive Methode für die Bewertung von Aktien handelt. Wie bereits weiter oben erwähnt, gibt Levermann klare Kauf- und Verkaufsempfehlungen. Liegen Aktien, die im Deutschen Aktien Index geführt werden und nach Levermann bewertet werden, bei vier Punkten oder darüber, so wird ein Kauf empfohlen. Anleger sollten diese hingegen verkaufen, wenn die Bewertung unter vier Punkten liegt. Bei Aktien, die in anderen Indizes gelistet werden, wird ab sieben Punkte gekauft und bei weniger als vier Punkten verkauft. Durch eben diese Empfehlungen wird verhindert, dass sich Anleger von ihrem Bauchgefühl leiten lassen und unkluge Entscheidungen treffen, logischerweise natürlich nur, wenn sich an diese gehalten wird. Als nachteilig zu bewertet ist allerdings der relativ hohe Zeitaufwand, der betrieben werden muss, wenn die Levermann-Methode für die Bewertung von Aktien zum Einsatz kommt. Da insgesamt 13 Kennzahlen betrachtet beziehungsweise analysiert und berechnet werden müssen und zwar nicht nur einmal, sondern ebenso im Zeitverlauf, um die Entwicklung der Aktie zu überprüfen, gehört die Levermann-Methode zu den aufwändigeren Strategien beziehungsweise Bewertungsmodellen. Natürlich ist auch diese Strategie kein Garant für außerordentlich hohe Renditen und die Bewertung im Rahmen des Punktesystems hängt von den verwendeten Zahlen der Analysen ab. Sind dieses ungenau, so ist es die Bewertung der Aktie dementsprechend auch. Anleger sollten unbedingt die Transaktionsgebühren des Brokers beziehungsweise der Direktbank im Blick behalten, denn verliert eine Aktie an Punkten, so wird nach dieser Strategie ein Verkauf erforderlich. Dies gilt natürlich auch andersherum, sodass unter Umständen häufige Umschichtungen des Depots stattfinden müssen. Ebenfalls ist negativ zu bewerten, dass die Levermann-Strategie und die damit zu erzielenden Renditen bislang noch nicht über einen Investitionszeitraum von über 20 Jahren betrachtet wurden, da diese relativ neu ist. Nichtsdestotrotz handelt es sich um ein einfach anzuwendendes (obwohl zeitaufwändiges) Verfahren, welches sich für Einsteiger aber auch für bereits erfahrenere Investoren und Privatanleger eignet, die die Strategie um weitere Kriterien ergänzen.

Fazit zu den vorgestellten Strategien

Im Rahmen dieses Buches wurden einige Strategien vorgestellt, die Aktionären dabei helfen können, gewinnbringend mit Aktien an der Börse zu handeln. Wie bereits mehrmals erwähnt wurde, ist es, unabhängig von der gewählten Strategie, wichtig bei derselben zu bleiben, um so langfristig erfolgreich zu sein. Natürlich ist keine der vorgestellten Strategien ein Garant für den Erfolg beim Aktienhandel, nichtsdestotrotz gilt aber, dass eine Strategie besser ist als keine. Die relative Stärke Strategie eignet sich aufgrund ihrer Einfachheit für Einsteiger, allerdings werden nur wenige Kennzahlen in Betracht gezogen, sodass Kritiker zu Rrecht feststellen, dass die Strategie verbesserungswürdig ist. Die Anleger sollten die Strategie dementsprechend um weitere Kennzahlen, wie das Kurs-Gewinn-Verhältnis ergänzen. Auch die Markenstrategie setzt auf die Aktien von Unternehmen, die bereits in der Vergangenheit stark an Wert gewonnen haben. Es wird also davon ausgegangen, dass dieser Trend auch in der Zukunft Bestand hat. Wird die Markenstrategie also von Anfängern verfolgt, so müssen teure Aktien erworben werden, mit der Hoffnung beziehungsweise Erwartung, dass diese ihren Wert weiterhin steigern. Wie bereits im Rahmen dieses Kapitels herausgearbeitet wurde, birgt die Dividendenstrategie einige Tücken, denn die Dividendenrendite steigt mit fallendem Aktienkurs. Dadurch wird die Aktienrendite geschmälert. Interessant für Anfänger ist allerdings die Small-Cap-Strategie, bei der es darum geht, mithilfe einiger Kennzahlen junge und gleichzeitig wachstums- sowie finanzstarke Unternehmen ausfindig zu machen und Anteile an denselben zu erwerben. Wichtig ist, dass solche Unternehmen frühzeitig und vor dem Einstieg großer Investoren erkannt werden, um von einem Anstieg des Aktienkurses zu profitieren. Die Strategie des antizyklischen Tradens mit der 50-Prozent-Verlust-Regel ermöglicht es Anlegern, die Emotionen und das Bauchgefühl außen vor zu lassen. Großer Vorteil ist, dass diese Aktien stark an Wert verloren haben und dementsprechend günstig zu erwerben sind. Damit der Anleger kein Geld verliert, sondern gewinnt, muss der Kurs selbstverständlich wieder steigen, so wie es bei zahlreichen Internet-Aktien nach dem Platzen der Dotcom Blase der Fall war. Die Strategie des antizyklischen Tradens ist einfach anzuwenden und empfiehlt sich somit auch für Anfänger. Im Gegensatz zu dieser, relativ einfach zu verfolgenden antizyklischen Strategie, ist das Value Investing deutlich komplizierter, da hier eine Vielzahl von Kennzahlen betrachtet wird. Die Kennzahlen, die Benjamin Graham nutzte, um im Rahmen der fundamentalen Analyse Aktien zu bewerten, sollten auch von Anfängern angewandt werden können. Die Berechnung des inneren Werts nach Graham ist ebenfalls unkompliziert, jedoch im Vergleich zu der Bestimmung desselben nach Buffett, weniger genau. Die KGV- wie auch die DCF-Methode verlangen nach einer umfangreichen Recherche und Analyse verschiedener Kennzahl sowie subjektiven Einschätzungen und Beurteilungen. Aus diesem Grund ist die Value Investing Strategie zwar durchaus eine gute Strategie, die über längere Zeiträume stabile Renditen möglich macht, jedoch aufgrund ihrer vergleichsweise hohen Komplexität und dem für die Analyse benötigten Zeitaufwand nur bedingt für Anfänger geeignet. Der Ansatz beziehungsweise die Strategie von dem Investor James O'Shaughnessy eignet sich für Anfänger. Es müssen deutlich weniger Kennzahlen analysiert werden, als es beispielsweise bei der Value Investing Strategie der Fall ist. Dennoch erzielten Anleger mit diesem Ansatz in der Vergangenheit attraktive Renditen. Besonders für Anfänger zu empfehlen ist die Levermann-Strategie. Diese ist zwar ebenso umfangreich wie die Strategien des Value Investing, jedoch sind die Bewertungskriterien im Rahmen des Punktesystems, welches Levermann entwickelte, fest definiert. Anfänger müssen lediglich die hier im Buch vorgestellten Schritte verfolgen, sprich alle 13 Kennzahlen berechnen und mit Punkten oder Minuspunkten bewerten. Damit Anleger nicht andauernd selbst die Entwicklung der nach der Levermann-Strategie gewählten Aktien selber aufwändig überprüfen muss, ist es sinnvoll sich im Internet zu erkundigen, denn hier werden viele Aktien, beispielsweise die im Deutschen Aktien Index gelistet sind, nach dem Verfahren bewertet. Das spart den Anlegern eine Menge Zeit und Aufwand.

WEITERE FORMEN DER GELDANLAGE

Im fünften Kapitel dieses Buches sollen dem Leser nun weitere Möglichkeiten der Geldanlage vorgestellt werden. Zuerst wird auf die exchange traded funds eingegangen, um anschließend einen Blick auf Anleihen zu werfen. Das Ziel des Kapitels ist, dem Leser aufzuzeigen, dass auch mit diesen Geldanlagen Renditen erzielt werden können. Wie bereits erwähnt empfahl der Starinvestor Benjamin Graham, dass das Depot nicht ausschließlich aus Aktien bestehen, sondern zu einem Teil auch Anleihen beinhalten sollte. Das Stichwort ist also Diversifikation des Wertpapierdepots.

Exchange traded funds

Nachdem das Buch dem Leser einen Einblick in die Geldanlage in Aktien gegeben hat, soll nun auch ein Blick auf die exchange traded funds (ETFs) geworfen werden, die bereits im (Unter-) Kapitel 2.1.6 kurz vorgestellt wurden.

Exchange traded funds sind sogenannte Indexfonds und bieten Anlegern die Möglichkeit, ihr Geld anzulegen, ohne dabei aktiv zu sein, wie es beispielsweise bei Aktien (selbstverständlich stets in Abhängigkeit von der Anlagestrategie) der Fall ist. Diese Fonds werden, wie es auch bei einzelnen Aktien der Fall ist, fortlaufend an der Börse gehandelt, können aber auch im Rahmen eines Sparplans erworben werden. Viele beschreiben die ETFs als perfekte Startmöglichkeit für Einsteiger, die bislang noch nicht an der Börse aktiv waren. Da sich Fonds und somit auch die exchange traded funds aus mehreren Einzelaktien zusammensetzen, finden Anleger hier eine Möglichkeit der weiten Streuung und somit der Risikominimierung bei sehenswerten Renditen. Im Gegensatz zu Einzelaktien, bei denen es einzig und allein darum geht, alles auf ein Pferd, sprich auf das Geschäftsmodell beziehungsweise Produkt und / oder Dienstleistung einer Aktiengesellschaft zu setzen. Die exchange traded funds kopieren lediglich die Entwicklung eines Aktienindex, also zum Beispiel den DAX, daher rührt die Bezeichnung Indexfonds. Aus diesem Grund gibt es keinen Fondsmanager, der für das Treffen von Anlageentscheidungen vergütet werden muss, was die ETFs deutlich günstiger als herkömmliche, aktiv betreute Investmentfonds macht. Wird also ein exchange traded funds gekauft, der an die Entwicklung des Deutschen Aktien Index gekoppelt ist, so profitieren die Anleger von der Wertentwicklung desselben.Mit einer Geldanlage in ETFs ist es Anlegern ebenso möglich, von der Entwicklung der globalen Wirtschaft zu profitieren, dies ermöglicht beispielsweise der MSCI World ETF.

Die Preisbildung von ETFs

Die Preisbildung von exchange traded funds gestaltet sich über den Tausch von Wertpapieren gegen Anteile des ETF. Dieser Prozess wird **Creation-Redemption-Process** genannt, was soviel wie Ausgabe-Rücknahme-Prozess bedeutet. Im Rahmen der Creation (Ausgabe) erhält die Fondsgesellschaft Wertpapiere von Börsenmaklern, die wiederum Anteile an dem ETF bekommen. Diese ETF-Anteile stehen dann dem börslichen Handel zur Verfügung. Die Redemption (Rücknahme) umfasst die Rückgabe der ETF-Anteile der Börsenmakler an die Fondsgesellschaft, die im Gegenzug die Wertpapiere an den Börsenmakler zurückgibt. Die Preisbildung durch den Creation-Redemption-Process ist äußerst wichtig. Würde diese nicht existieren beziehungsweise praktiziert werden, so würde der Preis für den ETF von dem Angebot und der Nachfrage abhängen, so wie es bei einzelnen Aktien der Fall ist. Exchange traded funds sind jedoch Indexfonds, die sich dem Index entsprechend entwickeln und eben nicht von dem Angebot und der Nachfrage abhängig sind.

Die Arten von ETFs – Ausschüttend, thesaurierend, physisch und synthetisch

Es gibt verschiedene Arten von ETFs, die zunächst hinsichtlich der Ausschüttung der Erträge unterschieden werden. Wie bereits angemerkt, existieren sparplanfähige ETFs, auf die weiter unten genauer eingegangen wird. Ausschüttende exchange traded funds zeichnen sich dadurch aus, dass die Erträge, wie Anleihezinsen und Aktiendividenden, regelmäßig ausgeschüttet beziehungsweise ausgezahlt werden. Mit anderen Worten haben Anleger die Möglichkeit, über die ausgeschütteten Mittel frei zu verfügen, zum Beispiel, um die kommende Nebenkostenabrechnung des Haushalts zu bezahlen. Natürlich kann das Geld auch wieder angelegt werden. Bei thesaurierenden ETFs hingegen, werden die Erträge stets automatisch wieder im ETF angelegt. Diese sind also nicht frei verfügbar, haben jedoch den großen Vorteil, dass Anleger so von einer Art Zinseszinseffekt profitieren können. Vor allem, wenn geplant ist, einen Sparplan über einen langen Zeitraum (was zu empfehlen ist) zu nutzen, macht sich dieser Effekt positiv bemerkbar.

Außerdem werden exchange traded funds in mehrere Replikationsmethoden unterschieden. Die Replikationsmethode gibt Aufschluss über die Art der Nachbildung beziehungsweise Replikation eines Index. Die Anleger können sich entweder für einen ETF mit physischer Replikation (auch direkte Replikation) oder für einen mit synthetischer Replikation (indirekte Replikation) entscheiden. Ein ETF mit direkter, physischer Replikation bildet einen kompletten Index nach, indem alle Aktien, die tatsächlich in diesem gelistet sind, gekauft und verkauft werden. Es gibt allerdings auch die sogenannte Sampling-Methode, bei der lediglich die Aktien in den Fond aufgenommen werden, die einen vergleichsweise großen Einfluss auf die Entwicklung des Index haben. Die ETFs mit synthetischer, indirekter Replikation bilden die Entwicklung von Indizes über sogenannte Swap-Geschäfte ab. Dabei bildet ein Dritter, zum Beispiel eine Investmentbank, die entsprechende Zahlungsströme des Index künstlich nach. Auf dieseSwap-Geschäfte soll hier nicht weiter eingegangen werden. Wichtig ist jedoch zu wissen, dass die ETFs mit der indirekten Replikation günstiger sind, allerdings auch das Risiko bergen, dass der Vertragspartner (beispielsweise die Investmentbank) ausfällt und seinen Zahlungen nicht mehr nachkommt.

Die Wahl des ETF – Was gibt es zu beachten?

Je nach dem, an welcher Entwicklung die Anleger

profitieren möchten, wird der ETF (-Sparplan gewählt). Hier werden dem Leser nun einige Kriterien vorgestellt, die bei der Wahl des exchange traded fund behilflich sind.

Im ersten Schritt muss, wie auch für den Handel von Aktien, ein Depot bei einer Direktbank oder einem Broker eröffnet werden, über das die Geschäfte an der Börse abgewickelt werden.

Dann ist zunächst wichtig, dass sich für einen ETF entschieden wird, der sich durch eine **breite Diversifikation** auszeichnet, also viele Aktien von Unternehmen beinhaltet, die in verschiedenen Branchen tätig sind. Im Rahmen der Diversifikation müssen Anleger entscheiden, an welchem Markt diese partizipieren möchten. Wie bereits angemerkt, eignet sich der MSCI World All World Index, der über 2400 Aktiengesellschaften aus mehr als 45 Ländern abbildet, dafür, um die Weltwirtschaft beziehungsweise die Entwicklung der Weltbörsen abzubilden. Erwähnenswert ist an dieser Stelle auch, dass es einen Index gibt, der wirtschaftliche Entwicklung der Schwellenländer abbildet, der MSCI Emerging Markets Index. Soll sich auf europäische Aktien verlassen werden, so kommt beispielsweise der MSCI Europe Index infrage, der sich hauptsächlich aus britischen, französischen und deutschen Aktien zusammensetzt. Möchten Anleger nur deutsche Aktien in dem ETF haben, so eignet sich ein ETF, der den Deutschen Aktien Index (DAX) abbildet.

Zu erwähnen ist hier, dass exchange traded funds von zahlreichen Anbietern angeboten werden. Diese legen die Zusammensetzung des Fonds fest, erstellen also Indizes. So auch das us-amerikanische Finanzdienstleistungsunternehmen MSCI, welches ihren Sitz in New York hat.

Des Weiteren empfiehlt es sich, im Gegensatz zu Einzelaktien, mit ETFs **keine Strategie zu verfolgen**, denn es handelt sich schließlich um ein passives Finanzprodukt, welches über langen Zeitraum Teil des Portfolios bilden sollte.

Eine der wichtigsten Kriterien für den Kauf eines ETF (-Sparplans) ist, dass **die Kosten** desselben so gering wie möglich sein sollten. Bei herkömmlichen Investmentfonds werden vergleichsweise hohe Gebühren berechnet. Aus diesem Grund sollte unbedingt ein Blick auf die Gesamtkostenquote (totel expense ratio) geworfen werden, auch die Höhe des Ausgabeaufschlags ist zu berücksichtigen. Es gibt einige Anbieter, die den Anlegern attraktive Rabatte auf den Ausgabeaufschlag gewähren, sodass die Rendite durch diesen nicht gemindert wird. Diese Kosten werden dann mit der jährlichen Rendite verglichen. Dies soll kurz im folgenden Beispiel erläutert werden.

Beispiel:

Im Rahmen dieses Beispiels soll ein aktiv gemanagter Fond mit einem teurem und einem günstigen exchange traded fund verglichen werden, um dem Leser die Unterschiede im Hinblick auf die Kosten und somit auf die zu erwartende Rendite zu geben. Im Beispiel wird davon ausgegangen, dass die jährliche Rendite der drei Finanzprodukte über 30 Jahre Anlagezeitraum 7 % beträgt. Die total expense ratio sowie auch der Ausgabeaufschlag sind verschieden, wodurch sich deutlich höhere Rendite erzielen lassen. (siehe Tabelle)

	Aktiv gemanagter Fonds	Teurer ETF	Günstiger ETF
Anfangs-Investment	10.000 Euro	10.000 Euro	10.000 Euro

Ausgabeaufschlag	4 %	0,2 %	0,2 %
Rendite pro Jahr	7 %	7 %	7 %
Total expense ratio	1,5 %	0,5 %	0,2 %
Dauer d. Investments	30 Jahre	30 Jahre	30 Jahre
Wert d. Invesments nach 30 Jahren	47.846 Euro	66.011 Euro	71.823 Euro
Differenz zu aktiv gemangtem Fond	---	18.165 Euro	23.977 Euro
Differenz zwischen teurem ETF	---	---	5.812 Euro

Den Ergebnissen dieser tabellarischen Veranschaulichung liegen Berechnungen mit dem Programm Microsoft Excel zugrunde. Diese sollen hier kurz an dem **Beispiel des aktiv gemanagten Fonds** aufgezeigt werden. Zunächst ist wichtig zu erwähnen, dass der Anfangswert beziehungsweise die Anfangsinvestition in der Tabelle nicht 10.000 Euro beträgt, sondern 9.600 Euro. Das liegt daran, dass von den 10.000 Euro der Anfangsinvestition der Ausgabeaufschlag von 4 % direkt zu Beginn der Investition abgezogen wird. Anschließend werden die Renditen für die Anfangswerte eines jeden Jahres berechnet (Anfangswert eines jeden Jahres * 7 % Rendite). Im nächsten Schritt wird die Summe aus dem Anfangswert und der Rendite des Anfangswerts erstellt. Dann folgt die Berechnung der Gebühren auf Basis des Anfangswerts des entsprechenden Jahres (Anfangswert * - 1,5 %TER). Aus diesem Ergebnis wird anschließend die Summe mit dem Anfangswert plus der Rendite gebildet, sodass der Endwert eines jeden Jahres bestimmt wird. Dieser ist gleichzeitig der Anfangswert des nächsten Jahres. Die Berechnung beginnt dann von vorne, bis die Dauer des Investments von 30 Jahren erreicht wird. Der letzte ermittelte Endwert stellt also den Wert des Investments nach 30 Jahren dar.

Jahre	Anfangswert eines Jahres	Rendite aus Anfangswert	Ergebnis: Anfangswert plus Rendite	Errechnete Gebühren (TER) aus Anfangswert (Anfangswert * - 1,5 %)	Endwert eines jeden Jahres (entspricht Anfangswert d. nächsten Jahres)
1	9600	672	10272	-144	10128
2	10128	708,96	10836,96	-151,92	10685,04
3	10685,04	747,952	11432,99	-160,27	11272,71
4	11272,71	789,090	12061,80	-169,09	11892,71
5	11892,71	832,490	12725,20	-178,39	12546,81
6	12546,81	878,277	13425,09	-188,20	13236,89
7	13236,89	926,58	14163,47	-198,55	13964,91
8	13964,91	977,544	14942,46	-209,47	14732,99
9	14732,99	1031,3	15764,29	-220,99	15543,30
10	15543,30	1088,03	16631,33	-233,14	16398,18
11	16398,18	1147,87	17546,05	-245,97	17300,08
12	17300,08	1211,00	18511,09	-259,50	18251,59
13	18251,59	1277,61	19529,20	-273,77	19255,42

14	19255,4	1347,88	20603,30	-288,83	20314,47
15	20314,4	1422,01	21736,49	-304,71	21431,77
16	21431,7	1500,2	22931,99	-321,47	22610,52
17	22610,52	1582,73	24193,25	-339,15	23854,10
18	23854,10	1669,78	25523,88	-357,81	25166,07
19	25166,07	1761,62	26927,70	-377,49	26550,21
20	26550,21	1858,51	28408,72	-398,25	28010,47
21	28010,47	1960,73	29971,20	-420,15	29551,04
22	29551,04	2068,57	31619,6	-443,26	31176,3
23	31176,35	2182,34	33358,70	-467,64	32891,05
24	32891,05	2302,37	35193,42	-493,36	34700,063
25	34700,06	2429,00	37129,06	-520,50	36608,56
26	36608,56	2562,59	39171,16	-549,12	38622,03
27	38622,03	2703,54	41325,58	-579,33	40746,24
28	40746,24	2852,23	43598,48	-611,19	42987,29
29	42987,29	3009,1	45996,40	-644,80	45351,59
30	45351,59	3174,61	48526,20	-680,27	47845,93

Da in der Tabelle einige Begriffe verwendet wurden, die noch nicht erwähnt beziehungsweise erklärt wurden, soll diese

Informationsbox nun dazu dienen, Klarheit zu schaffen. Bei dem Ausgabenaufschlag handelt es sich um eine prozentuale Gebühr, die einmalig erhoben wird, sobald ein Fonds (Investmentfond oder ETF) erworben wird. Werden also beispielsweise 10.000 Euro in den Fond investiert und die Gebühr liegt bei 5 %, so sind dies 500 Euro, die von dem Anfangs-Investment abgezogen werden und somit nicht in den Fond miteinfließen. Die Gesamtkostenquote (TER – total expense ratio) hingegen wird dem Anleger eines Fonds jährlich berechnet und enthält alle Gebühren, die für die Verwaltung, für das Depot bei der Direktbank oder bei dem Broker, etc. erhoben werden. Logischerweise ist es sinnvoll, einen exchange traded fund zu wählen, der möglichst günstige Gebühren erhebt, denn diese schmälern, wie bereits angemerkt und im Beispiel veranschaulicht, die Rendite des Investments.

Wie das Beispiel verdeutlicht, machen die Höhe des Ausgabeaufschlages sowie der total expense ratio (TER) einen enormen Unterschied und schmälern den Wert der Anlage zum Ende der Dauer des Investments drastisch. Darum ist es wichtig, erneut zu betonen, dass günstige exchange traded funds erworben werden sollten, denn es geht schließlich um tausende Euro, die von Gebühren teurer Fonds „verschlungen“ werden.

Wie bereits weiter oben erwähnt, müssen Anleger **zwischen physisch und synthetisch nachgebildeten beziehungsweise replizierten ETFs wählen**. Die erste ist die sichere Variante, während die zweitegünstiger ist. Der Grund dafür ist, dass die Transaktionskosten für den Kauf- und Verkauf der im Index gelisteten Aktien sehr hoch sind. Bei Indizes, die nur wenige Titel enthalten, wie beispielsweise der Deutsche Aktien Index, sind diese noch überschaubar, bei anderen Indizes, die hunderte oder gar tausende Titel beinhalten, sind die Kosten deutlich höher.

Im Hinblick auf die Langfristigkeit von exchange traded funds spielt **die Größe beziehungsweise das Volumen** derselben eine Rolle. Sind Anleger an einem europäischen ETF interessiert, so sollten diese darauf achten, dass das Volumen mindestens 100 Millionen Dollar beträgt, besser sind jedoch Werte, die deutlich darüber liegen. Das Volumen ist so wichtig, da die Anbieter von Fonds, sollte das Volumen nicht so steigen, wie es erwartet wurde, den exchange traded fund einstellen oder mit einem anderen zusammenlegen können. Tritt ein solches Szenario ein, so müssen die Anleger rechtzeitig informiert werden, um ausreichend Zeit für einen Verkauf zu haben.

Auch das Alter des exchange traded funds ist zu beachten, um so Auskunft über die Langlebigkeit beziehungsweise Bestandskraft des Fonds zu erhalten. Das **Mindestalter sollte fünf Jahre betragen**.

Ebenso die ist die **Liquidität** des ETF zu berücksichtigen, da diese Aufschluss über den Spread, sprich den Unterschied zwischen Geld- und Briefkurs, gibt. Fonds (und auch Aktien) mit einer hohen Liquidität können schneller wieder verkauft werden, denn je niedriger der Spread, desto günstiger gestalten sich die Handelskosten für die Anleger.

ETFs und klassische Aktienfonds im Vergleich

Wie bereits angemerkt, handelt es sich bei exchange traded funds um solche, die passiv gemanaged werden und somit im Gegensatz zu den aktiv betreuten Aktienfonds stehen. Bei den letzten entscheidet ein Fondsmanager über die Aktien, die in den Fond aufgenommen werden sollen. Problematisch an herkömmlichen, aktiv betreuten Fonds ist, dass diese besser als der Markt sein müssen, um für Anleger attraktiv zu sein. Dies ist jedoch nur in seltenen Fällen der Fall, sodass ETFs deutlich interessanter für Anleger sind, vor allem für Anfänger. Ein aktiver

Fond mit globaler Ausrichtung kostet Anleger ungefähr 2 % im Jahr. Im Vergleich zu den ETFs, beispielsweise dem MSCI World, der von den Anleger lediglich Gebühren in Höhe von 0,2 % bis 0,5 % jährlich erhebt, ist dies ein enormer Unterschied. In anderen Worten formuliert bedeutet das, dass der Manager des Fonds die richtigen Anlageentscheidungen treffen muss, damit die Gebühren durch die positive Wertentwicklung des Fonds ausgeglichen werden. Die Wertentwicklung des Fonds muss also über dem des zugrundeliegenden Index liegen. Wie bereits im Beispiel weiter oben gezeigt wurde, zeichnen sich erhebliche Unterschiede hinsichtlich des Investments-Werts zum Ende der Investitionsdauer ab.

Exchange traded funds Sparpläne

Ein ETF-Sparplan eignet sich für Anleger, die ihr Geld langfristig vermehren möchten, beispielsweise für die private Altersvorsorge. Anleger, die ihr Geld in einen exchange traded fund investieren möchten, haben durch einen Sparplan die interessante Möglichkeit, monatlich kleine Beträge anzusparen. Die zahlreichen Direktbanken und online Broker, die solche sparplanfähigen ETFs anbieten, erlauben bereits Einzahlungen ab 25 Euro monatlich.

Vom Grundprinzip her unterscheidet sich ein solcher ETF-Sparplan nicht von einem gewöhnlichen Banksparplan. Unterschiedlich zu einem Banksparplan ist jedoch, dass das angesparte Vermögen kurzzeitig an Wert verlieren kann. Das ist schlichtweg auf die Schwankungen an der Börse zurückzuführen. Wird sich also dazu entschieden, einen ETF zu besparen, so partizipieren die Anleger an der Entwicklung des jeweiligen Aktienindex. Neben der langfristigen Möglichkeit, hohe Renditen mit dem Sparplan zu erzielen, bietet dieser einen weiteren Vorteil, den der hohen Flexibilität. Anleger, die etwas Geld übrig haben, können die Zahlung erhöhen, Anleger, die sich in einer finanziellen Notsituation befinden, profitieren davon, dass die Anteile an dem ETF jederzeit wieder veräußert werden können. Ob dies sinnvoll ist, hängt natürlich von dem aktuellen Kurs des Index ab.

Die Funktionsweise eines solchen Sparplans ist vergleichsweise simpel. Jeden Monat, in dem der Anleger die (Ein-) Zahlungen leistet, werden Anteile entsprechend der gezahlten Rate an dem ETF hinzugekauft. Im Rahmen eines ETF-Sparplans sollte sich für einen thesaurierenden exchange traded fund entschieden werden, der die ausgeschütteten Dividenden wieder im Fondsvermögen anlegt und so zusätzlich zu der Entwicklung des Indexkurses dabei hilft, Vermögen aufzubauen. Viele Anleger, die an einem ETF-Sparplan interessiert sind, fragen sich zu Recht, zu welchem Zeitpunkt ein Einstieg günstig ist. Grundsätzlich befindet sich zu Beginn des Sparens nur wenig Kapital im Sparplan, sodass Kurse, die fallen, nicht von großer Bedeutung sind. Hier spielt die Langfristigkeit der Geldanlage eine wichtige Rolle, der Zeitpunkt des Einstiegs ist also weniger wichtig. Jedoch macht eben diese Langfristigkeit den Zeitpunkt des Ausstiegs aus dem Sparplan bedeutend. Sind die vorab definierten 25 Jahre kurz davor zu verstreichen und befindet sich der jeweilige Kurs des Index gerade in einem Abwärtstrend, so kann ein Verkauf das angesparte Geld, sprich die Rendite, deutlich mindern. Aus diesem Grund ist es zu empfehlen, auf eine Erholung des Kurses zu warten, dann die ETF-Anteile zu verkaufen und auf diese Weise das Sparziel zu erreichen. Eine andere Möglichkeit ist, die Anteile schon dann zu veräußern, wenn das Sparziel bereits, vor dem Ablauf des definierten Anlagezeitraums, erreicht wurde.

Die nachfolgende Tabelle, die von finanztip.de auf Basis der Daten von MSCI erstellt wurde, zeigt auf eindrucksvolle Weise, dass mit einer Einzahlung von 100 Euro pro Monat hohe Renditen erwirtschaftet werden können. Der Zeitraum, der hier betrachtet wurde, ist 15 Jahre. Zu erwähnen ist hier allerdings, dass die Verwaltungsgebühren herausgerechnet wurden.

Jahr Beginn	Jahr Ende	Endbetrag	durchschnittliche Rendite pro Jahr
1969	1984	43.534 €	10,95%
1974	1989	60.447 €	14,78%
1979	1994	36.639 €	8,91%
1984	1999	58.814 €	14,46%
1989	2004	27.125 €	5,25%
1994	2009	18.727 €	0,52%
2000	2015	32.220 €	7.36 %
2002	2017	35.794 €	8,63%

Quelle: Berechnung von Finanztip.de auf Basis von Daten des MSCI World Index (abzüglich der Verwaltungskosten)

Aus der Tabelle ist ersichtlich, dass die durchschnittliche jährliche Rendite in den einzelnen betrachteten Zeiträumen teils stark unterschiedlich ausgefallen ist und zwischen 0,52 % (niedrigste durchschnittliche Rendite) und 14,46 % (höchste durchschnittliche Rendite) schwankt. Dies veranschaulicht auch die Bedeutung des richtigen Ausstiegszeitpunktes.

Die Vor- und Nachteile von ETFs

Wie bereits aus den vorangegangen Unterkapiteln hervorgegangen sein sollte, bieten exchange traded funds eine ganze Reihen an Vorteilen, die hier noch einmal übersichtlich zusammenfassend dargestellt werden sollen. Natürlich werden die Nachteile nicht außer Acht gelassen.

Steigen die Kurse der Aktien, die im jeweiligen, nachgebildeten Index gelistet sind, so haben Anleger die **Chance auf hohe Renditen und Gewinne**. Langfristig betrachtet, sind die **Renditeerwartungen höher** als bei anderen Formen der Geldanlage. Anleger profitieren außerdem von **Dividendenzahlungen** und haben die Möglichkeit zwischen verschiedensten Indizes zu wählen.

Anleger müssen sich bewusst sein, dass auch mit ETFs, also einer vermeintlich sicheren Geldanlage, Verluste erzielt werden können. Diese ergeben sich logischerweise dann, wenn die Aktienkurse fallen.

Außerdem ist die **Rendite nicht fest**, wie es bei Anleihen der Fall ist, sondern hängen direkt von der Index-Entwicklung ab. Des Weiteren müssen Anleger ab bestimmten Beträgen eine **Abgeltungssteuer** zahlen, die die Höhe der Gewinne mindert.

Kurzer Einblick in ETFs und die Steuer

Wie bereits erwähnt, haben exchange traded funds auch ihre negativen Seiten. Eine davon stellen die zu zahlenden Steuern dar. Neu, seit dem Jahr 2018 ist, dass die Besteuerung von Fonds in Deutschland vereinfacht werden soll. Zu berücksichtigen sind hier die Höhe der Ausschüttung, der Wert des Fondsanteils zu Anfang des Jahres sowie der Wert zum Jahresende und der Typ des Fonds. Allerdings ist diese Thematik sehr spezifisch auf die steuerlichen Regelungen bezogen, sodass hier nicht näher darauf eingegangen werden soll. Praktisch sind ETF-Steuerrechner, die im Internet zu finden sind und Anlegern dabei helfen, einen Überblick über die abzuführenden Steuern zu gewähren. Von diesen hängt schließlich auch die zu erwartende Rendite ab.

Abschließendes Fazit zu exchange traded funds als nachhaltige Geldanlage für den Vermögensaufbau

ETFs stellen eine Art Kombination der Vorteile von drei Anlageklassen dar. Wie es auch bei Aktien der Fall ist, können exchange traded funds zu einem beliebigen Zeitpunkt zu dem aktuellen Börsenwert gehandelt werden und stellen somit eine flexible Möglichkeit der Geldanlage dar. Da ETFs im Hinblick auf die Gebühren ähnlich günstig sind, wie Zertifikate, eignet sich dieses Finanzprodukt auch für private Anleger mit wenig Erfahrung. Das liegt natürlich auch daran, dass sich lediglich Gedanken über die Wahl des ETF gemacht werden muss. Wie auch herkömmliche, aktiv gemanagte Investmentfonds bieten exchange traded funds den Vorteil einer breiten Risikostreuung. Kursverluste von einzelnen, im Vergleichsindex gelisteten Aktien, werden durch Kursgewinne anderer dort geführter Aktien ausgeglichen. Insgesamt handelt es sich also um eine sichere Anlageklasse, die sich optimal für Einsteiger eignet. Wichtig ist, dass im Rahmen der Wahl der Direktbank oder des online Broker darauf geachtet wird, dass die Gebühren möglichst gering sind. Auf den Ausgabeaufschlag verzichten übrigens einige Depot-Anbieter. Eben diese gilt es im Rahmen einer online Recherche zu finden.

Anleihen

Was Anleihen sind wurde bereits im Unterkapitel 2.1.2 erläutert. Nun soll jedoch genauer auf diese Form der Geldanlage eingegangen werden. In der Vergangenheit waren Anleihen eine gute Möglichkeit, attraktive Renditen zu erzielen. Das lag daran, dass die (Markt-) Zinsen tendenziell weniger wurden und der Kurs der Anleihen folglich an Wert gewann. Andersherum, sorgen steigende Zinsen dafür, dass die Kurse von Anleihen fallen. Das ist auf die Wechselbeziehung zwischen konventionellen Anleihen und deren Zinsen zurückzuführen, da fallende Renditen dafür sorgen, dass Anleihen, die in der Zukunft ausgegeben werden sollen, weniger gut verzinst sind. So werden alte Anleihen, die hohe Zinskupons enthalten, attraktiver, da der Kurs steigt. Doch mehr zu den Risiken, die mit Anleihen in Verbindung stehen, weiter unten. Zunächst sollen dem Leser die Gründe für die Ausgabe von Anleihen erläutert werden.

Gründe für die Ausgabe von Anleihen

Wie bereits erwähnt, können Anleihen von Unternehmen aber auch von Staaten ausgegeben werden. Grundsätzlich wird der Bedarf an finanziellen Mitteln über Anleihen mittel- bis langfristig gedeckt. Ein Grund für die Ausgabe von Anleihen kann also sein, dass das Unternehmen hohe Summen Geld benötigt und die von der Bank gewährten Kredite dafür nicht ausreichen oder schlichtweg zu teuer sind. Eben dies, also die günstigere Möglichkeit der Fremdfinanzierung über Anleihen, ist ein weiterer Grund. Außerdem werden Unternehmen durch die Diversifizierung der Fremdkapitalgeber unabhängiger von einzelnen Banken beziehungsweise Kreditinstituten. Staaten geben Anleihen gleichermaßen aus, um Zahlungsverpflichtungen nachzukommen.

Die Funktionsweise von Anleihen und wichtige Begrifflichkeiten

Wird eine Anleihe ausgegeben, so leiht der Anleger dem Emittenten der Anleihe (Unternehmen oder Staat) Geld, welches zu einem späteren, vorher definierten Zeitpunkt zurückgezahlt wird. Während des Zeitraums zwischen Emission (Ausgabe) der Anleihe und dem Ende der Laufzeit derselben, erhält der Anleger Zinsen. Bevor dies nun an einem Beispiel erläutert werden soll, ist es wichtig, folgende Begrifflichkeiten zu kennen.

Das gesamte Volumen der Anleihe, sprich das Geld, welches durch die Emission der Anleihen

„eingesammelt" werden soll, wird in gleich große Teilbeträge gestückelt. Diese werden als **Nominal- beziehungsweise Nennwert** bezeichnet und entsprechen meist 100 %, die am Ende an den Anleger zurückgezahlt werden.

Viele Anleihen werden an der Börse gehandelt, sodass die Veräußerung während der Laufzeit zum aktuellen **Kurswert** möglich ist. Die Kurse von Anleihen werden an der Börse in Prozent des Nominal- beziehungsweise Nennwertes notiert. Beispielsweise notiert eine Anleihe mit einem Nennwert von 1.000 Euro bei einem Kurs von 96 %. Daraus ergibt sich ein Kurswert von 960 Euro (Nennwert * Kurs).

Bei dem **Kupon**, handelt es sich um die nominale Verzinsung der Anleihe, die während der gesamten Laufzeit an die Anleger gezahlt wird. Auch die Laufzeit spielt bei Anleihen eine wichtige Rolle und stellt logischerweise die Zeitspanne zwischen dem Zeitpunkt der Emission und dem Laufzeitende dar.

Beispiel:

Ein Unternehmen benötigt dringend Geld, um eine große Investition finanzieren zu können. Es wird sich für die Emission von (Unternehmens-) Anleihen entschieden, um den Bedarf an finanziellen Mitteln für die Investition decken zu können, ohne weitere Kredite bei der Bank aufzunehmen. Insgesamt beträgt der Finanzierungsbedarf und somit das Anlagevolumen 10 Millionen Euro. Der Nenn- beziehungsweise Nominalwert beträgt 1000 Euro, das Anlagevolumen wurde also in 10.000 „Stücke" unterteilt. Der Kupon beziehungsweise Nominalzins beträgt 5 % des Nominalwerts der Anleihe, bei einer Laufzeit von fünf Jahre.

Anleihevolumen: 1.000.000 Euro Nennwert: 1.000 Euro Stückzahl: 10.000 Kupon / Nominalzins: 5 % Laufzeit: 5 Jahre

Jahr		Betrag	Saldo
0	Kauf der Anleihe	-1000 Euro	-1000 Euro
1	Zahlung d. Zinsen (5%)	+ 50 Euro	+ 50 Euro
2	Zahlung d. Zinsen (5%)	+ 50 Euro	+ 100 Euro
3	Zahlung d. Zinsen (5%)	+ 50 Euro	+ 150 Euro
4	Zahlung d. Zinsen (5%)	+ 50 Euro	+ 200 Euro
5	Zahlung d. Zinsen (5%)	+ 50 Euro	+ 250 Euro
5	Rückzahung	+ 1.000 Euro	1.250 Euro

Der Anleger erwirbt eine Anleihe zu dem Nennwert von 1.000 Euro zum Zeitpunkt / im Jahr 0. Da der Kupon beziehungsweise Nominalzins der Anleihe 5% beträgt und nicht verändert werden kann, erhält der Anleger nun jedes Jahr über die gesamte Laufzeit der Anleihe 50 Euro (1.000 Euro * 5 %). In der rechten Spalte der Tabelle (Saldo) werden die Zinserträge aufsummiert. Über fünf Jahre wurde insgesamt 250 Euro an Zinsen erzielt. Durch die Rückzahlung des Nenn- beziehungsweise Nominalwerts der Anleihe zum Ende der Laufzeit, hat der Anleger dann insgesamt 1.250 Euro und somit eine Rendite von 250 Euro erzielt.

Im folgenden Unterkapitel wird ein Blick darauf geworfen, woraus sich der Kurs von Anleihen bildet und wieso dieser Schwankungen unterliegt.

Der Kurs von Anleihen

Wie bereits direkt zu Beginn kurz thematisiert wurde, hat der Marktzins großen Einfluss auf den Wert von Anleihen. Das liegt daran, dass der Emittent der Anleihe vor der Emission derselben die Höhe des (Zins-) Kuponsfestlegt. Dies geschieht in Abhängigkeit von der eigenen Bonität und von dem aktuellen Marktzins. Grundsätzlich bieten Unternehmen und Staaten, die als bonitätsstark gelten, niedrigere Zinsen, dafür aber eine deutlich höhere Sicherheit im Hinblick auf die vollständige Rückzahlung der Anleihe. Nach der Ausgabe beziehungsweise Emission der Anleihe, wird, wie es auch bei Aktien der Fall ist, täglich der aktuelle Marktpreis ermittelt. Dieser ist direkt von dem Marktzins abhängig. Steigt dieser, so verliert der Anleihekurs an Wert, fällt der Marktzins, so gewinnt der Anleihekurs an Wert. Der Grund (für einen fallenden Anleihekurs) ist, dass die Kupons von neuen Anleihen, die noch nicht emittiert wurden, eben diesem gestiegenen Marktzins entsprechen und somit attraktiver für Anleger wären. Diese wechselseitige Beziehung zwischen Zinskupon und Marktzins soll an einem Beispiel erläutert werden, um für Klarheit zu sorgen.

Beispiel – Halten der Anleihe über die gesamte Laufzeit

Investition des Anlegers	Anleihe-Laufzeit	Anleihekurs	Nominalwert beim Kauf	Zinskupon	Marktzins beim Kauf

10.000 Euro	10 Jahre	100 %	100 Euro	5 %	5 %

Die Höhe des Zinskupon zum Zeitpunkt des Kaufs der Anleihe durch den Anleger liegt genau bei dem aktuellen Marktzins. Schwankt der Marktzins nun, so kann die Anleihe nicht mit einer Anpassung des Zinskupons reagieren, da dieser festgelegt ist und nicht verändert werden darf. Dementsprechend werden die Zinsdifferenzen (zwischen Zinskupon und Marktzins) über eine Veränderung des Nominalwerts ausgeglichen. Hält der Anleger die Anleihe bis zu dem Ende der Laufzeit derselben, so hat diese Veränderung des Nominalwerts keine Auswirkungen auf die Geldanlage. In anderen Worten formuliert erhält der Anleger jedes Jahr die Zinsgutschrift in Höhe des Kupons sowie am Ende der Laufzeit den kompletten Nominal- beziehungsweise zurück. Soll die Anleihe jedoch vor dem Ablauf der Laufzeit verkauft werden, spielt der Marktzins eine entscheidende Rolle.

Beispiel – Verkauf der Anleihe nach zwei Jahren bei steigendem Marktzins

Möchte der Anleger, beispielsweise weil er dringend

Geld benötigt, die Anleihe schon nach zwei Jahren verkaufen, so hat der Marktzins Auswirkungen auf die Höhe der Auszahlung. Angenommen dieser steigt nach zwei Jahren von 5% (zum Kaufzeitpunkt) auf 7 % (zum Verkaufszeitpunkt), so sinkt der Kurs der Anleihe. Der Marktzins liegt also2% über dem Zinskupon. Daraus folgt, dass die Zinseinnahmen über die verbleibende Laufzeit beziehungsweise Restlaufzeit der Anleihe (acht Jahre) um insgesamt 16 % (2 %/Jahr * 8Jahre = 16 %) hinter denen von neuen Anleihen liegen, die mit einem Kupon von 7% erworben werden könnten. Der Anleihekurs wird daran angepasst und beträgt folglich 84 % (100 % - 16 % = 84%). Das geschieht schlichtweg, damit andere Anleger, die Interesse an einer Anleihe als Geldanlage haben, nicht durch die niedrige Kuponverzinsung abgeschreckt werden. Diese wird zwar nicht dem Marktzins angepasst, jedoch wird (wie gleich in der Tabelle ersichtlich) dieser Zinsverlust über die verbleibende Laufzeit durch einen günstigeren Kurswert beziehungsweise Kaufpreis ausgeglichen. Der Verkäufer der Anleihe profitiert davon selbstverständlich nicht.

In- vesti-	Zinsk upon	Marktzins (Verkaufs	Anlei- hekurs (Verkaufs	Nom- inal- wert	Kur- swer t der

tion		zeitpunkt)	zeitpunkt)	der Anlei-he	Anle ihe
10.00 0 Eu-ro	5 %	7 %	84 %	10.000 Euro	8.40 0 Eu-ro

Der Anleger erzielt über die zwei Jahre, in denen die Anleihe gehalten wurde, jährliche Zinszahlungen in Höhe von 5% der Investition, also 1000 Euro (2 Jahre * (10.000 Euro * 5 %/Jahr) = 1000 Euro). Durch den frühzeitigen Verkauf der Anleihe lange vor dem Ablauf der Laufzeit und den zu diesem Zeitpunkt aktuellen Marktzins (7%), liegt der Kurswert der Anleihe, zu welchem diese verkauft wird, unter der Investition von 10.000 Euro. Der Gesamtgewinn, der durch den Kauf der Anleihe und den Verkauf derselben nach fünf Jahren erzielt wurde, beträgt dementsprechend die Summe der Zinserträge abzüglich des Kursverlustes. Der Kursverlust ist die Differenz aus der anfänglichen Investition beziehungsweise dem Kaufpreis der Anleihe und dem Kurswert beziehungsweise Verkaufspreis zum

Verkaufszeitpunkt. In diesem Beispiel entspricht der Kursverlust also 1600 Euro (10.000 Euro – 8.400 Euro = 1600 Euro) und der Gesamtgewinn - 600 Euro (1.000 Euro – 1.600 Euro = - 600 Euro).Es wurde also kein Gewinn, sondern viel mehr ein Verlust eingefahren, da die Anleihe lange vor dem Ende der Laufzeit bei einem für den Verkäufer ungünstigen Marktzins an Kurswert verloren hat. Von der Investition in Höhe von 10.000 Euro würden also nur 8.400 Euro wieder zurück zum einstigen Besitzer der Anleihe fließen.

Beispiel – Verkauf der Anleihe nach zwei Jahren bei sinkendem Marktzins

Investition	Zinskupon	Marktzins (Verkaufszeitpunkt)	Anleihekurs (Verkaufszeitpunkt)	Nominalwert der Anleihe	Kurswert der Anleihe
10.000 Euro	5 %	3 %	116 %	10.000 Euro	11.600 Euro

Der Marktzins liegt zum Verkaufszeitpunkt nach Ablauf von zwei Jahren bei 3% und hat somit um 2% verloren, sodass der Zinskupon zwei Prozent über dem Marktzins liegt. Daraus folgt, dass der Kurs der Anleihe an Wert zulegt, damit alte Anleihen für Anleger, die diese erwerben möchten, nicht attraktiver als neue Anleihen sind, die nur noch mit einem Kupon in Höhe des Marktzinses von 3 % verzinst werden. Die Anleihe des Beispiels würde also über die verbleibende Laufzeit von acht Jahren insgesamt 16 % mehr Zinsen erzielen (2 %/Jahr * 8 Jahre = 16 Prozent) als dies bei einer neuen Anlage der Fall wäre. Aus diesem Grund lautet der Anleihekurs bei gesunkenem Marktzins und einer Restlaufzeit der Anleihe von acht Jahren 116 % (100 % + 16 % = 116 %). Für den Besitzer beziehungsweise Verkäufer dieser Anleihe ist das positiv, denn dieser erhält bei dem gegebenen Marktzins (3%) und der Restlaufzeit (acht Jahre) von dem Käufer einen Verkaufspreis von 11600 Euro, also den Kurswert der Anleihe. Dazu werden selbstverständlich die Zinserträge, die während der zwei Jahre erzielt wurden, gerechnet, also insgesamt 1000 Euro (2 Jahre * (10.000 Euro * 5 %/Jahr) = 1.000 Euro). Der Gesamtgewinn beträgt 2.600 Euro (1.000 Euro (Zinserträge) + 1.600 Euro (Kursgewinn) = 2.600 Euro).

Der in den Beispielen genutzte Marktzins ist

heutzutage in Zeiten des Niedrigzins utopisch und wurden hier lediglich zu Zwecken der Veranschaulichung genutzt.

Im vorausgegangenen Unterkapitel wurde viel von dem Marktzins und der wechselseitigen Beziehung zu dem Wert beziehungsweise dem Kurs von Anleihen gesprochen. Doch was ist dieser Marktzins überhaupt und wie bildet sich derselbe? Die Marktzinsen hängen in unmittelbarem Zusammenhang mit der Höhe des Leitzinses, der im Euro-Währungsgebiet von der Europäischen Zentralbank bestimmt wird. Dieser wird jedoch nicht willkürlich festgelegt, sondern unterliegt einigen ökonomischen Kennziffern der Volkswirtschaft. Es wird betrachtet, wie sich die Exporte, Importe und die Geldmenge entwickeln, auf welchem Niveau sich die Konjunktur befindet und wie allgemein die wirtschaftliche Lage zu bewerten ist. Auch die Inflationsrate wird von der Zentralbank bei der Ermittlung des Leitzinses berücksichtigt. Aus diesem Grund sind die Zinsen für Anleihen stark von der monetären sowie konjunkturellen Situation der jeweiligen Volkswirtschaft abhängig.

Die Arten von Anleihen im Überblick

Es gibt viele verschiedene Arten von Anleihen, die

hier nun kurz vorgestellt und hinsichtlich ihrer Besonderheiten untersucht werden sollen. Zunächst werden diese jedoch in vier Kriterien unterteilt.

Kriterium: Art des Emittenten

Der Emittent einer Anleihe kann, wie bereits mehrmals erwähnt, ein Staat aber auch ein Unternehmen sein. Der erste gibt dementsprechend Staatsanleihen aus, während das zweite Unternehmensanleihen. Einen gravierenden Unterschied gibt es zwischen diesen Anleihen nicht. Oft ist es jedoch so, dass Unternehmensanleihen höher verzinst werden, da das Risiko eines Zahlungsausfalls deutlich höher ist als bei einem Staat. Im Hinblick auf die letzte Finanzkrise wurde jedoch ersichtlich, dass auch Staaten nicht mehr in der Lage waren, den Anlegern zum Ende des Anleihezeitraums die volle Höhe der Investition zurückzuzahlen. Dementsprechend besteht auch hier ein Risiko, es kommt dabei natürlich auf den Staat an. Anleihen von hochverschuldeten Staaten versprechen hohe Renditen, bergen jedoch das Risiko eines Zahlungsausfalls und somit dem Verlust der Investition.

Kriterium: Bonität

Des Weiteren werden Anleihen im Hinblick auf ihre Bonität, sprich Zahlungsfähigkeit unterschieden. Anleihen mit erstklassiger Bonität, die sogenannten High Grade Bonds, bieten den Anlegern hohe Sicherheit, jedoch weniger hohe Zinskupons. Im Gegensatz dazu stehen die High Yield Bonds, also Anleihen mit niedriger Bonität. Diese „Schrottanleihen“ befinden sich im hoch spekulativen Bereich und locken Anleger mit höheren Zinskupons. Dementsprechend ist das Risiko für Anleger hoch, die gesamte Investition zu verlieren.

Kriterium: Art der Zinszahlungen

Es existieren Anleihen, bei denen der Anleger keinen Zinskupon und somit auch keine Zinserträge erhält. Daher rührt der Name dieser Anleihen: **Nullkupon-Anleihe oder Zero Bond**. Der Anleger erhält zum Ende der Laufzeit dann den Nennwert zurückgezahlt. Allerdings wird der Zero Bond unter dem Nennwert gekauft, sodass hier trotz des fehlenden Kupons ein Gewinn erzielt werden kann, nämlich die Differenz des Anleihekurses zum Kauf- und Verkaufszeitpunkt.

Die häufigste Form von **Anleihen** stellen diese dar, die **mit fester Zinszahlung** ausgestattet sind. Die

Laufzeit ist vorher definiert sowie auch die Verzinsung in Höhe des Kupons.

Des Weiteren gibt es **Anleihen mit variabler Verzinsung**. Ein Vorteil dieser ist der Schutz vor Zinsänderungen, die sich nachteilig auf den Anleger beziehungsweise dessen Investition auswirken können (siehe Beispiele im Unterkapitel 5.2.3).

Kriterium: Beinhaltete Rechte

Ebenso unterscheiden sich Anleihen hinsichtlich der beinhalteten Rechte. Erwirbt ein Anleger eine **Wandelanleihe**, so hat dieser das Recht diese Anleihe innerhalb eines vorher definierten Zeitraums und ebenso in einem vorher bestimmten Verhältnis in Aktien zu tauschen beziehungsweise zu wandeln. Großer Vorteil von Wandelanleihen ist, dass diese die Möglichkeit bieten, von aufstrebenden Aktienkursen zu profitieren, da das Tausch- beziehungsweise Wandelverhältnis vorher festgelegt wurde und es möglich macht, die Aktien zu einem günstigen Preis zu erwerben, obwohl der Aktienkurs bereits deutlich über diesen Preis gestiegen ist. Dies ist allerdings auch der Grund für die niedrigere Verzinsung von Wandelanleihen.

Umtauschanleihen können, wenn es der Anleger

wünscht, in Aktien eines anderen Unternehmens umgetauscht werden.

Bei **Hybridanleihen** hängen die Zinszahlungen stets von dem wirtschaftlichen Erfolg des ausgebenden Unternehmens ab, sodass diese für den Emittenten eine Mischung aus Eigen- und Fremdkapital darstellen.

Die Risiken von Anleihen

In diesem Kapitel sollen die Risiken, die sich für Anleger bei dem Kauf einer Anleihe ergeben, beleuchtet werden.

Das Zinsänderungsrisiko

Die Auswirkungen auf den Kurs und somit den Wert einer Anleihe während der Laufzeit, wurde bereits ausführlich erläutert, weshalb hier nun darauf verzichtet werden soll. Wird die Anleihe über die gesamte Laufzeit gehalten, so hat ein veränderter Marktzins keinen Einfluss. Kommt es allerdings dazu, dass die Anleihe während der Laufzeit bei einem veränderten Marktzins verkauft werden soll, so kann diese je nachdem, ob der Marktzins gestiegen oder gesunken ist, negative oder positive Auswirkungen haben.

Das Bonitätsrisiko oder Emittentenrisiko

Das Risiko der Zahlungsunfähigkeit des Emittenten der Anlage kann ebenfalls dazu führen, dass dieser seinen Zahlungsverpflichtungen (Zinszahlungen und Rückzahlung der Investition des Anlegers) nicht mehr nachkommen kann. Sogenannte Rating-Agenturen bewerten die Bonität von Emittenten fortlaufend. In der nachfolgenden Tabelle sind die Bewertungen von drei wichtigen, internationalen Rating-Agenturen (Standard & Poor's, Moodys, Fitch) gelistet.

Bonitätsbewertung nach Rating-Agentur	S&P	Moodys	Fitch
Sehr gute Anleihen	AAA	Aaa	AAA
	AA+ AA AA-	Aa1 Aa2 Aa3	AA+ AA AA-
Gute Anleihen	A+ A	A1 A2	A+ A

	A-	A3	A-
	BBB+ BBB BBB-	Baa1 Baa2 Baa3	BBB+ BBB BBB-
Spekulative Anleihen	BB+ BB BB-	Ba1 Ba2 Ba3	BB+ BB BB-
	B+ B B-	B1 B2 B3	B+ B B-
sehr schlechte Anleihen	CCC CC C	Caa Ca C	CCC CC C
Zahlungsausfall	D	–	D

Die Anleihen von Unternehmen mit schlechter Bonität zählen stets mit höheren Zinskupons beziehungsweise höherem Nominalzins.

Das Inflationsrisiko

Übersteigt die Inflationsrate die (nominale) Rendite einer Anleihe, so kommt es dazu, dass die reale Rendite in extremen Fällen negativ wird oder, in weniger extremen Fällen durch die Inflationsrate reduziert wird. In anderen Worten formuliert, ist das Inflationsrisiko die Unsicherheit über die wirkliche, reale Höhe der Zinszahlungen in der Zukunft.

Das Kündigungsrisiko

Meist in Zeiten hoher Marktzinsen, entscheiden sich Unternehmen dazu, von ihrem Recht gebrauch zu machen und die Emissionsbedingungen so zu gestalten, dass die Anleihe einseitig gekündigt werden kann. Sinkt nämlich der Marktzins, so ist die Ausgabe von neuen Anleihen mit geringerer Zinslast für den Emittenten günstiger.

Das Währungsrisiko

Handelt es sich um eine Fremdwährungsanleihe, die beispielsweise in US-Dollar notiert ist, so besteht ein Währungsrisiko. Kommt es zu einer Aufwertung des US-Dollars gegenüber dem Euro, so werden höhere Gewinne erzielt. Andersherum verhält es sich bei einer Abwertung des US-Dollar gegenüber dem Euro.

Anleihen und die Möglichkeiten für Anleger

Neben den Risiken, denen sich Anleger aussetzen, wenn diese eine Anleihe erwerben, bieten diese natürlich auch die Möglichkeit, Geld gewinnbringend anzulegen, sonst wäre es schließlich keine beliebte Geldanlage.

Wie es bereits aus dem vorangehenden Text und den Beispielen hervorgegangen ist, bieten Anleihen den Anlegern **regelmäßige Zinszahlungen**, außer bei den Zero Bonds. Außerdem kann von **Kursgewinnen** profitiert werden, die sich dann auszahlen, wenn die Anleihe vor dem Ablauf der Laufzeit verkauft wird. Sinkt also der Marktzins, so steigt der Kurswert. Wird die Anleihe hingegen bis zu dem Ende der Laufzeit gehalten, so erhalten die Anleger 100 % des Nennwerts zurückgezahlt. Zero Bond Anleihen werden unter dem Nennwert gekauft und zum Ende der Laufzeit dann zu einem Nennwert von 100 % zurückgezahlt. Der Gewinn berechnet sich in diesem Fall aus der Differenz des Kaufpreises (unter dem Nennwert) und der Rückzahlung (100 % des Nennwerts).

Dem Währungsrisiko stehen die **Währungsgewinne** gegenüber. Werden Fremdwährungsanleihen erworben, so können Anleger in Abhängigkeit von der

Devisenkurs-Entwicklung, zusätzlich zu den Zinszahlungen und Kursgewinnen, Währungsgewinne erzielen.

Wo werden Anleihen gekauft und verkauft?

Wie es auch bei Aktien und exchange traded funds der Fall ist, werden Anleihen an der Börse gehandelt. Ein Großteil derselben wird jedoch auch außerbörslich gehandelt. Über das Depot eines online Brokers oder einer Direktbank können Anleger in Anleihen von Unternehmen investieren.

Es bestehen zwei Möglichkeiten, Anleihen zu erwerben. Ein Kauf ist bereits **vor der Neuemission** der Anleihe möglich, sprich bevor diese erstmalig ausgegeben wird. Das geschieht am **Primärmarkt**. Allerdings sind diese Neuemissionen meist institutionellen Anlegern vorbehalten, sodass Privatanleger Anleihen auf dem **Sekundärmarkt** kaufen. Das kann entweder**außerbörslich oder an der Börse** geschehen. Anders als bei Aktien kaufen Anleger hier keine gewisse Stückzahl, sondern legen einen Anlagebetrag fest. Wie bereits erwähnt wird der Kurs von Anleihen nicht wie bei Aktien in Euro, US-Dollar oder einen anderen Währung angegeben, sondern in Prozent in Bezug auf den Nennwert.

Um die Zuordnung von Wertpapieren zu vereinfachen, hat jede Anleihe (ebenso wie jede Aktie und jedes Zertifikat) eine sogenannte ISIN- oder WKN-Nummer. Die WKN-Nummer erhält jede Aktie, die an einer deutschen Börse notiert ist und steht für Wertpapierkennnummer. Diese setzt sich aus sechs Zeichen (Zahlen und (Groß-) Buchstaben) zusammen. Bei der ISIN-Nummer handelt es sich um eine internationale Wertpapierkennnummer die für International Securities Identification Number steht. Die ISIN setzt sich aus 12 Stellen zusammen und beginnt stets mit einem Länderkürzel, beispielsweise DE für Aktiengesellschaften aus Deutschland oder US für solche aus den Vereinigten Staaten. Beide Kennnummer helfen den Anlegern dabei, beispielsweise auf der Internetseite des online Brokers die Aktie der Wahl im Handumdrehen zu finden.

Die Auswahl der Anleihe

Nun, da der Leser bereits die wichtigsten Informationen rund um das Thema Anleihen erhalten hat, soll ein Blick darauf geworfen werden, wie Anleger die richtige Anleihe auswählen. Wie auch bei Aktien und ETFs ist zunächst wichtig, dass sich für einen online Broker oder eine Direktbank entschieden wird, bei denen sich die Kosten in Form der Ordergebühren, Depot- und Transaktionskosten in Grenzen halten.

Sinnvoll ist es allemal, einen umfangreichen Vergleich mehrerer Anbieter anzustellen, um zu verhindern, dass die Renditen durch Gebühren (deutlich) vermindert werden.

Hinweis Auf dem Primärmarkt werden Aktien und Anleihen ausgegeben, sodass diese dort erstmals erworben werden können. Der Sekundärmarkt hingegen beinhaltet Aktien und Anleihen, die bereits im Umlauf sind. Deswegen wird auch vom Umlaufmarkt gesprochen. Auf diesem können dementsprechend Aktien und Anleihen erworben und veräußert werden. Wichtig ist festzuhalten, dass der Sekundär- oder Umlaufmarkt nicht nur den Handel an der Börse, sondern auch den außerbörslichen Markt umschließt.

Die Auswahlkriterien für Anleihen

Die größte Aussagekraft über den Wert von Anleihen gibt die Rendite. Es sollte sich also zunächst Gedanken über die Rendite-Erwartungen gemacht werden. Diese ist neben der Höhe des Zinskupons auch abhängig von der Länge der Laufzeit sowie dem Kauf- und Rückkaufkurs. Wird beabsichtigt, die Anleihe vor dem Ende der Laufzeit zu veräußern, so müssen auch das zu diesem Zeitpunkt gegebene

Marktzinsniveau und die Restlaufzeit der Anleihen beachtet werden, die schließlich großen Einfluss auf den Kurswert im Rahmen eines frühzeitigen Verkaufs haben.

Neben diesen allgemeinen Kennzahlen, ist es von Bedeutung zu schauen, ob der Emittent zahlungsfähig ist. Ist dem nicht so, so kommt es vor, dass das Unternehmen aufgrund finanzieller Schwierigkeiten nicht in der Lage ist, den Nennwert der Anleihe zum Laufzeitende zurückzuzahlen. Die Bewertungen von Rating-Agenturen helfen dabei, **die Bonität des Unternehmens** einschätzen zu können. Grundsätzlich bieten Unternehmen, die von den Rating-Agenturen mit A oder besser bewertet wurde, eine vergleichsweise sichere Form der Geldanlage.

Ebenso sollte unbedingt darauf geachtet werden, dass die Anleihe der Wahl nicht in einer schwachen **Währung** ausgegeben wird. Dies kann durch stark schwankende Währungskurse zu großen Verlusten führen, Stichwort Währungsrisiko. Andersherum können so auch hohe Gewinne erzielt werden, für Anfänger empfiehlt sich diese Vorgehensweise des Spekulierens auf Währungsgewinne jedoch keinesfalls.

Auch die Handelbarkeit der Anleihe an der Börse

sollte eine Rolle bei der Wahl der Anleihe spielen. Dafür ist eine **hohe Liquidität** erforderlich, die Aufschluss über die Anzahl der sich im Umlauf befindenden Anleihen gibt. Es die Liquidität nicht ausreichend gegeben, so erhöht sich das Liquiditätsrisiko. Die Anleihe kann dementsprechend nicht schnell wieder verkauft werden, wodurch sich Verluste durch Kursabschläge ergeben. Auch die **Stückelung der Anleihe** ist entscheidend für deren Handelbarkeit. Ist eine Anleihe bereits zu einem Nennwert von 1000 Euro zu erwerben, so gestaltet sich auch der Verkauf schneller, weil es mehr Interessenten gibt, als dass es bei Anleihen mit höheren Nennwerten der Fall wäre. Grundsätzlich weisen Anleihen mit einem Anlagevolumen ab einer Milliarde Euro eine gute Handelbarkeit auf. Daran sollte sich dementsprechend orientiert werden.

Fazit zu Anleihen als Geldanlage

Anleihen haben im Vergleich zu Aktien einige Vor- aber auch Nachteile, die hier im direkten Vergleich aufgezeigt werden sollen.

Während **Aktien** den Anlegern die Chance auf **höhere Renditen** geben, zeichnen sich **Anleihen** (natürlich stets in Abhängigkeit von der Risikoklasse) dadurch aus, dass diese **feste und regelmäßige Zinserträge** bieten. Bei Aktien wiederum sind Kursanstiege nicht garantiert und auch die Ausschüttung von Dividenden ist im Normalfall an den wirtschaftlichen Erfolg des Unternehmens gebunden. Ist die Aktiengesellschaft erfolgreich, so ergeben sich für die Aktionäre **doppelte Renditechancen (Kursgewinne und Dividenden)**. Auch Anleger, die Anleihen besitzen, können von **Kursschwankungen** profitieren, die sich immer dann ergeben, wenn sich der **Marktzins** ändert. Allerdings können sich diese Schwankungen auch negativ auswirken, wenn die Anleihe vor Ende der Laufzeit verkauft werden soll und die Marktzinsen gestiegen sind. Bei Anleihen gelten die Zinszahlungen als sicher, jedoch nur, wenn das Unternehmen über ausreichend Bonität verfügt. Vorteilhaft an **Aktien** ist, dass die **Auswahl deutlich größer** ist. Allerdings ist auch der **Zeitaufwand**, der im Rahmen der Verwendung einer Strategie, was äußerst zu empfehlen ist, deutlich höher als bei Anleihen. Die letzten werden gekauft, über die gesamte Laufzeit gehalten oder während derselben veräußert. Anpassungen des Depots sind bei Anleihen nicht nötig, bei Aktien jedoch schon, sollte es die genutzte Strategie verlangen. Aktien sind des Weiteren relativ sicher vor einer Inflation, während Anleihen dem **Inflationsrisiko** unterliegen, welches die Rendite deutlich schmälern kann.

Zusammenfassend lässt sich feststellen, dass Anleihen (bonitätsstarker Staaten und Unternehmen) über einen kurzen Anlagehorizont im Vorteil sind, auch wegen des geringen zeitlichen Aufwands. Wichtiger Einflussfaktor ist der Marktzins, der sich momentan auf einem sehr niedrigen Niveau befindet, was darauf schließen lässt das die Anleihenmärkte gesättigt sind. Im Moment ist also grundsätzlich eher von dem Kauf einer Anleihe abzuraten. Wird sich dennoch für diese Form der Geldanlage entschieden, so sollte die Laufzeit möglichst kurz gewählt werden, um das Zinsänderungsrisiko gering zu halten. Auch die Bewertungen der Rating-Agenturen spielen eine wichtige Rolle und geben Auskunft über die Zahlungsfähigkeit des Emittenten. Vor allem vor dem Hintergrund eines langfristigen Anlagehorizonts sind Aktien die deutlich bessere und renditestärkere wenn auch zeitaufwändigere Alternative für Anleger.

Zertifikate

Im Unterkapitel 2.1.3 bereits kurz vorgestellt, stellen Zertifikate ebenfalls ein Finanzprodukt, welches an der Börse gehandelt wird, dar. Anleger profitieren dabei von der Entwicklung eines Basiswerts, beispielsweise einer Aktie oder einem Aktien-Index. Grundsätzlich geben Banken die Zertifikate aus. Als Gegenleistung für die Ausgabe eines Zertifikats beziehungsweise den Kauf desselben durch den Anleger, erhält die jeweilige Bank Geld. Deshalb handelt es sich um eine Inhaberschuldverschreibung. Zertifikate ermöglichen es Anlegern, Anlagestrategien an der Börse durchzuführen. Festzuhalten ist hier jedoch, dass der Handel mit Zertifikaten nicht von absoluten Neulingen getätigt werden sollte. Zertifikate können auf zwei Wegen erworben werden. Die erste besteht darin, das Zertifikat direkt nach dessen Herausgabe bei der Bank zu gekaufen. Die zweite Möglichkeit ist, dasselbe an der Börse zu dem aktuellen Kurs zu erwerben. Dafür ist ein Depot bei einem online Broker oder einer Direktbank erforderlich.

Die Arten dieses Finanzprodukt werden nun im nächsten Absatz kurz vorgestellt.

Die Arten von Zertifikaten

Es gibt verschiedene Arten beziehungsweise Einsatzmöglichkeiten für Zertifikate, die Anleger kennen sollten.

Discount-Zertifikate

Diese sind die am weitesten verbreitetsten unter den Zertifikaten und eignen sich für weniger risikobereite Anleger. Diese haben stets eine feste Laufzeit. Der Begriff Discount kommt daher, dass diese Zertifikate mit einem Rabatt gekauft werden können. Als Ausgleich für den Kaufpreis des Discount-Zertifikats, der unter dem Kurs des Basiswerts liegt, verzichten die Anleger auf die mögliche Ausschüttung von Dividenden. Das Zertifikat auf eine Aktie wird von einem Anleger (beispielsweise) für 35 Euro erworben, obwohl der aktuelle Aktienkurs gerade bei 65 Euro liegt. Unbedingt zu erwähnen ist hier der sogenannten Cap, der Höchstbetrag des Aktienkurses. Hier, für dieses Beispiel soll der Cap bei 79 Euro liegen. Liegt der Aktienkurs zum Ende der Laufzeit des Zertifikats überhalb dieses Höchstbetrags (Cap) von 79 Euro, so erhält der Anleger trotzdem nur den Höchstbetrag, da dieser als eine Art Ausgleich für den Discount die erzielbare Wertsteigerung deckelt. Befindet sich der Kurs der Aktie jedoch unterhalb des Cap, so kann der Anleger entweder eine Aktie oder den Gegenwert derselben in Geld verlangen.

Discount-Zertifikate eignen sich also vor allem für solche Basiswerte, die stabil seitwärts tendieren, sprich keine große Kursveränderungen zustande kommen. Um zu dem Beispiel zurückzukommen würde eine Seitwärts-Entwicklung des Kurses bedeuten, dass dieser in etwa bei 65 Euro bleibt und der Anleger somit zum Ende der Laufzeit des Zertifikats die Aktie erhält und für 65 Euro verkaufen kann, obwohl für diese dank dem Discount-Zertifikat nur 35 Euro gezahlt wurden. Natürlich sind auch Verluste möglich, wenn der Kurs rapide an Wert verliert und unterhalb des Kaufpreises für das Zertifikat fällt.

Zusammenfassend lässt sich feststellen, dass Discount-Zertifikate eine spannende Alternative für den Erwerb von Basiswerten darstellen. Der Rabatt bei dem Kauf desselben schützt den Anleger bis zu einem gewissen Punkt (Preis des Zertifikats) vor Kursverlusten des Basiswerts, wie zum Beispiel einer Aktie.

Abschließende Worte zu Discount-Zertifikaten

Wie bereits angemerkt, sind Discount-Zertifikate eine interessante Alternative zu der Investition in Aktien, da diese erhöhte Sicherheit bieten. Dementsprechend sind die Gewinne durch den Höchstbetrag (Cap) gedeckelt. Durch den niedrigen, heruntergesetzten Preis, der für das Zertifikat gezahlt werden muss, sind Anleger von (kleinen) Kursverlusten geschützt.

Garantie-Zertifikate

Auch bei den Garantie-Zertifikaten handelt es sich um ein sehr sicheres Finanzprodukt. Wie es der Name bereits ein Stück weit verrät, beinhalten diese Zertifikate eine Garantie, die dem Anleger die Rückzahlung des eingesetzten Kapitals zum Laufzeitende zusichert. Auch hier liegen dem Zertifikat Basiswerte zugrunde, an deren Entwicklung bis zu einem bestimmten Prozentsatz partizipiert wird. Die Garantie gibt es natürlich nicht kostenlos, denn es kann nicht in vollem Umfang an Kursgewinnen partizipiert werden. Ein Beispiel soll die Funktionsweise von diesen Zertifikaten verdeutlichen.

Ein Anleger investiert 1000 Euro in ein Garantie-Zertifikat. Dieses ermöglicht, eine Beteiligung an dem Kursgewinn in Höhe von 90 %. Allerdings ist eine Ausgabegebühr zu zahlen, die um ein Beispiel zu nennen, bei 25 Euro liegt. Steigt der Kurs des Basiswerts nun um 10 %, so wird der Anleger mit 90 % an diesem Kursgewinn beteiligt. Dieser erhält dementsprechend 90 Euro. Die Rendite wird dann ermittelt, indem die Ausgabegebühr von dem Kursgewinn subtrahiert wird. Hier im Beispiel 90 Euro – 25 Euro = 65 Euro.

Abschließende Worte zu Garantie-Zertifikaten

Für sicherheitsorientierte Anleger, die gleichzeitig vergleichsweise hohe Renditen erzielen möchten, sind die Garantie-Zertifikate zu empfehlen. Anders als bei den Discount-Zertifikaten, wird dem Anleger garantiert, dass dieser die volle Höhe der Investititon am Ende der Laufzeit zurückerhält. Verluste können jedoch trotzdem gemacht werden, da in aller Regel eine Ausgabegebühr berechnet wird. Liegt die Rendite unterhalb der Ausgabegebühr, so wird ein Verlust erzielt. Die Renditemöglichkeiten sind unbegrenzt, sodass Anleger von Kursgewinnen profitieren. Im Vergleich zu einer Direktinvestition in Aktien, wo kein Ausgabeaufschlag berechnet wird, sind die Renditemöglichkeiten selbstverständlich geringer, gleichzeitig jedoch auch die Verlustmöglichkeiten um Einiges niedriger. Von einem Verkauf des Garantie-Zertifikats vor dem Ende der Laufzeit ist allerdings abzusehen, denn dann besteht das Risiko, das der festgelegte Kapitalschutz beziehungsweise die Garantie über die Rückzahlung nicht mehr greift und so höhere Verluste eingefahren werden.

Bonus-Zertifikate

Die Funktionsweise von Bonus-Zertifikaten ist, wie auch bei allen anderen Zertifikaten, so, dass sich diese auf einen bestimmten Basiswert, Aktien, Anleihen, etc., beziehen. Anders als bei den Discount-Zertifikaten gibt es hier allerdings keine Höchstgrenze (Cap), die die möglichen Gewinne deckelt. Die Begriffe Bonus- und Sicherheritsschwelle spielen bei Bonus-Zertifikaten allerdings eine wichtige Rolle. Um dem Leser aufzuzeigen, wie ein solches Zertifikat funktioniert, macht eine Veranschaulichung anhand eines Beispiels Sinn.

Beispiel:

Ein Anleger erwirbt ein Bonus-Zertifikat mit einer Aktie als Basiswert. Der aktuellen Kurs derselben beträgt 60 Euro. Die im Bonus-Zertifikat festgelegte Sicherheitsschwelle beträgt 50 Euro und die Bonusschwelle wurde auf 70 Euro festgelegt. Je nach dem, wie sich der Kurs des Basiswerts entwickelt, ergeben sich verschiedene Szenarien. An der Zahl sind es drei, denn der Aktienkurs könnte steigen, leicht fallen beziehungsweise stagnieren oder stark fallen. Zu betrachten sind hier die Bonus- sowie die Sicherheitsschwelle.

1. Fall – Steigender Aktienkurs

Steigt der Aktienkurs und liegt am Laufzeitende über der Bonusschwelle, so erhält der Anleger den jeweiligen Kurs ausgezahlt. Notiert der Basiswert also bei

71 Euro, bekommt der Anleger diese Summe. Da es hier, wie bereits angemerkt, keine Höchstgrenze (Cap) gibt, sind die Gewinnmöglichkeiten nicht gedeckelt, sodass es keine Grenze gibt.

2. Fall – Leicht fallender Aktienkurs

Fällt der Aktienkurs nur leicht, beispielsweise von 60 Euro (Kurs zum Zeitpunkt des Zertifikat-Kaufs) auf 55 Euro, so liegt dieser noch überhalb der Sicherheitsschwelle. Ist es außerdem so, dass die Sicherheitsschwelle über die gesamte Laufzeit nicht unterschritten wurde, so erhält der Anleger zum Laufzeitende die Bonusgrenze, sprich 60 Euro, ausgezahlt.

3. Fall – Stark fallender Aktienkurs

Fällt der Aktienkurs zu einem beliebigen Zeitpunkt während der Laufzeit des Bonus-Zertifikats unter die Sicherheitsgrenze, so erhält der Anleger den Kurs, der zum Stichtag am Laufzeitende notiert. Für dieses Beispiel bedeutet dies, dass, wenn der Aktienkurs zu einem beliebigen Zeitpunkt unterhalb der Sicherheitsschwelle notiert, die Bonusschwelle nicht mehr gezahlt wird, sondern der Kurs zum Stichtag. Notiert die Aktie also bei 49,99 Euro zum Stichtag, so erhält der Anleger diesen Kurs. Notiert der Aktienkurs hingegen bei 55 Euro, so erhält der Anleger diesen Betrag. Wäre der Kurs, um dies noch ein Mal zu veranschaulichen nicht zu einem beliebigen Zeitpunkt unter die Sicherheitsschwelle gefallen, so würde dem Anleger die Bonusschwelle (hier 60 Euro) ausgezahlt werden.

Abschließende Worte zu Bonus-Zertifikaten

Diese Art Zertifikate eignen sich vor allem für solche Anleger, die im Rahmen der Aktienanalyse festgestellt haben, dass eine positive Kursentwicklung wahrscheinlich ist. An dieser kann uneingeschränkt partizipiert werden, denn ein deckelnder Höchstbetrag existiert hier nicht. Der Vorteil an Bonus-Zertifikaten ist, dass Anleger auch dann profitieren, wenn sich der Kurs des Basiswerts seitwärts oder leicht nach unten entwickelt. Wie im Beispiel veranschaulicht, dient die Sicherheitsschwelle als Puffer, der das Risiko begrenzt. Der Anleger ist somit ein Stück weit vor fallenden Kursen geschützt. Vor dem Kauf eines Bonus-Zertifikats ist es logischerweise unerlässlich, sich genau über die zu erwartenden Kursbewegungen der Aktie beziehungsweise des Basiswerts zu informieren. Tendiert der Kurs hin zu der Sicherheitsschwelle, so sollte auf ein Zertifikat mit diesem Basiswert verzichtet werden und stattdessen ein solcher mit positiven Erwartungen hinsichtlich des Kurses gewählt werden.

Grundsätzlich sind Bonus-Zertifikate auch etwas für absolute Börsenneulinge, die das Risiko begrenzen und trotzdem attraktive Renditen in Form der Bonusschwelle oder gar über derselben in Aussicht stellen. Wie bei allen Zertifikaten ist es natürlich so, dass der Inhaber des Zertifikats nicht an Dividenden beteiligt wird und auch kein Stimmrecht erhält.

Hebel-Zertifikate

Erwerben Anleger ein Hebel-Zertifikat (auch oft als Knock-Out-Zertifikat bezeichnet), so bietet dieses Chancen auf hohe Renditen, allerdings auch auf hohe Verluste. Aus diesem Grund sollten sich nur erfahrene Anleger dafür entscheiden, ein Hebel-Zertifikat zu erwerben. Die Wertentwicklung des Zertifikats liegt dabei überproportional zu der des Basiswerts, daher kommt der Name desselben. Der Hebel ist bereits vorher definiert und bestimmt das Verhältnis der Entwicklung des Basiswerts im Vergleich zu dem Hebel-Zertifikat. Es exisiteren Hebel-Zertifikate, mit denen Anleger auf steigende Kurse setzen können, sogenannte Calls. Des Weiteren besteht auch die Möglichkeit von fallenden Kursen zu profitieren, sogenannte Puts. Auch das Bezugsverhältnis, die Knock-Out-Schwelle und das vom Emittenten des Zertifikat verlangte Aufgeld spielen eine wichtige Rolle bei Hebel-Zertifikaten.

Ein Beispiel soll diese Zertifikate nun besser verständlich machen.

Beispiel:

1. Call-Hebel-Zertifikat

Auch in diesem Beispiel liegt dem (Hebel-) Zertifikat eine Aktie als Basiswert zugrunde, deren Kurs bei 900 Euro notiert. Die Knock-Out-Schwelle liegt bei 800 Euro, das Aufgeld bei 10 Euro und das Bezugsverhältnis bei 1 %. Da es sich um ein Call-Hebel-Zertifikat handelt, spekuliert der Anleger auf steigende Kurse, an denen dieser durch den Hebel überproportional verdienen möchten. Die Berechnung für den Wert von Call-Hebel-Zertifikaten wird über die folgende Formel angestellt:

*Wert d. Hebel-Zertifikats = ((Aktueller Basiswert-Kurs + Aufgeld) – Knock-Out-Schwelle) * Bezugsverhältnis*

Die oben angegebene Formel wird nun dazu genutzt,

den Wert des Zertifikats zu bestimmen.

*Wert d. Hebel-Zertifikatis = ((900 Euro + 10 Euro) – 800 Euro) * 0,01 = 1,10 Euro*

Direkt nach der Ausgabe des Zertifikats beträgt der Wert desselben 1,10 Euro.

Tritt nun der gewünschte Fall einer positiven Wertentwicklung der Aktie ein, steigt diese beispielsweise von 900 Euro auf 1000 Euro, so wird erneut der Wert des Zertifikats ermittelt.

*Wert d. Hebel-Zertifikatis = ((1000 Euro + 10 Euro) – 800 Euro) * 0,01 = 2,10 Euro*

Der Aktienkurs stieg insgesamt um 11 % (von 900 Euro auf 1000 Euro), während der Wert des Hebel-Zertifikats gleichzeitig von 1,10 Euro auf 2,10 Euro anstiegt. Somit um fast 91 % an Wert gewonnen hat.

Kommt es jedoch vor, dass der Aktienkurs sich nicht so entwickelt, wie erwartet, also beispielsweise von 900 Euro auf 860 Euro fällt, so ist der Verlust der mit dem Hebel-Zertifikat eingefahren überproportional hoch:

*Wert d. Hebel-Zertifikatis = ((860Euro + 10 Euro) – 800 Euro) * 0,01 = 0,70 Euro*

Das Zertifikat hat also um 36 % (von 1,10 Euro auf 0,70 Euro) an Wert eingebüßt, während der Basiswert lediglich ca. 4,4 % (von 900 Euro auf 860 Euro) verloren hat.

Wird die zuvor definierten Knock-Out-Schwelle „berührt" beziehungsweise unterschritten, kommt es dazu, dass der Handel mit diesem Zertifikat eingestellt wird und sich für den Anleger ein Totalverlust ergibt.

2. Put-Hebel-Zertifikat

Hier gehen die Anleger von fallenden Kursen des Basiswerts aus. Der Kurs des Basiswerts (Aktie) beträgt, wie im vorherigen Beispiel, 900 Euro. Die Knock-Out-Schwelle wird auf 1000 Euro festgelegt, die nicht überschritten werden darf. Das Bezugsverhältnis beträgt erneut 1 % und das Aufgeld 10 Euro. Die Formel, die verwendet wird, um den Wert von Put-Hebel-Zertifikaten zu ermitteln ist die folgende:

*Wert d. Put-Hebel-Zertifikats = (Knock-Out-Schwelle – (aktueller Basiswert-Kurs + Aufgeld)) * Bezugsverhältnis*

Der Wert des Put-Hebel-Zertifikats des Beispiels ist also:

*Wert d. Put-Hebel-Zertifikats = (1000 Euro – (900 Euro + 10 Euro)) * 0,01 = 0,90 Euro*

Tritt nun tatsächlich der Fall ein, dass der Kurs der Aktien, also des Basiswerts, fällt, beispielsweise um 100 Euro auf 800 Euro, so entwickelt sich der Wert des Put-Hebel-Zertifikats wie folgt:

*Wert d. Put-Hebel-Zertifikats = (1000 Euro – (800Euro + 10 Euro)) * 0,01 = 1,90 Euro*

Der Wert beziehungsweise Kurs der Aktie hat um 11 % verloren, während der Wert des Zertifikats um 111,11 % gestiegen ist.

Kommt es jedoch dazu, dass der Aktienkurs unerwartet steigt, beispielsweise auf 950 Euro, so sorgt der Hebel für einen Verlust:

*Wert d. Put-Hebel-Zertifikats = (1000 Euro – (950Euro + 10 Euro)) * 0,01 = 0,40 Euro*

Während der Kurs des Basiswerts um 5,56 % (von 900 Euro auf 950 Euro) steigt, verliert das Zertifikat um 55,56 % (von 0,90 Euro auf 0,40 Euro).

Die Vor- und Nachteile von Zertifikaten im Überblick

Im direkten Vergleich zu einer Direktinvestition in Aktien, bieten einige (bei Weitem nicht alle) Zertifikate den Vorteil, dass die Verluste begrenzt sind. Festzuhalten ist hier, dass diese **Verlustbegrenzung**, beispielsweise des Garantie-Zertifikats, nicht kostenlos ist. Anleger, die (Aktien) Zertifikate erwerben, **verzichten stets auf das Mitbestimmungsrecht** und vor allem auf die **Ausschüttung von Dividenden**. Ein weiterer Nachteil im Vergleich zu einer Direktinvestition in Aktien besteht darin, dass oftmals ein **Ausgabeaufschlag** berechnet wird. Für die Führung des Depots werden, wie auch für das Aktien-Depot, Gebühren erhoben, die von Broker zu Broker unterschiedlich sind und aus diesem Grund vergleichen werden sollten. Die Herausgeber der Zertifikate berechnen den Anlegern in manchen Fällen außerdem die sogenannte **Innenprovision**, eine Art Vermittlungsgeld.

Fazit zu den vorgestellten Zertifikaten

Die vier hier vorgestellten Zertifikate, Discount-, Bonus-, Garantie- und Hebelzertifikate, eignen sich für Anleger mit unterschiedlicher Risikobereitschaft. Die ersten drei eignen sich für sicherheitsorientierte

Anleger, die sich ein Stück weit durch die Zertifikate vor Kursverlusten des Basiswerts schützen und dennoch ansehnliche Rendite erzielen möchten. Interessant ist, dass diese Zertifikate auch Rendite in Aussicht stellen, wenn sich der Basiswert seitwärts entwickelt. Zu nennen ist hier das Bonus-Zertifikat. Viel Sicherheit wird ebenso von Garantie-Zertifikaten geboten, die dem Anleger die volle Rückzahlung des Geldes zum Laufzeitende zusichern. Im Gegensatz zu den Discount-, Garantie- und Bonus-Zertifikaten, handelt es sich bei den Hebel-Zertifikaten um eine riskantere Möglichkeit das angelegte Geld zu vermehren, die zu erzielbaren Renditen sind jedoch um einiges Höher. Bei diesen Zertifikaten sind Totalverluste nicht selten und geben sich immer dann, wenn sich der Basiswert an beziehungsweise unter der Knock-Out-Schwelle befindet. Diese Hebel-Zertifikate sind deswegen für Anfänger keinesfalls zu empfehlen.

Grundsätzlich lässt sich festhalten, dass Zertifikate gut dafür geeignet sind, stark von der Entwicklung eines Basiswerts zu profitieren, eben auch bei seitwärts Trends. Wie auch bei dem Handel von Basiswerten ohne Zertifikat, sollten diese und die zu erwartende Entwicklung genau analysiert werden, um die richtige Entscheidung zu treffen. Anleger, die sich für Zertifikate interessierten, sollte die

Gebühren, die von der ausgebenden Bank beziehungsweise dem Institut erhoben werden, unbedingt beachten.

Berechnung des Hebels eines Put-Hebel-Zertifikats

Die Rechnung, um den Hebel eines Put-Zertifikats zu ermitteln, ist ebenfalls nicht schwer. Der Kurs des Basiswerts wird, wie auch bei der Berechnung des Hebels eines Call-Zertifikats, mit dem Bezugsverhältnis multipliziert und anschließend durch den Hebel-Zertifikat-Preis beziehungsweise -Kurs dividiert.

*Der Hebel beträgt also 10. Fällt der Kurs des Basiswerts um 1 %, so steigt der Wert des Zertifikats um 10 % (10 * 1 %). Andersherum, sollte der Kurs steigen, so sorgt der Hebel dafür, dass das Put-Hebel-Zertifikat 10-Mal mehr an Wert verliert, als der Basiswert an Wert steigt.*

ABSCHLIEßENDE EMPFEHLUNGEN FÜR ANFÄNGER

Im Rahmen dieses Buches hat der Leser einiges über den Handel mit Aktien an der Börse sowie über weitere Finanzprodukte (exchange traded funds, Anleihen und Zertifikate) gelernt. Hier, im sechsten und letzten Kapitel werden nun einige Empfehlungen für Anfänger ausgesprochen, die bislang noch nicht an der Börse aktiv waren. Zunächst ist die Wahl eines günstigen Brokers beziehungsweise einer Direktbank über die die Wertpapiere gehandelt werden, wichtig, um die Rendite nicht durch überteuerte Gebühren zu reduzieren. Dafür lohnt sich die Recherche und der Vergleich mehrerer Anbieter im Internet.

Aktien

Wird sich dafür entschieden, mit einzelnen Aktien zu handeln, so ist unerlässlich wichtig, dass dabei eine Strategie verfolgt und nicht einfach „wild drauflos" gekauft wird. Erneut soll der Leser an die Langfristigkeit der Geldanlage Aktien erinnert werden, weshalb ein zu häufiges Umschichten in vielen Fällen lediglich

Kosten in Form von Gebühren führt. Nichtsdestotrotz kann es sein, dass die Strategie und deren zugrunde liegenden Kennzahlen es verlangen, dass Aktien, die diese nicht mehr erfüllen, gegen andere ausgetauscht werden müssen, sodass eine Umschichtung erforderlich ist. Das Buch empfiehlt dem Leser, sich zunächst an der Levermann-Strategie zu versuchen, da diese relativ einfach anzuwenden ist und außerdem klar und gut strukturiert bei der Analyse und Bewertung (im Rahmen des Punktesystems) von Aktien beziehungsweise Aktiengesellschaften vorgeht. Auch ist als positiv zu bewerten, dass das Bauchgefühl, das stets eine Gefahr darstellt, durch strikte Anwendung der Levermann-Strategie „eliminiert“ wird. Ergänzend zu dem Ansatz Levermanns sollten auch weitere Kennzahlen genutzt werden.

Exchange traded funds

Langfristig werfen ETFs eine ansehnliche Rendite ab, die im Vergleich mit einem normalen, aktiv gemangtem Investmentfonds, deutlich günstiger in der Gebühren- und Kostenstruktur sind. Dadurch wird eine deutlich höhere Rendite erzielt, wie das Beispiel im Unterkapitel 5.1.3 zeigt. Ebenso empfehlenswert sind die sparplanfähigen ETFs, die es Anlegern, die nur über begrenzte finanzielle Mittel verfügen, ermöglichen, einen kleinen Betrag pro Monat einzuzahlen und so einen langfristigen Vermögensaufbau gewährleisten. Welcher ETF schlussendlich gewählt wird, hängt von ab, an der Entwicklung welchem Index partizipiert werden soll. Eine breite Diversifikation ist wichtig, um Kurseinbrüche einzelner Titel abfabgen zu können. Ein sehr breit aufgestellter exchange traded fund ist der MSCI World Index, der bereits über die vergangenen Jahre stetig an Wert zugelegt hat.

Im nächsten großen Abschnitt gehen wir näher auf diese Anlageform ein.

Anleihen

Auch Anleihen stellen eine vergleichsweise sichere Form der Geldanlage dar. Problematisch ist momentan die Niedrig-Zins-Phase, die dieses Finanzprodukt weniger attraktiv macht. Sollte sich jedoch trotzdem für eine Anleihe entschieden werden, so sollten das Unternehmen (oder der Staat) eine gute Bewertung der Rating-Agenturen aufweisen, damit die Gefahr der Zahlungsunfähigkeit begrenzt wird. Vorteilhaft an den Anleihen ist die regelmäßige Verzinsung und der sehr geringe zeitliche Aufwand, der damit verbunden ist. Allerdings dürfen auch die

Risiken nicht außer Acht gelassen werden.

Zertifikate

Die hier im Buch vorgestellten Hebel-Zertifikate sind nicht für Anfänger zu empfehlen, da das Erreichen der Knock-Out-Schwelle zu einem Totalverlust der Investition führt. Einiges an Fachwissen ist hier vonnöten, um die Tendenzen der Basiswerte einschätzen zu können. Allerdings eignen sich die Discount-, Bonus- und Garantie-Zertifikate sehr wohl auch für Einsteiger, da diese die Anleger zumindest ein Stück weit von fallenden Kursen bewahren und auch bei Seitwärts-Bewegungen der Kurse des Basiswerts Renditen erzielen können.

DAYTRADING

Vorwort

Nach dem in den vorangegangenen Kapiteln hauptsächlich Aktien (und weitere Möglichkeiten der langfristigen Geldanlage) behandelt wurden, soll in den nächsten Kapiteln näher auf das Daytrading eingegangen werden.

Dabei handelt es sich im Regelfall um einen deutlich kürzeren Anlagezeitraum, als bei dem Handeln mit Aktien und anderen Wertpapieren. Personen, die von kurzfristigen Auf- und Abwärtstrends der Preise beziehungsweise Kurse von Währungspaaren, Rohstoffen und / oder Aktien profitieren möchten, werden Daytrader genannt. Allerdings werden nicht nur Währungen, Aktien und Rohstoffe auf diese Art und Weise gehandelt, sondern auch die sogenannten Contracts for Difference (CFDs). Daytrader haben die Möglichkeit, ihr Geld mit ein paar Klicks innerhalb kurzer Zeit deutlich zu vermehren, allerdings sind auch ebenso schnelle Verluste möglich. Das hört sich jetzt ziemlich simpel an, mit den richtigen oder falschen Klicks reich oder arm zu werden. Wichtig ist, dass das erforderliche Fachwissen vorhanden ist und nicht nur so drauf los gezockt wird, denn das kann schnell in einem schmerzhaften Totalverlust enden. Menschen, die mit dem Gedanken spielen, in das Daytrading einzusteigen, sollten sich bewusst sein, dass die Konkurrenz stark ist und über einen Informationsvorsprung verfügt.

Um dem Leser einen interessanten Einblick in die Funktionsweise, die Möglichkeiten, die Vor- und Nachteile des Daytradings zu informieren, wurde dieser Abschnitt des Buches verfasst. Außerdem sollen wichtige Handelssignale vorgestellt und einzelne strategische Ansätze erläutert werden.

Bevor es jedoch an das Eingemachte geht, soll zunächst ganz allgemein darauf eingegangen werden, was das Daytrading überhaupt ist. Im Laufe des Buches werden die wichtigsten Fachbegriffe, die jeder Trader kennen sollte definiert, zusätzliche und ergänzende Informationen findet der Leser in den Informationsboxen. Zunächst wird das Daytrading allgemein vorgestellt, bevor dann der Forex Handel (Handel mit Währungspaaren) detaillierter behandelt wird.

Einführung in das Daytrading

Kurze Einführung - Was ist das Daytrading überhaupt?

Bei dem Daytrading handelt es sich, wie bereits weiter oben angemerkt, um den kurzfristigen Handel mit derivativen Finanzinstrumenten. Da der Zeitraum, von Kauf und Verkauf eines solchen derivativen Finanzinstruments sehr kurz ist und alles in der Regel innerhalb eines Tages abgewickelt wird, wird von Daytrading gesprochen. Der Begriff Daytrading kommt aus dem Englischen. „Day" bedeutet „Tag" und „Trading" soviel wie „Handel" oder „Handeln". Das Ziel eines Daytraders ist es also von den Kursschwankungen zu profitieren und aus diesen Profit zu schlagen. Durch die Nutzung von Hebeln können Daytrader satte Gewinne erzielen aber natürlich auch schmerzhafte Verluste erleiden. Mehr zu den Hebeln erfährt der Leser im Verlauf des Daytrading Teils dieses Buches. Wissenswert, wenn es um Daytrading geht, ist, dass es nie zu einer Wertschöpfung kommt. Das bedeutet, dass wenn ein Trader einen Gewinn von X Euro durch Trades verdient, ein anderer Trader dieses Geld verliert. Außerdem müssen sich private Daytrader bewusst sein, dass die Konkurrenz nicht schläft und sich aus studierten Experten zusammensetzt. Beispielsweise Banken verfügen über professionelle Trader sowie einen technologischen und Informationsvorsprung.

Interessant ist, dass die Mehrzahl der Daytrader nicht etwa mit Aktien, sondern vor allem mit Währungen auf dem Forex Markt (Foreign Exchange Markt) handelt. Verliert der Dollar beispielsweise gegenüber dem Euro an Wert oder umgekehrt, so kann davon profitiert werden. Daytrader haben also zwei Möglichkeiten, ihr Geld im Rahmen von kurzfristigen Käufen und Verkäufen zu vermehren. Die eine besteht in der Vermehrung des Vermögens durch steigende und die andere durch fallende Kurse.

Erwähnenswert ist hier außerdem, dass je nach der Dauer des Haltens einer Position zwischen dem Positionshandel, Swingtradern, Daytradern und Scalpern unterschieden wird. Der Positionshandel ist längerfristig ausgelegt, mit dem Ziel, von langfristigen Kursbewegungen zu profitieren, Swingtrader halten Positionen für einen Zeitraum zwischen wenigen Tagen und ein paar Wochen, während Daytrader, wie bereits angemerkt, die Positionen nur bis zum Ende des jeweiligen Tages 159

halten. Einen noch kürzeren Horizont haben die Scalper, die ihre Positionen lediglich für Sekunden oder wenige Minuten halten.

Der Überblick – Welche Basiswerte werden (wann) getradet?

Daytrader, Swingtrader und Scalper können mit fast allen Basiswerten traden, die an der Wertpapierbörse gehandelt werden. Die beliebtesten Basiswerte, die am meisten von den Trader gehandelt werden, sind neben den Währungspaaren (Forex), Einzelaktien, Aktienindizes und Rohstoffe. Wissenswert ist, dass sich viele der (deutschen) Basiswerte lediglich von 9.00 Uhr bis 17.30 Uhr (MESZ) handeln lassen. Nichtsdestotrotz können diese Basiswerte über die Börsen der Finanzmetropolen der Welt rund um die Uhr gehandelt werden. Das liegt schlichtweg an der Zeitverschiebung.

Die kurzfristige Chance durch die richtigen Trades Geld zu verdienen, sorgt dafür, dass sich immer mehr Menschen, nicht nur in Deutschland, mit dem Thema beschäftigen. Die Einstiegshürden sind überwindbar und formen Teil des folgenden Unterkapitels.

Gibt es hohe Einstiegsbarrieren?

Die Frage ist direkt mit „jein" zu beantworten. Wenn jemand mit dem Daytrading beginnen möchte, so verhält sich das, wie bei dem Handel mit Aktien. Benötigt werden lediglich ein Computer oder Laptop und ein zusätzliches Smart Phone, der beziehungsweise das mit dem Internet verbunden ist.

Nichtsdestotrotz ist es wichtig, dass die Internetverbindung schnell ist, schließlich kommt es beim Daytrading auf Sekunden an, die über Gewinn oder Verlust entscheiden können. Die Konkurrenten, die sich ebenfalls auf der Suche nach kurzfristig gewinnbringenden Wertpapieren beziehungsweise Währungen sind, sind zahlreich und agieren professionell. Das heißt, dass die Konkurrenz die neuesten, automatisierten Handelssysteme nutzt und über eine besonders schnelle Anbindung an das Internet verfügt.

Außerdem ist Voraussetzung, dass ein Konto bei einem online Broker beziehungsweise einer Direktbank eröffnet wurde, über das die Trades abgewickelt werden. Selbstverständlich muss auch das erforderliche, zu investierende Geld beziehungsweise Vermögen vorhanden sein, um mögliche Verluste verschmerzen zu können.

Menschen, die erfolgreich ihr Geld durch Daytrading vermehren möchten, und das ist definitiv die größte Einstiegsbarriere, sollten sich gut mit der Börse auskennen. Fachwissen muss vorhanden sein.

Der Unterschied – Daytrading vs. Investition in Aktien

Wie bereits weiter oben angemerkt, unterscheidet sich das Daytrading deutlich von dem langfristig angelegten Handel mit Aktien. Werden Aktien gehandelt, so wird im Regelfall von einem längerfristigen Zeitraum ausgegangen, in dem von der (langfristigen) Wertentwicklung des Aktien ausgebenden Unternehmens profitiert werden soll. Daytrading basiert auf dem Ausnutzen von kurzfristigen Schwankungen von Aktien-, Rohstoff und / oder Währungskursen, meist innerhalb eines Tages.

Mit anderen Worten müssen Daytrader viel Zeit vor dem Computer verbringen, um kurzfristige Schwankungen rechtzeitig zu erkennen und in wenigen Momenten darauf reagieren zu können, also den Kauf oder Verkauf zu tätigen. Wie im Laufe des Aktien-Teils dieses Buches hervorgegangen sein sollte, eignen sich Aktien im Normalfall für die langfristige Geldanlage, logischerweise sollten dafür keine Pennystocks erworben werden, sondern Aktien von Unternehmen mit einer gesunden Finanzstruktur, Innovationen, etc.. Auch Aktionäre stellen zeitweise fest, dass sich deren Aktie in einem Abwärtstrend befindet und die Aktienkurse somit zeitweise sinken. Ein passiver Investor, der in Aktien investiert, sitzt diese Kursschwankungen (natürlich je nach der gewählten Anlagestrategie!) aus, um von einem erneuten Anstieg zu profitieren. Für Daytrader wäre es kontraproduktiv, eine Position zu Zeiten fallender Kurse zu halten, diese werden täglich eröffnet und geschlossen. Auf den Punkt gebracht handelt es sich bei dem Aktienhandel um Investieren und bei dem Daytrading um Spekulieren.

Kurz zusammengefasst lässt sich hier feststellen, dass Daytrading, zumindest im Normalfall, deutlich mehr Zeit als der herkömmliche Aktienhandel in Anspruch nimmt. Nichtsdestotrotz hängt der mit dem Handel von Aktien in Verbindung stehende Aufwand auch mit der angewandten Strategie zusammen, die mehr oder weniger Zeit, zum Beispiel für die Suche nach Unternehmensinformationen oder der Entwicklung eines Indexes wie dem DAX sowie der regelmäßigen Überprüfung derselben, erfordern kann. Traden ist stets kurzfristig ausgerichtet, während Investieren oder Anlegen in aller Regel deutlich längerfristiger orientiert ist.

Die Risiken des Daytradings

Wie bereits angemerkt, birgt das Daytrading keinerlei Wertschöpfung, was der eine gewinnt, verliert dementsprechend der andere, sodass das Geld lediglich den Besitzer wechselt.

Da viele Daytrader mit dem Einsatz eines Hebels handeln, ergibt sich daraus das Risiko der Verschuldung, denn, wird ein Hebel genutzt, so handelt es sich dabei um Fremdkapital, welches von einer Bank oder einem Broker zur Verfügung gestellt wird (siehe Informationsbox weiter unten). Wurde die Entwicklung des Kurses falsch eingeschätzt, kommt es zu einem Verlust. Das geliehene Geld muss natürlich trotzdem an den Broker oder die Bank zurückgezahlt werden. Mit anderen Worten kann ein Hebel für hohe Gewinne sorgen aber, im schlimmsten Falle, zu hohen Schulden bei dem jeweiligen Kreditgeber führen. Natürlich besteht dann das Risiko, diesen Verlust ausgleichen zu wollen, was manche Daytrader dazu veranlagt, noch riskantere Trades durchzuführen.

Ein weiteres Risiko, welches jedem angehenden Daytrader bewusst sein sollte, ist das der Transaktionskosten, weshalb die Wahl des richtigen Brokers so wichtig ist. Werden viele Trades getätigt, so steigen (je nach Kostenmodell des Brokers oder der Bank) die Transaktionskosten und müssen schlussendlich durch die Trades erwirtschaftet werden, um den daraus resultierenden Gewinn nicht zu mindern.

Auch problematisch ist, dass die Konkurrenz stark ist. Internationale Banken beschäftigen zahlreiche professionelle Daytrader und haben außerdem einen Vorsprung im Hinblick auf wichtige Informationen sowie die verwendete technische Ausstattung. Im Rahmen dieses Buches soll keinesfalls verschwiegen werden, dass laut einem Bericht, der in dem Finanzmagazin Forbes veröffentlicht wurde, mehr als 75 % der Daytrader Verluste einfahren. Auch anderen Statistiken bestätigen diese Aussage, dass lediglich 1/4 der Daytrader Gewinne erzielt.

Die ersten Schritte für angehende Trader

Bevor näher in den Handel mit Währungspaaren auf dem Forex Markt eingestiegen wird, sollem dem Leser zunächst die ersten Schritte aufgezeigt werden, die jeder, der mit dem Traden erfolgreich sein will, kennen sollte.

Für Menschen, die als Daytrader aktiv sein möchten, ist zunächst die Vorbereitung besonders wichtig. Alle, die denken, dass ohne fundiertes Wissen langfristig mit dem Daytrading Geld verdient werden kann, liegen falsch. Diese Fehleinschätzung endet häufig in einer unzureichenden oder gar überhaupt keiner Vorbereitung auf die Tätigkeit als Daytrader.

1. Schritt – Der Aufbau von Fachwissen

An erster Stelle steht der Aufbau von Fachwissen, rund um die Börse und das Trading. Die Börse wurde bereits im vorangegangen Teil des Buches, der sich mit Aktien und weiteren langfristig angelegten Finanzprodukten beschäftigt, behandelt. Deshalb soll hier nicht im Detail auf die Börse eingegangen werden, siehe stattdessen Teil 1, Kapitel 2. Außerdem werden die Währungspaare, um die es hier hauptsächlich geht, außerbörslich (Over the Counter) gehandelt.

Sinnvoll ist es zunächst, sich einen Überblick über die verfügbaren beziehungsweise handelbaren Anlageklassen beziehungsweise Assetklassen zu verschaffen. Die Frage ist: Welche Finanzprodukte können von Daytradern überhaupt gehandelt werden?

- Aktien: Einzelaktien und Indizes
- Anleihen
- Devisen (Währungspaare / Forex)
- Kryptowährungen (digitale Währungen wie zum Beispiel der
- Bitcoin oder der Litecoin)

- Im Rahmen des Daytrading Teils dieses Buches wird besonderer Schwerpunkt auf den Forex Markt, sprich auf den Handel mit Währungspaaren gelegt.

- Des Weiteren sollten die anderen Marktteilnehmer, die ebenfalls aktiv sind und den Markt durch ihr Handeln beeinträchtigen können, gekannt

werden. Neben den Spekulanten, sprich „normalen" Tradern, gibt es Hedger, Arbitrageure und Investoren. Ein Hedger versucht, sich über große Orders vor Preisschwankungen zu schützen und nimmt so Einfluss auf die Preise. Ein Beispiel für ein Hedger ist ein Rohstoff- Zulieferer. Arbitrageure nutzen aktuelle Preisunterschiede von Finanzprodukten an verschiedenen Börsen aus, um mit vergleichsweise geringem Risiko Gewinne zu erzielen. In der heutigen Zeit des Computerhandels sind die Arbitrageure in der Regel Hochleistungsrechner, die permanent nach Preisunterschieden von Finanzprodukten an verschiedenen Handelsplätzen suchen, um diese für sich zu nutzen. Die Investoren handeln dagegen längerfristig.

Nun, da die Marktteilnehmer herausgestellt wurden, ist die Frage, was der Markt ist. Grundsätzlich kann dieser als der Ort, an dem die Transaktionen von

Wertpapieren und / oder Derivaten stattfinden, beschrieben werden. Der Markt ist also die Börse oder auch der Handel Over the Counter (OTC), sprich der außerbörsliche Handel. Der Handel mit Währungspaaren wird, wie bereits erwähnt, stets Over the Counter abgewickelt.

Da es, bis auf einige Ausnahmen, an einem einzelnen Tag nicht zu riesigen Kursschwankungen kommt und die Gewinne dementsprechend gering ausfallen würden, nutzen Daytrader Hebel, um attraktivere Gewinne (aber auch schmerzhafte Verluste!) erzielen zu können.

Der Hebel dient dazu, die nur sehr geringen Kursschwankungen zu nutzen, um Gewinne zu erzielen. Ein Hebel ist nichts anders als geliehenes Geld von einem Broker oder einer Bank und stellt somit das Verhältnis zwischen Eigen- und Fremdkapital dar. Ein Daytrader kann also eine Aktie mit Eigenkapital kaufen und weitere 99 mit dem geliehen Kapital der Bank oder des Brokers (Fremdkapital). Auf diese Weise kann von kleinen Schwankungen des jeweiligen Aktienkurses und natürlich auch von Kursschwankungen von Währungspaaren profitiert werden. Allerdings besteht das Risiko, zum Beispiel, wenn der Kurs des Basiswertes (hier: der Aktie) sich nicht wie erhofft positiv, sondern negativ entwickelt, das Fremdkapital zu verlieren.

2. Schritt – Die erforderliche technische Ausstattung

Das technische Equipment eine wichtige Rolle beim Traden, die keinesfalls vernachlässigt werden sollte. Der alte Computer / Laptop mit dem Windows Xp Betriebssystem, sollte spätestens dann, wenn mit dem Daytrading begonnen werden soll, den Weg in die Entsorgung finden oder zumindest mit einem neueren Betriebssystem versehen werden. Außerdem sollte das Internet schnell und reibungslos funktionieren, um die Trades so schnell wie möglich umzusetzen. Um sich optimal vor einem Ausfall des eigenen (Haupt-) Trading-Computers abzusichern, sollte außerdem ein Smart Phone vorhanden sein, um im Notfall wichtige Trades über dasselbe abzuwickeln. Ein Notfall ergibt sich nicht nur dann, wenn der Trading-Computer ausfällt, sondern ebenso, wenn es zum Erliegen der Internetverbindung auf Grund von Wartungsarbeiten, etc. des Providers kommt. Deshalb sollte das Smart Phone separat mit (mobilem) Internet ausgestattet werden, um sofort auf neue Trends am Markt reagieren zu können.

3. Schritt - Die Wahl des Brokers – Was gibt es zu

beachten?

Bei der Wahl des Brokers, gibt es auch im Rahmen des Daytradings darauf zu achten, dass die Transaktionskosten möglichst gering sind, schließlich schmälern diese den Gewinn. Dafür, dass der Broker dem Trader den Weg zur Börse beziehungsweise den Forex Märkten ebnet, 165 bereits angemerkt, spielt die technische Ausstattung

INFO: Der Spread ist nichts anderes als die Differenz beziehungsweise die Spanne von Geld- und Briefkurs. Auf der Trading-Seite des Brokers werden stets der Geld- und Briefkurs der dort angebotenen Währungspaaren ausgewiesen. Der Spread ist also nichts anderes als die (etwas versteckte) Gebühr, die der Broker auf den Trade erhebt.

verlangt dieser eine Gebühr, so wie es auch der Fall ist, wenn Aktien oder andere Wertpapiere gehandelt werden. Wichtig ist es selbstverständlich, stets einen Überblick über die Kosten und Gebühren zu bewahren. Verlangt der Broker beispielsweise 3 Euro Gebühr pro Trade und der Trader kauft, zum Beispiel, ein Zertifikat, um dieses dann wieder zuverkaufen, so würden insgesamt 6 Euro Gebühren anfallen. Würde der Gewinn 50 Euro lauten, so müssten von diesem dann noch die Gebühren in Höhe von 6 Euro abgezogen werden. Dadurch erhält der Trader nicht die 50 Euro, sondern lediglich 44 Euro. Dies ist meist bei den Brokern, die von privaten Tradern genutzt werden, der Fall.

Grundsätzlich gilt für Trader, dass die Gebühren von der Frequenz des Handels abhängig sind. Das ist vor allem für private Trader mit geringem Kapital ein Problem, denn diese müssen reichlich Trades durchführen, um ihr Geld zu vermehren. Natürlich bedeuten viele Trades gleichzeitig auch viele Gebühren, die die Gewinne wiederum deutlich schmälern. Auf diesem Grund ist es wichtig, zu wissen, dass es zwei verschiedene Typen von Gebühren gibt, die beachtet werden sollten: Broker, die eine Gebühren für die Transaktionen direkt erheben und solche, die das nicht tun und stattdessen über den Spread verdienen. Mehr zu dem Thema Spread folgt im weiteren Verlaufe des Buches.

Um dem Leser die Wahl des Brokers zu erleichtern, werden nun wichtige Kriterien, die bei der Wahl desselben berücksichtigt werden sollten, aufgeführt.

Im Vorhinein sollte dem Trader bewusst sein, welche Finanzprodukte gehandelt werden sollen. Broker sind oftmals auf gewisse Märkte spezialisiert. Die Frage, die der Trader für sich zu beantwortet hat ist, ob mit Währungen, Aktien oder Rohstoffen gehandelt werden soll. Wie bereits weiter oben näher betrachtet, sollten die Kosten und Gebühren 166

des Brokers logischerweise so gering wie möglich sein. Da die Kosten und Gebühren die Gewinne deutlich mindern können, sollte sich eher für den günstigen Broker mit dem gemäßigten Kundenservice entscheiden, statt einem Anbieter, der vor allem seinen hervorragenden Service und ständige Erreichbarkeit betont. Mit anderen Worten sollte für Kundenservice nicht mehr gezahlt werden. Dieser ist zwar hilfreich, kostet jedoch Geld. Außerdem empfehlen Experten, dass die Broker vorzuziehen sind, die qualitativ hochwertige Handelssignale ausgeben. Es gilt, dass zu viele Handelssignale als solche mit mangelnder Qualität bezeichnet werden. Ebenso sollte der Trader Rechnungen im Hinblick auf die Rendite durchführen, einmal mit und einmal ohne die Gebühren. Des Weiteren empfiehlt sich der laufende Vergleich der aktuellen Angebote beziehungsweise Konditionen von Brokern, um eventuell über einen Wechsel des Anbieters nachzudenken.

Von großer Bedeutung ist außerdem, dass der Broker der Wahl ein kostenloses Demokonto anbietet, welches vor allem für Anfänger hilfreich ist, um erste Trades zu tätigen ohne dabei echtes Geld verlieren zu können. So können die Fähigkeiten getestet und ganz unverbindlich geschaut werden, ob das Daytrading zumindest im Rahmen des Demokontos erfolgreich verläuft. Ein weiterer Vorteil der Nutzung des Demokontos ist, dass so auch ein Einblick in die Qualität des Kundenservice erhalten werden kann. Zu empfehlen ist es, dass Demokonto so lange zu nutzen, bis sich nachhaltige Erfolge einstellen. Angehende Daytrader, die bereits nach einem erfolgreichen Trade im Demokonto der Meinung sind, dass nun schon mit dem Traden mit echtem Geld begonnen werden kann, irren sich gewaltig und laufen Gefahr viel Geld zu verlieren.

4. Schritt – Die Definition der Ziele

Ein geplantes und strukturiertes Vorgehen ist stets als Schlüssel zum Erfolg zu betrachten, nicht nur bei der Investition in Aktien oder dem Daytrading mit Währungspaaren. Zunächst sollte dafür das Startkapital in Abhängigkeit des Ziels festgelegt werden. Zum Beispiel wird mit 1.000 Euro begonnen, die bereits auf dem Trading-Konto eingezahlt wurden. Die Frage ist nun, wie der Stand des Trading-Kontos bei dem Broker nach einer gewissen Zeit aussehen soll. Der Verlust des einzusetzenden Kapitals sollte in jedem Fall zu verkraften sein. Das Ziel beziehungsweise die Performance hängt stark von dem einzugehenden Risiko ab. Wird ein höheres Risiko eingegangen, so kann das Ziel schneller erreicht werden. Logischerweise besteht dann jedoch gleichzeitig das Risiko des kompletten Verlustes des eingesetzten Kapitals. Wird weniger Risiko eingegangen, so wird für das Erreichen des Ziels eines gewissen Kontostands nach XY Tagen, Monaten oder Jahren, länger benötigt. Das Risiko eines schmerzhaften Verlustes ist dementsprechend geringer.

5. Schritt – Die Strategie und der Trading Stil

Die Auswahl an Strategien, um beim Daytrading erfolgreich zu sein, sind zahlreich. Im Rahmen der Strategie, auf die noch genauer eingegangen wird, spielt auch die verfügbare, tägliche (Arbeits-) Zeit eine wichtige Rolle. Scalper, die im Sekunden- oder Minutentakt Positionen eröffnen und / oder schließen, müssen mehr Zeit vor dem Bildschirm verbringen, als Day- oder Swingtrader. Grundsätzlich gibt es weder besser noch schlechter, die Erfolgs- beziehungsweise Misserfolgsquote unterscheidet sich zwischen den einzelnen Tradingstilen nicht.

Im Rahmen der Charttechnik werfen Trader einen detaillierten Blick auf die Entwicklung eines Werts. Aus der vergangenen Entwicklung wird dann eine Einschätzung hinsichtlich der zukünftigen Entwicklung getroffen. Vorher sollte eine Entscheidung getroffen werden, wann die Position eröffnet beziehungsweise wann diese geschlossen wird. Dafür sollten zunächst Kriterien aufgestellt werden. Zum Beispiel wird festgelegt, dass eine Position immer dann eröffnet wird, wenn gewisse Chartformationen vorliegen, bestimmte Fundamentaldaten erfüllt sind, oder mithilfe von Nachrichten auf die zukünftige Entwicklung geschlossen werden kann. Um Verluste zu begrenzen und Gewinne abzusichern, können und sollten Daytrader eine Stop-Loss Order beziehungsweise einen Take-Profit Auftrag festlegen, die eine Position automatisch schließen, wenn der Kurs ein bestimmtes, vorher definierten Wert erreicht hat.

Für solche Trader, die nur wenige Stunden ihrer täglichen Zeit in das Daytrading investieren möchten, empfiehlt sich eine Strategie zu wählen, die im 4-Stunden-Chart oder darüber hinaus angewandt wird. Zwei bis drei Stunden täglich reichen dann bereits aus, um die aktuelle Marktlage zu analysieren, Positionen zu eröffnen oder zu schließen. Allerdings kommt es hier auch auf den Markt (Aktien-, Rohstoff- oder Forex Markt) an. Zum Beispiel wird ein Wert gekauft, wenn der Tageschart unter- oder überhalb einer Trendlinie fällt beziehungsweise steigt. Als Trendlinie kann unter anderen der SMA 200 genutzt werden, der die Durchschnittswerte der Kurse des Wertes der vergangenen 200 Handelstagen angibt. So lässt sich also erkennen, ob der aktuelle Kurs im Verlauf des Tages über- oder unterhalb des 200-Tage (gleitenden) Durchschnittes liegt. Die Vorgehensweise ist natürlich jedem Trader selbst überlassen.

6. Schritt – Dokumentation der Trades zur Fehlerbehebung

Um Fehler in der Strategie zu entdecken, ist es wichtig, dass die getätigten Trades analysiert und niedergeschrieben werden. Dazu ist es sinnvoll eine Art Trading-Tagebuch anzulegen, das die Trades samt den dazu angestellten Gedanken sowie dem Ergebnis (Höhe des Gewinns oder Verlusts) detailliert aufführt. Im Rahmen einer Analyse mit den gesammelten Informationen zu den einzelnen Trades kann dann überprüft werden, wie die Strategie verbessert werden kann oder ob eine andere Strategie ausprobiert werden soll (dazu eignet sich das Demokonto!).

Traden auf dem Forex Markt

Im Rahmen dieses Kapitels wird nun speziell auf das Forex Trading eingegangen. Wie bereits angemerkt, ist der Forex Markt dieser, auf dem verschiedene Akteure (Trader, Investoren, Banken, Unternehmen und Regierungen) aktiv sind, um mit Währungen zu handeln. Der Forex Handel ist nichts anderes, als die Spekulation mit dem Währungs-Preis einer Währung gegen den einer anderen Währung. Daraus folgt, dass stets mit Währungspaaren gehandelt wird, zum Beispiel dem EUR/USD (Währungspaar Euro/US-Dollar).

Zu erwähnen ist, dass es sich bei dem Devisenmarkt um den liquidesten und sogleich größten Markt der Erde handelt, wobei die wichtigsten Zentren in London, Tokio, New York, Frankfurt, Zürich, Singapur und Paris liegen. Bedingt durch die unterschiedlichen Zeitzonen, ergeben sich drei sogenannte Trading Sessions: New York Session, London Session und Asien Session.

Ein bedeutender Unterschied zu dem Handel mit Aktien liegt darin, dass die Währungen OTC (Over the Counter) gehandelt werden. Mit anderen Worten gibt es keinen zentralen Marktplatz, wie beispielsweise XETRA, wie es bei dem Handel mit Aktien der Fall ist. Bei dem Forex Handel ist es so, dass die größten Banken der Welt verschiedene Preise für die

Währungspaare notieren. Daraus ergibt sich, dass Währungen nicht immer genau den gleichen Preis haben. Hier kommen die online Broker ins Spiel und fügen den Preisen für die Währungspaare, die die Banken ermittelt haben, einen Spread hinzu: es ergibt sich ein Kurs.

Zum Beispiel kann ein Trader, der der Meinung ist, dass der Euro gegenüber dem US-Dollar an Wert gewinnt, das Währungspaar EUR/USD kaufen und anschließend Gewinn machen, indem dasselbe dann zu einem höheren Preis verkauft wird. Dafür muss logischerweise der Fall eintreten, dass der Euro an Wert steigt und eben nicht der US- Dollar. Steigt der US-Dollar so würde der Trader Verluste machen, da der Euro gleichzeitig an Wert verliert.

Einführung in den Forex Handel

Bevor einige Handelssignale und Strategien vorgestellt werden, sollen dem Leser zunächst die Grundlagen über den Forex Markt vorgestellt werden.

Eigenschaften eines erfolgreichen Daytraders im Forex Markt

Zunächst ist Realismus eine wichtige Eigenschaft, die jeder erfolgreiche Trader mit sich bringen sollte. Der Traum vom schnellen Geld ist schnell geplatzt, wenn keine Geduld vorhanden ist. Der Markt lässt sich schließlich nicht zwingen, es gilt auf mögliche Trades zu warten, die ein gutes Verhältnis zwischen Gewinn und Risiko bieten. Aus eben diesem Grund muss der Markt logisch betrachtet werden (Logik). Subjektive Empfinden und Emotionen allgemein, haben hier nichts zu suchen. Erfolgreiche Trader fokussieren sich (Fokus) auf gewinnversprechende Strategien und haben die Disziplin, keine verlockend anmutenden Trades einzugehen, ohne vorher detaillierte Überlegungen angestellt zu haben. Außerdem spielt auch die Flexibilität eine entscheidende Rolle, denn Marktbedingungen sind nicht in Stein gemeißelt, sondern können sich ändern. Kommt es zu einem (mehr oder weniger) schmerzhaften Verlust, das ist übrigens mehr als nur wahrscheinlich, so sind innere Ruhe und eine positive Einstellung, denn das verlorene Geld war schließlich eine Investition in das eigene Wissen, ebenfalls wichtig. Natürlich ist die Organisation, beispielsweise das Anlegen eines Tagebuches mit den getätigten Trades sowie den Gewinnen und Verlusten, ein weiteres Merkmal für einen erfolgreichen Trader. Die Motivation darf ebenso wenig fehlen, tägliche Arbeit vor dem Bildschirm ist ein Muss. Wer dafür keine Zeit hat, sollte zu passiven Anlageformen greifen (siehe Teil 1 des Buches).

Die Marktteilnehmer auf dem Forex Markt

Da es eine ganze Reihe an verschiedenen Marktteilnehmern gibt, die ebenso unterschiedliche Absichten verfolgen, sollte jeder Trader wissen, mit wem konkurriert wird.

- Individuelle Trader: Individuelle Trader werden manchmal auch als Retail Trader bezeichnet. Es handelt sich um Privatpersonen, die über einen Broker oder eine Bank Trades auf dem Forex Markt tätigen

- Investoren: Das sind Wertpapierfirmen, die dic Portfolios ihrer Kunden verwalten und dazu auf den Devisen Markt zugreifen, um die Transaktionen von ausländischen Wertpapieren zu erleichtern

- Unternehmen: Auch Unternehmen tummeln sich auf dem Forex Markt, um dort ausländische Währungen zu kaufen, um damit Waren und / oder Dienstleistungen, beispielsweise von ausländischen Lierferanten zu bezahlen. Andersherum greifen

Unternehmen auf den Forex Markt zu, um die ausländischen Währungen, die diese für den Verkauf von Waren und / oder Dienstleistungen an das Ausland erhalten haben, zu verkaufen beziehungsweise in die landestypische Währung zu tauschen

- Hedgefonds: In den meisten Fällen handelt es sich um Spekulationen auf dem Forex Markt. Auch Hedgefonds spekulieren mit Währungen, das heißt, dass diese nicht die Absicht verfolgen eine Währung zu kaufen und beispielsweise für den Kauf von Waren und / oder Dienstleistungen im Ausland zu nutzen, sondern lediglich von Kursschwankungen profitieren möchten

- Banken: Die Banken wickeln nicht nur Devisengeschäfte für ihre Kunden ab, sondern spekulieren auch selbst auf dem Forex Markt, um Gewinne zu erzielen

- Zentralbanken beziehungsweise Regierungen: Die Zentralbanken haben große Macht auf dem Forex Markt. Geldpolitsche Entscheidungen, wie die Erhöhung der Geldmenge oder die Veränderung der

Zinssätze, haben Einfluss auf den Wert von Währungen und somit auf den gesamten Markt

Die wichtigsten Fachbegriffe im Überblick

Im Verlauf des zweiten Teils dieses Buches, wurden bereits vereinzelt Fachbegriffe genannt. Es gibt eine ganze Menge, die vielen Personen, die bislang noch nicht auf dem Forex Markt aktiv waren, unbekannt sind.

Die Zeiteinheiten

Zeiteinheiten werden häufig auch Timeframes genannt, wobei es nicht um die Dauer eines Trades geht, sondern um die Einstellung des Charts. Die gängigsten Zeiteinheiten sind der 1-Min-Chart, der 5-Min-Chart, 15-Min-Chart, 1-Stunden-, 4-Stunden-, 1 Tages-, 1-Wochen sowie der 1-Monats-Chart. Die beliebtesten Zeiteinheiten unter der Mehrzahl der Trader sind die 5-Min- und 15-Min-Charts, da hier zukünftige Trends recht zuverlässig erkannt werden können.

Die Währungspaare

Währungspaare können auch als Devisenpaare bezeichnet werden und geben stets den Preis einer Währung im Vergleich zu einer anderen Währung an. Die Basiswährung steht immer an erster Stelle und die Kurswährung an zweiter Stelle. Zum Beispiel ist der Euro bei dem Währungspaar EUR/USD die Basiswährung und der Dollar die Kurswährung. Umgekehrt ist es der Fall bei dem Währungspaar USD/EUR, hier steht der US-Dollar an erster Stelle und ist somit die Basiswährung, während der Euro die Kurswährung des Paares darstellt. Da auf dem Forex Markt stets mit Währungspaaren gehandelt wird, verhält es sich immer so, dass wenn eine Währung gekauft, die andere verkauft wird. Außerdem ist hier zu erwähnen, dass die sogenannten Hauptwährungspaare (Majors) immer den US-Dollar beinhalten. Zu den am häufigsten gehandelten Majors gehören unter anderen die Währungspaare EUR/USD, USD/JPY und GPB/USD.

Der Wechselkurs

Natürlich spielt der Wechselkurs eine entscheidende Rolle, wenn mit Währungen gehandelt wird, denn schließlich gibt dieser den Preis beziehungsweise Wert im Vergleich zu der anderen Währung an. Es sei hier davon ausgegangen, dass 1 Euro momentan 1,18

US-Dollar wert ist beziehungsweise mit 1 Euro 1,18 US-Dollar erworben werden können. Die Schreibweise lautet dann: EUR/USD 1,18. Umgekehrt sieht dies dann so aus: USD/EUR 0,85. Das bedeutet, dass mit 1 US-Dollar 85 Euro Cent gekauft werden können.

Der Kreuzkurs

Aus den Wechselkursen zweier Währungen lässt sich der Kurs einer Drittwährung ermitteln. Es wird von einem Kreuzkurs (engl. Cross Rate) gesprochen. Die Cross Rate wird immer dann ermittelt, wenn zwischen zwei Währungen keinen amtlichen Wechselkurs gibt.

LOT

Die Einheiten, die von einem Währungs- / Forex Paar gekauft werden, werden LOT genannt. Wissenswert ist, dass 1 LOT gleich 100.000 Euro entspricht. Kauft ein Trader beispielsweise 0,01 LOT im EUR/USD, so werden 1.000 Einheiten der Basiswährung (Euro) bewegt, also US- Dollar im Wert von 1.000 Euro erworben.

Pip

Die kleinsten Preisbewegungen auf dem Forex Markt werden in Pip (Punkt(e)) angegeben. Bis auf eine Ausnahme, die der Währungspaare mit dem japanischen Yen (JPY), ist ein Pip die vierte Nachkommastelle. Für das Währungspaar EUR/USD ist 1 Pip dementsprechend 0,0001. Bei JPY Währungspaaren ist es hingegen die zweite Stelle hinter dem Komma.

Die Margin

Ein weiterer Begriff, der in dieser Aufführung nicht fehlen darf, ist die Margin. Diese ist eine Art Sicherheitsleistung, die der Broker von dem Daytrader verlangt, um eine Position mit einem Hebel eröffnen zu können. Diese wird verlangt, da der Trader eine Position eröffnen kann, die das Eigenkapital auf dem Konto des Brokers um ein Vielfaches übersteigt. Mit anderen Worten wird die Position nur zum Teil mit eigenem Geld gekauft, der Rest wird von dem Broker beigesteuert. Falls es zu einem Kursrückgang kommt und der Trader dementsprechend Geld verliert, was über die einbehaltene Marge hinaus geht, so muss der Trader im Rahmen eines sogenannten Margin Calls erneut Geld auf das Konto beim Broker einzahlen und die Schulden begleichen.

Der Hebel

Was der Hebel ist beziehungsweise was dieser bewirkt, wurde bereits im Rahmen einer Informationsbox erläutert. Nun sollen jedoch die Begriffe Pip, LOT und Margin in die Erklärung mit aufgenommen werden. Soll der EUR/USD im 0,01 LOT gehandelt werden, so behält der Broker (beispielsweise) 1 % als Margin ein. Der Trader bewegt also 1.000 Euro, von denen 990 Euro Fremdkapital sind, die der Broker bereitstellt. Bringt der Trade nun einen Gewinn von 25 Euro, so lautet die Rendite im Hinblick auf das eingesetzte Kapital von 10 Euro, sprich die Margin, die der Broker einbehalten hat 250 % (25 Euro / 10 Euro = 250 %). Angenommen, der Stand des Tradingkontos lag vor dem Trade bei 500 Euro, so wurde eine Rendite von 5 % erzielt (25 Euro / 500 Euro = 5 %). Der Hebel kann berechnet werden, in dem der Gesamtwert aller offenen Positionen durch den kompletten Margin Saldo des Kontos geteilt wird. Wenn die Margin des Kontos zum Beispiel 10.000 Euro beträgt und 1 LOT EUR/USD eröffnet wird, sprich für 100.000 Euro, so beträgt der Hebel 10:1. Das ist logisch, denn mit den verfügbaren 10.000 Euro Margin Saldo kann eine Position eröffnet werden, die diese um das zehnfach übersteigt, hier also 100.000 Euro.

Der Spread

Der Spread, also die Differenz zwischen Brief- und Geldkurs, kann in Pips angegeben werden und wird vom jeweiligen Broker festgelegt. Aus diesem Grund kann der Spread bei verschiedenen Anbietern abweichen. Um diesen zu ermitteln wird zunächst der Geldkurs von dem Briefkurs abgezogen. Diese werden auf den Plattformen der Broker stets separat ausgewiesen. Zum Beispiel lautet der Briefkurs des EUR/USD 1,15815, während der Geldkurs 1,15809 liegt. Der Spread errechnet sich also, in dem der Geldkurs von dem Briefkurs abgezogen

beziehungsweise subtrahiert wird. Spread = 1,15815 – 1,15809 = 0,00006 oder 0,6 Pips. Die Kosten, die durch den Spread entstehen, müssen natürlich durch Gewinne ausgeglichen werden.

Die Long- und Short-Positionen

Die Eröffnung einer Position kann long oder short sein. Anders formuliert, gehen Daytrader long oder short (Long- und Short- Handelspositionen). Long handeln bedeutet nichts anderes, als auf steigende Kurse zu spekulieren. Geht ein Trader also davon aus, dass der Euro im Vergleich zu dem US-Dollar an Wert gewinnt, so wird das Währungspaar EUR/USD long gehandelt. Der Euro wird gekauft und der US-Dollar gleichzeitig verkauft.

Wird beispielsweise von einer Abwertung des US-Dollar gegenüber dem Euro ausgegangen, so wird eine short Position eingegangen, die auch als Leerverkauf bezeichnet wird. Leerverkauf deshalb, weil eine Fremdwährung, hier der US-Dollar, die bis dahin noch nicht im Bestand war, verkauft wird. Nun wird gewartet, bis der Dollar tatsächlich an Wert verliert, um die „leer verkauften" US-Dollars zurückzuzahlen. Ein Gewinn ergibt sich dadurch, dass die US-Dollars zunächst zu einem höheren Kurs verkauft und dann günstiger zurück erworben wurden. Durch den Rückkauf wird der sogenannte Short-Bestand, den der Trader bei dem Broker hat, ausgeglichen.

Der Stop-Loss Auftrag

Bei einer Stop-Loss Order beziehungsweise einem Stop-Loss Auftrag handelt es sich um ein Werkzeug, welches zur Minimierung des Risikos bei dem Forex Trading eingesetzt wird. Ziel dieser Order ist es, den

Trader vor großen finanziellen Verlusten zu bewahren, falls sich eine unvorhergesehene Kursbewegung ergibt. Erreicht der Kurs also ein bestimmtes Niveau, so sorgt die Stop-Loss Order dafür, dass die Position dann automatisch verkauft wird und so der Verlust, der sich einstellen würde, wenn zu einem späteren Zeitpunkt verkauft werden würde, begrenzt. Handelt es sich um eine long Position, so kann der Stop-Loss Auftrag selbstverständlich nur unterhalb des Einstiegskurses gesetzt werden. Es sind allerdings Korrekturen möglich. Andersherum verhält es sich bei einer short Position, bei der die Stop-Loss Order nur oberhalb des Einstiegskurses platziert werden kann.

Veranschaulichendes Beispiel des Einsatzes von Take-Profit und Stop-Loss: Außerdem ist es sinnvoll, den Take-Profit mit dem Stop-Loss zu kombinieren, um ein Risiko ausschließen zu können. Wird das Währungspaar EUR/USD beispielsweise bei einem Kurs von 1,1500 eine long Position eingegangen, so kann die Stop-Loss Order beispielsweise bei 1,1488 platziert werden. Steigt der Kurs dann zum Beispiel auf 1,1520, so wird die Stop-Loss Order korrigiert und auf diesen Wert festgelegt. Der Take-Profit Auftrag wird hingegen dann ausgeführt, wenn der Kurs beispielsweise die 1,1600 Marke erreicht. Fällt der Kurs, so verliert der Trade in diesem

Szenario kein Geld, da der Stop-Loss nachgezogen und bei 1,1520 festgelegt wurde. Da die Position des Währungspaares jedoch zu einem Kurs von 1,1500 eröffnet wurde, stellt sich ein Gewinn ein, wenn der automatische Verkauf durch den Stop-Loss ausgelöst wird. Das Risiko ist somit ausgeschaltet. Erfreulich für den Trader wäre logischerweise eine weitere, positive Entwicklung des Kurses, denn dann wird, sobald der Kurs die 1,1600 Marke erreicht, automatisch verkauft. Dann hätte der Trader einen Gewinn von 1 (Euro-) Cent pro Euro erzielt. Bei einem LOT im EUR/USD von 0,1 (10.000 Euro) würde dies bedeuten, dass ein Gewinn von 100 Euro (10.000 x 0,01 = 100) erzielt wurde.

Der Take-Profit Auftrag

Bei der Take-Profit Order (Take-Profit Auftrag) handelt es sich um das Gegenteil einer Stop-Loss Order. Es wird nicht versucht, Verluste zu begrenzen, sondern Gewinne zu sichern, wenn das vorher (nämlich in der Höhe der Take-Profit Order) definierte Kursziel erreicht wurde. Es wird also automatisch verkauft, wenn der Kurs das Ziel erreicht, sodass der Gewinn in dieser Höhe gesichert ist. Von Kursgewinnen die darüber hinaus gehen, kann dementsprechen nicht profitiert werden.

Die Trading Range

Die Handelsspanne oder Trading Range ist der Bereich des Kurses, in dem ein Wert (zum Beispiel ein Währungspaar) in einer Phase, Tag, Woche oder Monate, gehandelt wird. Begrenzt wird die Trading Range

---

von den jeweiligen Tief- sowie Höchstkursen, die als Unterstützung beziehungsweise Widerstand fungieren.

Forex-Strategien

Zunächst sei hier angemerkt, dass es bei der Auswahl der Trading Strategie auf dem Forex Markt auf den Typ des Traders ankommt. In anderen Worten formuliert, spielt die eigene Persönlichkeit eine wichtige Rolle. Es empfiehlt sich, wie bereits angemerkt, zu allererst im Rahmen des kostenlosen Demokontos bei einem online Broker ganz unverbindlich auszuprobieren, welche Strategie die passende beziehungsweise erfolgreichste ist. In der Einführung zu dem Daytrading Teil dieses Buches wurde bereits zwischen verschiedenen Tradingstilen unterschieden, die sich durch die Timeframes (Zeitspanne), in denen die Trades getätigt werden, voneinander unterscheiden: Scalping, Daytrading, Swing Trading und der Positionshandel.

Die Chartanalyse – Kerzendiagramme (Candlestick Chart)

Grundsätzlich gilt, das der Markt unberechenbar und die Entwicklungen auf diesem nur sehr schwer vorherzusagen sind. Weder im Trading

Bei einem Chart handelt es sich um ein Diagramm, dass die Kurse eines Basiswertes zusammenfasst, beispielsweise in Form einer Linie oder Kerze. Der Chart ist also nichts anderes als die grafische Darstellung aller Kaufs- und Verkaufsordern.

noch an der Börse gibt es eine 100% Sicherheit. Nichtsdestotrotz können Techniken, wie zum Beispiel die Chartanalyse beziehungsweise -technik, dabei helfen, Entwicklungen vorauszuahnen und dementsprechend zu reagieren.

Im Rahmen der Chartanalyse, die auch technische Analyse genannt wird, versuchen Daytrader, die zukünftige Entwicklung aus historischen 177

Formationen und Mustern des Charts abzuleiten. Da es schlichtweg keine absolute Sicherheit gibt, wird versucht, die Trades zu finden, die eine hohe Aussicht auf Erfolg beziehungsweise Gewinn versprechen. Im Unterschied zur Fundamentalanalyse (siehe Aktien Teil dieses Buches), werden im Rahmen der Chartanalyse keine mikro- und ebenso wenig makroökonomische Daten verwendet, lediglich technische Daten spielen eine Rolle. Die Vorteile der technischen Analyse, die die Kerzen isoliert aber auch im Zusammenhang betrachtet, sind, dass keine Indikatoren erforderlich sind, um daraus Entwicklungen des Kurses abzuleiten. Nichtsdestotrotz kann die Chartanalyse durch den Einsatz weiterer Indikatoren ergänzt werden. Außerdem lässt sich die Chartanalyse auf jeden Timeframe beziehungsweise auf jede Zeiteben anwenden.

178

9.2.1.1 3.2.1.1 Die Grundlagen der Kerzendiagramme

Da Daytrader stets mit Kerzendiagrammen zu tun haben, soll im Rahmen dieser Informationsbox nun darauf eingegangen werden, um diese verständlich zu machen:

Ein Kerzendiagramm gibt stets die Entwicklung eines Wertes in einer bestimmten, vorher festgelegten Zeiteinheit an.

Eine solche Kerze besteht aus einem Docht, dem Kerzenkörper und der Lunte. Es gibt allerdings auch Kerzen, die keinen Docht und / oder keine Lunte haben, was bedeutet, dass der höchste Kurs dem Schlusskurs entspricht beziehungsweise der Eröffnungskurs dem niedrigsten Kurs.

Ist die Kerze hell beziehungsweise grün gefärbt, so bedeutet dies, dass der Schlusskurs über dem Eröffnungskurs liegt. Es wird von einer bullischen Kerze gesprochen. Andersherum gilt, dass dunkel (oft auch rot) gefärbte Kerzen aussagen, dass der Schlusskurs unter dem Eröffnungskurs liegt. Ist die Kerze hell (oder grün), so ist der Schlusskurs am oberen Ende des Kerzenkörpers abzulesen, ist die Kerze dunkel, so ist es umgekehrt, sprich der Schlusskurs am unteren Ende des Kerzenkörpers und der Eröffnungskurs am oberen Ende. Es wird von einer bärischen Kerze gesprochen.

Der unterste Punkt der Lunte gibt den tiefsten Preis, zu dem der Wert innerhalb des betrachteten Zeitraums gehandelt wurde an. Der Docht zeigt die Preise an, die über dem Schlusskurs (bullische Kerze) beziehungsweise über dem Eröffnungskurs (bärische Kerze) lagen und dann wieder auf denselben zurückgefallen sind. Daraus lässt sich ableiten, dass das obere

Ende des Dochts den höchsten Kurs angibt, der in der betrachteten Zeitspanne gezahlt wurde. Das untere Ende der Lunte zeigt den niedrigsten Kurs (Tief), der während des betrachteten Zeitraums gezahlt wurde.

Darstellung 1

Die Länge der Kerze (ohne Docht) beziehungsweise des Kerzenkörpers zeigt die Differenz zwischen Eröffnungskurs (Open) und Schlusskurs (Close). Ist eine bullische Kerze hell (grün) also besonders lang, so bedeutet dies, dass der Verkaufsdruck besonders hoch ist. Das liegt daran, dass der Schlusskurs deutlich über dem Anfangskurs in der betrachteten Zeitspanne liegt. Andersherum kann eine lange bärische Kerze einen Kaufdruck auslösen, da der Schlusskurs klar unter dem Eröffnungskurs liegt und sich der Preis somit auf einem niedrigen Niveau befindet.

Die Länge des Dochts gibt Auskunft über die Preisschwankungen über den Eröffnungs- und Schlusskurs hinaus. Kurze Dochte sind also ein Zeichen dafür, dass auf dem Markt Einigkeit herrscht und es deswegen nicht zu großen Kursschwankungen kommt. Aus langen Dochten lässt sich also schließen, dass der Kurs sehr beweglich ist beziehungsweise schwankt.

Da eine Beziehung zwischen den nebeneinander liegenden Kerzen besteht, suchen Daytrader nach unterschiedlichen Formationen beziehungsweise Mustern.

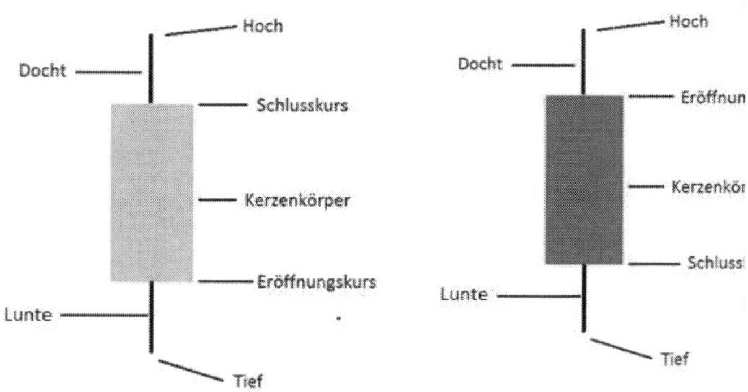

Die Kerzen Formationen

Aus den Formationen der aufeinander folgenden Kerzen im Chart leiten Trader Bedeutungen ab, die Auskunft über zukünftige Entwicklungen geben sollen. Natürlich gibt es keine 100 % Garantie, dass die gewünschte Entwicklung auch wirklich eintritt. Aus didaktischen Gründen werden hier zunächst einige der bullischen Formationen betrachtet, bevor ein Blick auf die bärischen geworfen wird. Zu Beginn soll hier bereits festgestellt werden, dass Formationen in größeren Timeframes (Zeiteinheiten) größer gewichtet werden, als Formationen in kleinen, kurzen Zeiteinheiten. Die Darstellungen sind der Realität nachempfunden und dienen dem Zweck der Veranschaulichung, um ein grundlegendes Verständnis zu fördern.

Es gibt noch eine ganze Reihe weiterer bullischer sowie bärischer Kerzen Formationen, die hier im Rahmen des Buches jedoch nicht näher behandelt werden, um den Umfang nicht zu sprengen.

Bullische Formationen: · Der Hammer

Diese Hammer-Formation ist bullisch und prognostiziert eine Trendwende von fallenden zu steigenden Kursen. Die Hammer Kerze hat eine lange Lunte, in die der Kerzenkörper mindestens zwei Mal „hineinpassen" muss. Einen Docht hat die Hammer-Kerze nicht, der Kerzenkörper ist klein.

Es handelt sich um eine sogenannte Umkehr-Formation, da die bärische Entwicklung (Kurs sinkt) von einer bullischen Entwicklung (Kurs steigt) umgekehrt wird. Wissenswert ist, dass Hammer in den meisten Fällen an Unterstützungsbereichen auftritt und ein Bodenumkehrsignal darstellt. In der unten aufgeführten Darstellung wird deutlich, dass der Hammer den Abwärtstrend, der sich durch die schwarzen Kerzen erkennen lässt, umkehrt.

Zu erwähnen ist hier außerdem, dass der Hammer einzeln betrachtet wird. Nichtsdestotrotz ist es stets zu empfehlen, dass die umliegenden Kerzen beziehungsweise den gesamten Chart ebenfalls nicht aus dem Blick verloren werden. Sinnvoll ist es, Unterstützungsbereiche mit einer Linie zu markieren.

181

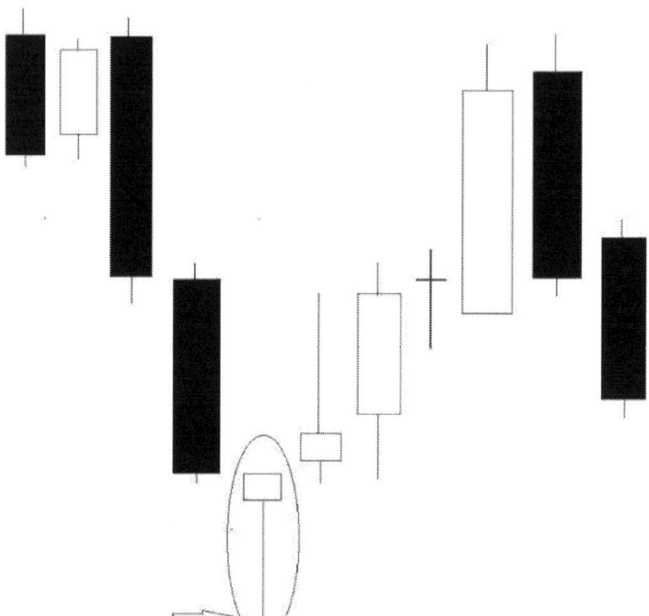

Darstellung 2

Im Verlaufe des Handels kam es zu einem Ausverkauf, nach diesem sich die Kurse wieder erholen, das zeigt der Hammer, natürlich gibt es dafür keine Garantie! Die Aussagekraft der Hammer Formation ist gering bis mittel.

Im Rahmen der Erläuterung der Hammer Formation wurde von Unterstützungsbereichen gesprochen. Dabei handelt es sich in aller Regel um Tiefstände eines Kurses, die über Wochen oder gar Monate nicht noch weiter unterschritten werden. Ein Beispiel ist das Allzeittief. Trader nutzen eine Unterstützungslinie, um auf einen Blick zu bemerken, ob sich der Kurs in diese Richtung bewegt. Ist dies der Fall, so gibt das mehr oder weniger Gewissheit über einen erneuten Anstieg des Kurses. Berührt der Kurs die Unterstützungslinie, so kann dies ein guter Einstiegszeitpunkt für die Eröffnung einer Long-Position sein, da, wie bereits angemerkt, von einer positiven Trendwende ausgegangen wird.

Belt Hold Formation

Die bullische Belt Hold Formation tritt während eines Negativ-Trends auf und hat keine Lunte, sodass der Eröffnungskurs dem niedrigsten Kurs im betrachteten Zeitraum entspricht. Die betrachtete

Kerze (siehe Pfeil) muss sich unterhalb der vorherigen (bärischen) Kerze befinden. Außerdem liegt der Schlusskurs klar über dem Eröffnungskurs. Die Belt Hold Formation hat zwar nur geringe Aussagekraft, der Beginn einer Trendwende ist jedoch möglich, so wie es in der Darstellung abgebildet wird.

Darstellung 3

· Engulfing

Diese Formation hat, im Gegensatz zu den zwei zuvor vorgestellten Kerzen Formationen, eine mittlere bis große Aussagekraft, auch, weil hier ein genauer Blick auf zwei aufeinander folgende Kerzen geworfen wird. Eine bullische Kerze wird von einer bärischen gefolgt, die die erste komplett umschließt (siehe Pfeil). Mit anderen Worten beschrieben, muss der Körper der bärischen Kerze größer sein, als der der bullischen. Des Weiteren müssen Docht und Lunte vorhanden sein. In vielen Fällen passiert es, dass auf die bärische Kerze eine weitere negative folgt, die sich im Chart unterhalb dieser befindet.

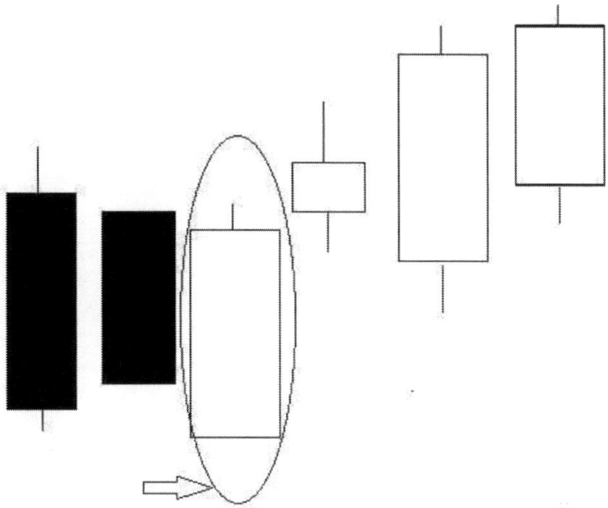

183

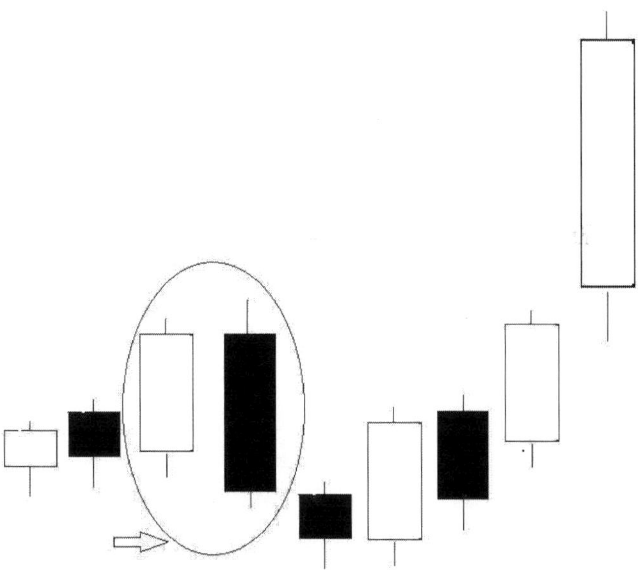

Darstellung 4

Aus der Darstellung geht hervor, dass der Abwärtstrend beendet ist und sich in einen Aufwärtstrend verwandelt. Auch bei der Engulfing Formation gibt es keine Garantie für das Eintreten eines Aufwärtstrends.

Bärische Formationen: · Hanging Man

Bei der bärischen Formation Hanging Man, handelt es sich um eine solche, die geringe bis mittlere Aussagekraft über die zukünftige Entwicklung des Kurses hat. In der unten aufgeführten Darstellung ist klar zu erkennen, dass es einen starken Aufwärtstrend gibt. Dieser positive Trend wird dann allerdings von dem bärischen Hanging Man gestoppt. Diese Kerze (siehe Pfeil) mit langem Docht leitet dann den Abwärtstrend ein. Wichtig ist, dass der Kerzenkörper des Hanging Man mindestens zwei Mal in den Docht passt. Begründet ist dieser negative

184

Trend durch einen starken Ausverkauf nach beziehungsweise während des Anstiegs des Kurses.

Darstellung 5

· Belt Hold

Bei dem bärischen Belt Hold erscheint während eines Aufwärtstrends eine Kerze mit einem relativ großen Körper, ohne Docht und mit einer kleinen Lunte. Der Eröffnungskurs der Belt Hold Kerze entspricht dem höchsten Kurs des betrachteten Zeitraumes, während der Schlusskurs deutlich unter dem Eröffnungskurs liegt. Der Belt Hold ist ein Anzeichen für eine Trendumkehr hin zu einer negativen, bärischen Kursentwicklung, allerdings mit eher geringer Aussagekraft.

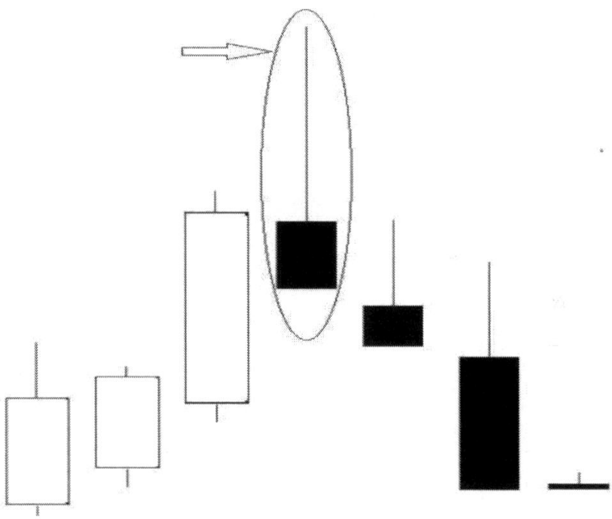

185

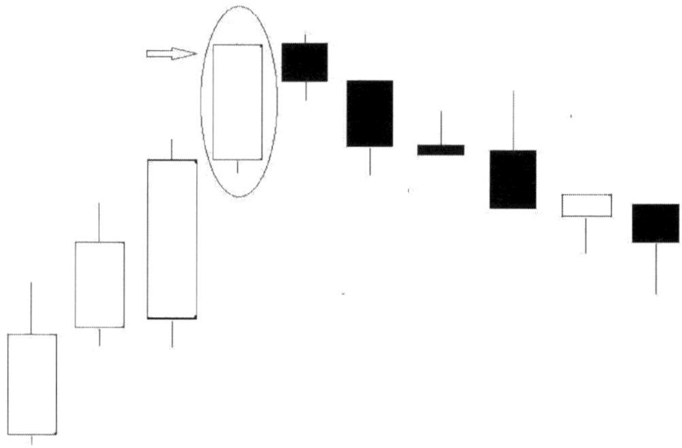

Darstellung 6

Shooting Star

Bei dem Shooting Star werden zwei bullische Kerzen in die unmittelbare Betrachtung miteinbezogen. Die Formation besteht, wenn ein kleiner Kerzenkörper mit langem Doch und ohne Lunte (oder mit sehr kurzer Lunte) auf eine längere Kerze mit jeweils kurzem Docht und Lunte im Rahmen eines Aufwärtstrends folgt (siehe Pfeil). Im Verlauf des Handels werden neue Höchststände erreicht. Die zweite Kerze des Shooting Star (Form eines umgekehrten Hammers) befindet sich am oberen Ende des Widerstandsbereichs und „prallt" dann an diesem ab: ein negativer Trend wird eingeleitet.

Der Widerstandsbereich ist der Bereich, an dem der Kurs zwei Mal oder mehr sein Hoch erreicht, dann aber nicht weiter steigt. Mit einer Widerstandslinie kann dieser Bereich im Chart markiert werden, um so, wenn sich der Kurs erneut dieser Markierung nähert, angemessen zu reagieren.

Darstellung 7

Vor allem für Anfänger ist es wichtig, dass diese die technische Analyse im Rahmen des kostenlosen Demokontos bei einem online Broker über, denn die Formationen sind nicht immer auf den ersten Blick zu erkennen. Übung macht hier den Meister. Außerdem sollte sich jeder angehende Trader eigene Regeln festlegen, wie und wann auf den Verlauf des Kurses reagiert wird, um so eine eigene Strategie, die sich auf die Chartanalyse stützt zu entwickeln.

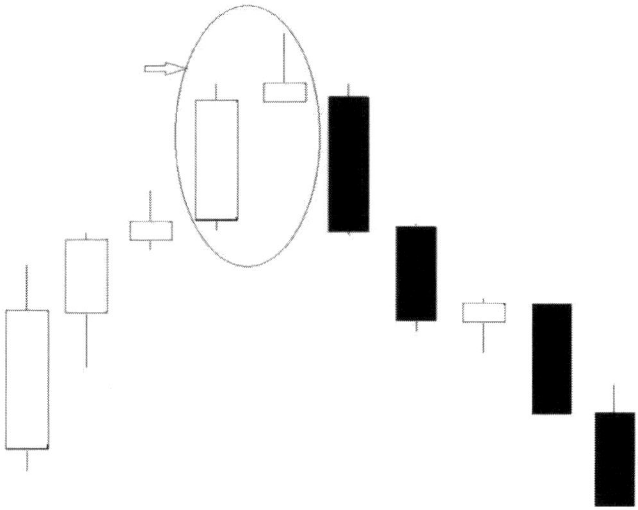

187

Natürlich gibt es noch viel mehr dieser Kerzen Formationen, die entweder geringe, mittlere oder starke Aussagekraft über die Entwicklung des Kurses haben. Grundsätzlich sollen die Formationen Tradern dabei helfen, Trends möglichst früh zu erkennen und dann mit dem Öffnen oder Schließen einer Position richtig darauf reagieren zu können. Es geht also darum, mit Hilfe der Formationen gut geeignete Ein- und Ausstiegspunkte für die Trades zu finden. Des Weiteren nutzen viele Trader die Formationen als eine Art Unterstützung zu anderen Indikatoren, um die Aussage hinsichtlich der Kursentwicklung, die diese treffen, mit der der Kerzen zu vergleichen. Im folgenden Unterkapitel sollen nun weitere, wichtige Indikatoren, die sich bei Tradern im Rahmen der Interpretation zukünftiger Kursentwicklungen großer Beliebtheit erfreuen, vorgestellt werden.

Die Trendfolge Strategie

Viele Trader nutzen die Trendfolge Strategie, um während eines bereits bestehenden Trends in den Handel einzusteigen. Der Ausstieg erfolgt immer dann, wenn der Kurstrend einbricht beziehungsweise beendet ist. Vorteilhaft ist, dass keine Indikatoren erforderlich sind und dass sich diese Strategie auf jedem Timeframe (Zeitebene) anwenden lässt. Nichtsdestotrotz wird auch häufig Kritik an Tradern geübt, die diese Strategie verfolgen. Gar von Trittbrettfahrer ist die Rede, da immer erst etingestiegen wird, wenn sich ein Trend bereits ausgebildet hat. Deshalb profitieren diese Trader nicht von der kompletten Kursbewegung, sondern lediglich von einem Teil derselben.

Doch wie werden Trends überhaupt erkannt?

Die Identifizierung und Einschätzung des Trends

Wenn die Trendfolge Strategie genutzt werden soll, so ist es selbstverständlich erforderlich, dass Trends identifiziert werden. Die Einschätzung über den Fortbestand des Trends oder eine Trendumkehr ist ebenso wichtig, um zu erkennen, wann der beste Ein- beziehungsweise Ausstiegspunkt gekommen ist.

Die Aufwärts- und Abwärtstrendlinie

Eine Aufwärtstrendlinie charakterisiert sich dadurch, dass diese entlang der Tiefpunkte eines Trends bewegen. Im Chart wird also eine Gerade eingezeichnet, die jeweils an mindestens zwei Tiefpunkten verläuft. Wird diese Gerade, sprich die Aufwärtstrendlinie, nicht oder nur sehr kurz von dem Trend durchstoßen, so liegt ein positiver Trend vor. Je

seltener die Linie von dem Trend durchbrochen wurde, desto signifikanter ist dieselbe zu bewerten.

Bei der Abwärtstrendlinie verhält es sich genau umgekehrt. Diese wird durch das Verbinden von mindestens zwei Kurshochs in den Chart eingezeichnet. Wenn diese nicht von dem Kurs durchbrochen wird, so ist das ein Signal dafür, dass es zu einer negativen Trendumkehr kommen könnte.

Für Trader, die nach dieser Strategie handeln, kann es

für die Eröffnung einer Long-Position günstig sein, wenn sich der Kurs der Aufwärtstrendlinie nähert. Trader, die hingegen short handeln möchten, sollten dann einsteigen, wenn sich der Kurs in der Nähe der Abwärtstrendlinie befindet. Dass es sich auch hier um keinen Erfolgsgaranten handelt, lässt sich erkennen, wenn ein Blick auf die weiter unten aufgeführte Darstellung eines Auszuges aus dem ein Tages Chart des EUR/USD geworfen wird. Wäre der Trader eine Long- Position um ungefähr 1 Uhr eingegangen wäre, so würde ein Gewinn erzielt werden. Hätte sich ein anderer Trader jedoch zu dem Zeitpunkt, an dem der Kurs die Abwärtstrendlinie erreicht, dazu entschieden short zu gehen, so würde dieser Verluste einfahren, da der Kurs nicht an der Abwärtstrendlinie abprallt, sondern diese deutlich durchstößt und der positive Trend weiter geht.

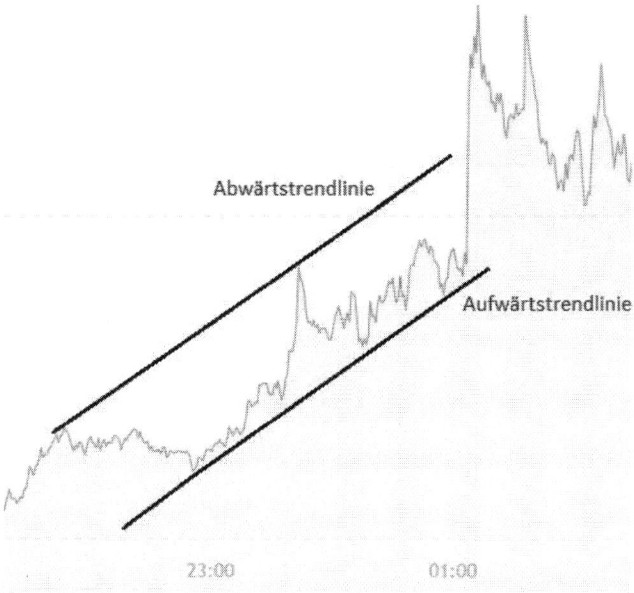

In Anlehnung an:
https://de.tradingview.com/symbols/EURUSD/https://de.tradingview.com/symbols/EURUSD/

Darstellung 8

Der Supertrend Indikator

Hierbei handelt es sich um einen Indikator, der auf der Volatilität, also dem Ausmaß der Preisschwankungen, basiert. Von Vorteil ist, dass auch Gaps beziehungsweise Kurslücken mit in die Berechnung

Auf- und Abwärtstrends können auch als Long- beziehungsweise Short-Trends bezeichnet werden.

einbezogen werden. Im Rahmen der Nutzung des Supertrend Indikators wird auch der Preis mit berücksichtigt. Allerdings werden nicht die Schlusskurse genutzt, sondern der Durchschnitt der Hochs und Tiefs im Verlaufe des betrachteten Timeframes, der sogenannte Mittelpreis, angewandt. Wenn der Schlusskurs über dem Supertrend Indikator liegt, so folgt das Einzeichnen eines Aufwärtstrends. Liegt der Schlusskurs unter dem Supertrend Indikator, so wird ein Abwärtstrend in den Chart gezeichnet. In der Darstellung ist der Supertrend Indikator im EUR/USD 5-Minuten Chart eingezeichnet. Dunkel ist die Linie des Supertrend Indikators jeweils an den Stellen, an denen ein Abwärtstrend vorliegt, hell dort, wo sich der Trend positiv entwickelt.

Darstellung 9

EUR/USD, 5-Minuten

Quelle: dailyfx.com (https://www.dailyfx.com/deutsch/devisenhandel/ausbildung/2012/11/07/Wie_man_eine_Strategie_erstelltTeil_4_Erkennung_Staerke_von_Trends.html

Im Rahmen dieses Beispiels wäre also ein passender Zeitpunkt, um eine Long-Position einzugehen, wenn der Kurs beginnt, überhalb des Supertrend Indikators zu verlaufen. Allerdings gibt es hier eine kurze, negative Trendwende (kurz vor 8.30 Uhr), die zumindest kurzzeitig für Verluste sorgen würde. Ein besser geeigneter Einstiegspunkt, um eine Long-Position zu eröffnen, wäre nach diesem kurzzeitigen Kurseinbruch. Guter Einstiegszeitpunkt für die Eröffnung einer Short- Position ergibt sich dort, wo in der Darstellung der zweite Pfeil eingezeichnet ist und der Kurs beginnt (unterhalb des Supertrend

Eine Kurslücke (engl.: Gap=) liegt dann vor, wenn zwischen Schluss- und Eröffnungskurs eine Lücke liegt. Da der Forex Markt 24 Stunden an fünf Tagen in der Woche gehandelt

wird, kommt es nicht sonderlich oft zu Kurslücken. Diese können sich jedoch ergeben, wenn der Kurs über das Wochenende, sprich in der Handelspause, deutlich zu- oder abnimmt, sodass entweder der Eröffnungskurs über dem Schlusskurs oder der Schlusskurs über dem Eröffnungskurs liegt. Tritt der erste Fall ein (Eröffnungs- über Schlusskurs) so wird von einer Aufwärtslücke (Up-Gap) gesprochen, liegt der Eröffnungskurs unter dem Schlusskurs, so handelt es sich um eine Abwärtslücke (Down-Gap).

Indikators) zu fallen.

Weitere Indikatoren der Chart- und Trendanalyse

Im Rahmen der Chartanalyse aber auch für die Trendanalyse kann der Indikator Simple Moving Average (SMA) genutzt werden, um die zukünftige Entwicklung des Kurses beziehungsweise eines Trends besser einschätzen zu können. Mit Hilfe von herkömmlicher Trading Software, lassen sich zahlreiche Indikatoren, so auch der Simple Moving Average in den Chart einzeichnen.

Weiter oben wurde bereits der SMA 200 (Simple Moving Average) erwähnt, der den gleitenden Durchschnitt der Kurse der vergangenen 200 Tage abbildet und die simpelste Methode der Berechnung darstellt. Im Rahmen der Berechnung werden die letzten 200 Kurse summiert und dann durch die Anzahl, sprich 200, dividiert. Der EMA 200

(Exponential Moving Average) reagiert schneller auf Veränderungen des Kurses, da die letzten Kurse stärker gewichtet werden, im Gegensatz zu dem SMA 200. Diese beiden gleitenden Durchschnitte sind die bekanntesten und ebenso sehr wichtige Indikatoren für Trader. Die Signale, die Trader durch die Anwendung dieser gleitenden Durchschnitte (SMA und EMA) erhalten, sind bei höheren Zeiteinheiten genauer. Je nach Betrachtungszeitraum wird die Anzahl der miteinzubeziehenden Kerzen festgelegt. Sollen kurzfristige Trends erkannt werden, so sollten nicht mehr als 50 Kerzen mit in die Betrachtung fließen.

Wird der Simple Moving Average Indikator von dem Kursverlauf von oben nach unten oder von unten nach oben durchstoßen, so kann dies ein Kauf- oder Verkaufssignal sein.

Darstellung 10

In der Darstellung ist der Chart des EUR/USD

Kurses von Mitte März bis Mitte Juni 2018 zu sehen, also ein relativ langer Zeitraum. Zu erkennen ist, dass sich eine Trendwende einstellt, wenn der Simple Moving Average von dem Kurs durchbrochen wird (siehe ersten und zweiten Pfeil). An anderen Stellen kommt es kurzzeitig auch zu einem Durchbruch des SMA. Dies verdeutlicht, dass Trader sich, wie immer, nicht 100 prozentig auf Indikatoren verlassen können.

In der folgenden Darstellung wurde dem Chart neben dem Simple Moving Average auch der Exponential Moving Average Indikator hinzugefügt. Wie bereits weiter oben erwähnt, reagiert der Exponential Moving Average (EMA) sensibler beziehungsweise schneller auf Kursveränderungen, da die letzten Kerzen stärker gewichtet werden.

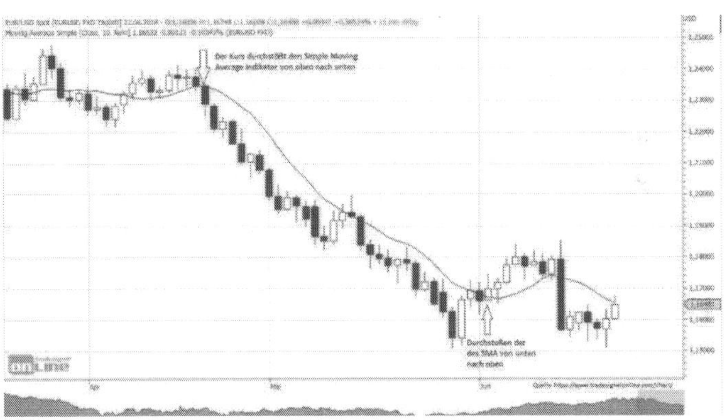

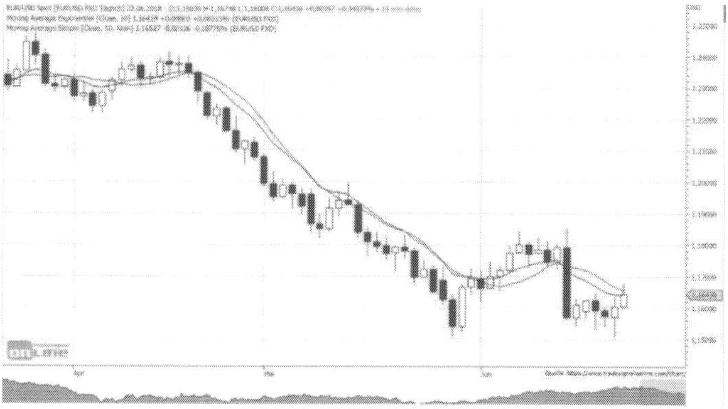

Darstellung 11

Handelssignale

Wird eine Strategie verfolgt, so ist es unerlässlich, wichtige Handelssignale zu kennen. Auch wenn keine explizite Strategie verfolgt wird, sollten Daytrader unbedingt die Handelssignale kennen. Handelssignale wurden zwar schon erwähnt, sollen jedoch nun im Rahmen dieses Unterkapitels kurz genauer vorgestellt werden.

Moving Average Crossover

Gleitende Durchschnitte, wie der SMA und der EMA, können auch in ihrer Kombination eine Signalwirkung haben. Dafür wird ein Chart genutzt, in dem sich der Trader mit Hilfe der Trading Software einen gleitenden Durchschnitt mit kurzem und gleichzeitig einen mit längerem Zeithorizont einblenden lässt.

In der folgenden Darstellung wird das 7-Tage-Moving-Average (die Linie, die ganz links über der anderen beginnt) mit dem 17-Tage- Moving-Average (zu Beginn die untere Linie) kombiniert. Ein Handelssignal für die Eröffnung einer Short-Position (fallende Kurse!), ergibt sich immer dann, wenn das 7-Tage-Moving-Average das 17- Tage-Moving-Average kreuzt. Kommt es zu dem Durchbrechen des 17- Tage-Moving-Average von unten nach oben durch das 7-Tage-Moving- Average, so ist dies ein Signal für die Eröffnung einer Long-Position, da die Kurse (vermeintlich) steigen.

194

Quelle: Tradingview.com

Darstellung 12

· Unterstützung und Widerstand

Vor allem für Anfänger ist es zu empfehlen, die Handelssignale von Unterstützung (Support) und Widerstand (Resistance) zu nutzen. In der Darstellung weiter unten ist jeweils die Widerstands- beziehungeweise Resitance-Zone (oben) sowie die Unterstützungs- beziehungsweise Support-Zone (unten) zu erkennen.

Klar sichtbar ist, dass der Kurs des GBP/USD immer dann steigt, wenn zuvor die Unterstützungs-Zone berührt wurde. Bis auf eine Ausnahme ganz links im Chart, steigt der Kurs immer so lange, bis dieser an der Widerstands-Zone abprallt und sich dann eine

Trendwende einstellt. Die Handelssignale ergeben sich dementsprechend dann, wenn der Kurs entweder die Unterstützungs- oder Widerstands-Zone berührt. Befindet sich der Kurs nahe an der Widerstands-Zone, so könnte die zukünftige Entwicklung in Form einer Trendwende vollzogen werden. Das spricht also für die Eröffnung einer Short-Position, um von den fallenden Kursen zu profitieren. Andersherum ist ein Handelssignal für den Long- Einstieg dann gegeben, wenn der Kurs an der Unterstützung-Zone abprallt, denn das könnte eine positive Trendwende bedeuten.

Darstellung 13

· Oszillatoren

Weitere Forex Indikatoren, der hier nicht außer Acht

gelassen werden sollen, sind die Oszillatoren. Besonders gerne von Tradern genutzt, um die zukünftige Entwicklung von Kursen in Seitwärtsphasen einzuschätzen, wird der Relative Strenght Index (RSI). Wie auch die anderen Indikatoren, können sich Trader den Relative Strenght Index von dem Chartprogramm anzeigen lassen. Der Wert des RSI gibt, je nach seiner Höhe, ein Kauf- oder Verkaufssignal und markiert allgemein die Überverkauft- und Überkauft-Bereiche an, sprich, ob die Nachfrage hoch oder niedrig ist. Lautet der RSI weniger als 30, so ist dies ein Kaufsignal, während ein RSI überhalb von 70 ein Verkaufssignal darstellt.

Es gibt noch weitere Oszillatoren, die als Forex Indikatoren genutzt werden, wie beispielsweise dem Stochastics Indikator. Diese sollen hier im Rahmen dieses Buches jedoch nicht weiter betrachtet werden. Wichtig ist dennoch, dass Oszillatoren während Seitwärtsphasen als gute Indikatoren im Hinblick auf den zukünftigen Kursverlauf gelten, liegt jedoch ein ausgeprägter Trend vor, so kommt es vor, dass die Werte zu lange im Überkauft- beziehungsweise Überverkauft-Bereich bleiben und so zu falschen Interpretationen führen. Mit anderen Worten sollten Oszillatoren wie der RSI dann genutzt werden, wenn sich noch kein Trend abzeichnet.

Darstellung 14

Die Wahl der Positionsgröße

Die Bestimmung der Positionsgröße ist für Daytrader sehr wichtig, um mögliche Verluste begrenzt zu halten. Aus dem bisherigen Verlauf des Buches sollte bereits hervorgegangen sein, dass Verluste als eine Art Betriebskosten angesehen werden sollten. Nichtsdestotrotz ist es logischerweise von entscheidender Bedeutung, Verluste in Grenzen zu halten, um die Gewinne zu maximieren. Deshalb sollte stets die Positionsgröße mit Bedacht gewählt werden. Es gibt zwar keine festen Regeln und die

Größe der Position hängt schlussendlich von dem Trader und seiner Risikobereitschaft ab, jedoch sollten Anfänger maximal 10 % des verfügbaren Guthabens des Trading-Kontos pro Position eingehen. Beträgt das Guthaben also beispielsweise 1.000 Euro, so würden (mit der 10 % Regel) 100 Euro pro Trade „aufs Spiel gesetzt" werden. Bei einem 100-fachen Hebel beziehungsweise einem Marginsatz von 1 % können so 10.000 Euro bewegt werden. Außerdem sollte im Rahmen der Verlust-Minimierung beziehungsweise – Begrenzung stets ein Stop-Loss Auftrag genutzt werden. Der Verlust von 10 % des eingesetzten Kapitals beziehungsweise Guthabens des Trading-Kontos würde mit richtig gesetzter Stop-Loss Order lediglich 1 % (pro Position) betragen. Vor allem für Neulinge im Bereich des Tradens ist es zu empfehlen, einen Positionsgrößenrechner, der kostenlos über Internet-Suchmaschinen zu finden ist, zu nutzen. Hier muss zum Beispiel die Höhe des verfügbaren Guthabens beziehungsweise Kapitals und das einzugehende Risiko angeben werden.

Abschließendes Fazit und weitere Informationen rund um das Trading

Im Rahmen dieses letzten Kapitels des Daytrading-

Teils dieses Buches soll das Trading mit Währungspaaren auf dem Forex Markt nun abschließend bewertet werden.

Zuallererst soll dem Leser hier keinesfalls vorenthalten werden, dass Trading nichts für Anfänger ist, die über keinerlei Fachwissen und Erfahrung auf dem Gebiet verfügen. Das liegt unter anderem schlichtweg daran, dass private Trader nur sehr kleine Gewinne pro Position einfahren. Wer wirklich seinen Lebensunterhalt mit dem Daytraden verdienen möchte, der sollte mehr als nur über ein durchschnittliches Budget verfügen. Außerdem sollte ein Totalverlust des eingesetzten Kapitals verkraftbar sein, sodass die Existenz nicht aufs Spiel gesetzt wird. Für Neulinge überwiegen die Nachteile. Wer gar daran denkt, seinen Beruf aufzugeben und als alleine Tätigkeit für die Bestreitung des Lebensunterhalts zu traden, der geht ein vergleichsweise hohes Risiko ein. Die Konkurrenz ist stark: studierte Trader der Banken, die nicht nur einen Informationsvorsprung, sondern ebenfalls einen technologischen Vorsprung haben, beschäftigen sich bereits seit Jahren mit dem Spekulieren auf die Kurse von Währungspaaren und können die zukünftigen Kurs-Entwicklungen deutlich besser einschätzen. Da es, wie ebenfalls bereits angemerkt, bei dem Daytrading zu keinerlei Wertschöpfung kommt, sondern das Geld lediglich den Besitzer wechselt, haben private Trader nur geringe Chancen wirklich attraktive Gewinne bei gleichzeitig niedrigen Verlusten zu erzielen. Außerdem werden die Kurse der Währungspaare auf dem Forex Markt von vielen Faktoren beeinflusst, die für Anfänger nur schwer durchschaubar und deren Auswirkungen auf die Wertentwicklung oft nicht nachvollziehbar sind. Um alle Faktoren im Auge zu behalten, bedarf es viel Zeit, ein paar Stunden nach Feierabend reichen da nicht aus, um alles zu erfassen. Die Kursschwankungen des hochliquiden Forex Marktes sind des Weiteren oftmals nicht nachzuvollziehen, da zahlreiche Händler enorme Volumen handeln und somit bereits die Kurse beeinflussen können. Nicht zu vergessen ist die Studie des Forbes Magazin, die besagt, dass über 75 % aller Daytrader Verluste einfahren. Das sollte auch den Optimisten unter den Einsteigern zu denken geben.

Nichtsdestotrotz kann das Traden lohnenswert sein, sollte die erforderliche Erfahrung vorhanden sein. Vorteile, beispielsweise im

Vergleich zu der Investition in Aktien, sind, dass an fünf Tagen pro Woche, sprich 24/5, mit Währungen gehandelt werden kann. Auch die Kosten für die Eröffnung einer Position sind dank der Sicherheitsleistung (Margin), die dem jeweiligen Broker zu erbringen ist, geringer als bei dem Erwerb von Aktien.

Zusammenfassend soll hier erneut festgestellt werden, dass Anfänger die Finger von dem Traden, das nichts anderes als Spekulieren ist, lassen sollten und stattdessen bevorzugt zu einer passiven Form der Geldanlage greifen sollten. Wie aus dem ersten Teil dieses Buches hervorgegangen ist, lohnt sich die Investition in Aktien über einen langen Zeithorizont. Auch der Zeitaufwand, der mit dem Kauf beziehungsweise dem Halten von Aktien verbunden ist, ist deutlich geringer, und dass bei Renditen, die sich durchaus sehen lassen können. Allerdings spielt auch die Anlagestrategie eine Rolle im Hinblick auf den damit verbundenen Zeitaufwand. Natürlich ist auch bei Aktien ein Totalverlust möglich, jedoch, zumindest bei der Wahl der richtigen Aktien (zum Beispiel von im Deutsche Aktien Index (DAX) notierten Unternehmen), sehr unwahrscheinlich. Anleger, die langfristig sparen möchte, um die Altersvorsorge zu gewährleisten, sollten sich unbedingt mit den Exchange Traded Funds (ETFs) beschäftigen. Hier ist der Zeitaufwand noch geringer als bei der Investition in Einzelaktien.

Exchange Traded Funds

Die zwei vorangegangenen Abschnitte dieses Buches behandelten die Themen Aktien Handel und das deutlich kürzer angelegte Daytrading. Im ersten Abschnitt wurde bereits kurz auf die Exchange Traded Funds (kurz ETFs) eingegangen. Da es sich bei den Exchange Traded Funds vor allem für Anfänger um eine interessante Form der (langfristigen) Geldanlage handelt, soll im Rahmen dieses dritten Abschnittes nun detaillierter darauf eingegangen, um den Leser die Besonderheiten der Geldanlage aufzuzeigen und für das Thema zu sensibilisieren. Zunächst soll erneut, jedoch umfangreicher, beleuchtet werden, was ein Exchange Traded Fund überhaupt ist und worin sich ein physischer ETF von einem synthetischen unterscheidet. Anschließend werden die Arten von Indexfonds beleuchtet werden und die wichtigsten vorgestellt werden. Natürlich sollen auch die Renditen, die in der Vergangenheit mit Exchange Traded Funds erzielt wurden, betrachtet und dem Leser anhand von Beispielen erläutert werden, wie die Rendite berechnet werden kann. Anschließend wird auf die Risiken eingegangen, die mit dieser Form der langfristigen Geldanlage in Verbindung stehen, im Vergleich zu anderen Finanzprodukten allerdings vergleichsweise gering ausfallen.

Nach der Lektüre dieses Abschnittes weiß der Leser, wie die Geldanlage in Exchange Traded Funds funktioniert, was hinter diesen Indexfonds steckt und welche Vor- und Nachteile gegenüber anderen Formen der Geldanlage bestehen.

Kapitel – Die Grundlagen der Exchange Traded Funds

Damit ein guter Einstieg in das Thema gelingt, sollen hier zunächst die Grundlagen der ETFs behandelt werden.

Einleitung ins Thema: Was ist ein Exchange Traded Funds überhaupt?

Exchange Traded Funds (ETFs) sind nichts anderes als Indexfonds, die an der Börse gehandelt werden. Somit stehen ETFs im Gegensatz zu klassischen Fonds, die über eine Fondsgesellschaft gehandelt werden. ETFs können während der Börsenzeiten durchgehend gehandelt werden, während die klassischen Fonds lediglich einmal pro Tag gehandelt werden können.

Wie bereits ausführlich im ersten Abschnitt, dem Aktien-Teil dieses Buches, erläutert, ist ein Aktienindex ein solcher, der die durchschnittlichen Werte der Kurse aller (in diesem Index vertretenen) Aktien,

Rohstoffen, etc. angibt beziehungsweise eine Kennzahl zur Ermittlung von ausgewählten Aktienkursen. In anderen Worten formuliert, ist der Wert des Indexfonds abhängig von dem Verlauf der im jeweiligen Index gelisteten Basiswerte, beispielsweise Aktien. Im Rahmen eines Exchange Traded Funds werden die Gelder von zahlreichen Anlegern in einen „Topf" geworfen. Der Fondsmanager, im Normalfall ein Finanz- und Anlageexperte, erhält dann den Auftrag die im „Topf" gesammelten Gelder gewinnbringend beziehungsweise ertragreich anzulegen. Wichtig ist dabei, dass die Investition möglichst breit gestreut wird, um sich vor möglichen Kurseinbrüchen einzelner Basiswerte abzusichern, da diese bei einer weiten Streuung nicht so stark ins Gewicht fallen. Des Weiteren muss sich der Fondsmanager an die vorher definierte Anlagestrategie halten. Investiert ein Anleger also in einen Exchange Traded Fund mit besonders sicherheitsorientierter Anlagestrategie, so darf der Fondsmanager logischerweise in keine risikobehafteten Basiswerte investieren, sondern sich stets am Gebot der Sicherheit orientieren. In der Vergangenheit konnten Anleger mit der Anlage ihres Geldes in Exchange Traded Funds attraktive Renditen erzielen, doch später mehr dazu. Nun soll zunächst kurz auf die Geschichte der ETFs beziehungsweise Indexfonds eingegangen werden, um anschließend den Unterschied zwischen physischen und synthetischen Exchange Traded Funds zu erläutern.

Die Geschichte der Indexfonds beziehungsweise ETFs – Ein vergleichsweise junges Finanzprodukt

Die Geschichte der Indexfonds ist überschaubar und begann Anfang der 1970er Jahre. Der erste Indexfonds, der Samsonite Pension Fund, wurde an der NYSE (New York Stock Exchange) gehandelt, fasste die durchschnittliche Wertentwicklung von 1500 Einzelwerten zusammen und konnte lediglich ein Mal pro Tag zu dem jeweils ermittelten Anteilspreis gehandelt werden. Anders formuliert war es im Jahr 1971 noch unmöglich, kurzfristig im Laufe eines Handelstages in diesen Indexfonds zu investieren. Erwähnenswert ist an dieser Stelle, dass es sich bei dem Samsonite Pension Fund um einen Indexfonds handelte, der ausschließlich für institutionelle Investoren zugänglich war, Privatanleger mit geringem Anlagevermögen hatten keine Möglichkeit an der Wertentwicklung zu partizipieren.

Das sollte sich jedoch im Jahr 1976 ändern. Die Investmentgesellschaft mit dem Namen Vanguard öffnete in diesem Jahr nun auch den Privatanlegern die Türen in diese interessante Form der Geldanlage. Die Vereinigten Staaten waren also der Vorreiter in Sachen Indexfonds. In der Bundesrepublik Deutschland und weiteren europäischen Ländern dauerte es noch eine Weile länger. Hier wurde der erste Fonds im Jahr 1988, allerdings nur für institutionelle Anleger, zum Kauf angeboten. In der Bundesrepublik Deutschland konnten private Anleger ab dem Jahr 1992 in den ersten Publikums-Indexfonds investieren, in dem einige Werte des Deutschen Aktienindizex gelistet waren. Zwei Jahre später, 1990, begann dann der Zulassungsprozess für die Exchange Traded Funds. In Deutschland, der Schweiz, Großbritannien und Schweden begann der Handel mit ETFs im Jahr 2000. Zu diesem Zeitpunkt waren Exchange Traded Funds in den USA bereits finanziell erfolgreich und stellen auch für Privatanleger eine interessante Alternative zur aktiven Geldanlage dar. Der erste Exchange Traded Funds überhaupt war der Standard & Poor´s Depository Recceipts (SPDRs), der an der American Stock Exchange gehandelt wurde. Im Jahr 2004 beginnt der Handel mit Immobilen- sowie Gold-ETFs und der Handel mit den Indexfonds in den Schwellenländern beginnt ebenfalls.

Erwähnenswert ist im Rahmen der Geschichte der Exchange Traded Funds, dass sich das weltweit darin investierte Vermögen vervielfacht hat. Die nachfolgende Abbildung zeigt eindrucksvoll, dass sich das in den Exchange Traded Funds verwaltete Vermögen innerhalb von 13 Jahren mehr als versechzehnfacht hat. Daran lässt sich erkennen, dass immer mehr Menschen in ETFs investieren, um langfristig Vermögen aufzubauen, sodass die Rolle dieses Finanzprodukts deutlich an wichtiger geworden ist.

Darstellung 1 – Weltweit in Exchange Traded Funds verwaltetes Vermögen (2003 – 2016)

Die Arten von Exchange Traded Funds

Synthetische und physische Replikation

Im Rahmen dieses Unterkapitels soll nun erläutert werden, worin der Unterschied zwischen den zwei Arten von Exchange Traded Funds liegt. Es existieren solche ETFs, die mit einer synthetischen Replikation arbeiten und solche, der einer physischen Replikation zugrunde liegt. Neben dem bloßen Unterschied sollen hier auch die jeweiligen Vor- und Nachteile der zwei möglichen Replikationsmethoden für den Anleger aufgeführt werden.

Die physisch replizierenden Exchange Traded Funds

Solche ETFs, die physisch repliziert beziehungsweise nachgebildet werden, charakterisieren sich für die Vollreplikation des Aktienindex, der diesen zugrunde liegt. Hier handelt es sich also um die 100 prozentige Nachbildung, zum Beispiel von Aktien im Hinblick auf die Gewichtung in dem jeweiligen Index. Allerdings muss hier festgehalten werden, dass die physische Replikation nur bei solchen Indizes möglich ist, die sich aus einer vergleichsweise kleinen Anzahl an Aktien bildet. Der Deutsche Aktienindex, der sich aus den 30 wichtigsten Unternehmen Deutschlands zusammensetzt, ist ein Beispiel für solch einen Index mit einer überschaubaren Anzahl an Aktien. Handelt es sich jedoch um Indizes, die deutlich mehr Aktien umfassen, wie es beispielsweise bei dem MSCI World Index der Fall ist, der über 1.600 Aktien beinhaltet, so ist eine physische (Voll-) Replikation nicht möglich. Aus diesem Grund wird hier die physische Teilreplikation angewandt, in der lediglich einzelne Titel des Index, die den gesamten Index am besten beziehungsweise am genausten nachbilden, genutzt. Erwähnenswert ist hier, dass es sich bei diesen Titeln nicht um Index Titel handeln muss. Mit anderen Worten kann hier ein Titel für den Zweck der Teilreplikation genutzt werden, der zwar eine hohe Korrelation mit dem Index aufweist, jedoch nicht Teil desselben ist. Die Nachbildung eines Index mit repräsentativen Titeln wird Sampling genannt.

Logischerweise kann es dabei zu Abweichungen kommen, die meist gering ausfallen und als Tracking Error bezeichnet werden. Grund für die Existenz des Samplings ist, dass diese Methode der Replikation eines Index günstiger ist, da schlichtweg weniger Werte erworben werden müssen. Das spart dem Anbieter Transaktionskosten und somit Geld, wovon oft auch der Anleger in Form von günstigeren Konditionen profitieren kann. Doch mehr zu den Vorteilen weiter unten.

INFOBOXDer Tracking Error oder auch Tracking Fehler gibt die auf ein ganzes Jahr bezogenen Standardabweichung der Differenzen zwischen den Renditen eines Index pro Tag an. Der Tracking Error misst also die Volatilität beziehungsweise Schwankungsbreite der Unterschiede in der Performance des Exchange Traded Fund und dessen zugrunde liegenden Index. Ist also der Tracking Error gering oder nicht vorhanden, so bedeutet dies, dass der Index dementsprechend gut oder schlecht repliziert beziehungsweise nachgebildet wird. Neben dem Tracking Error gibt es auch die Tracking Differenz, die von dem ersten abzugrenzen ist. Dabei handelt es sich um den Unterschied der Rendite zwischen Index und ETF. Beträgt beispielsweise die Rendite eines Index in einem beliebigen Jahr 8 %, der ETF auf diesen Index jedoch nur 6,7 %, so beträgt die Tracking

Differenz dementsprechend 1,3 Prozentpunkte. Erwähnenswert ist hier, dass sich dieses Defizit schlichtweg daraus ergibt, dass der ETF mit Kosten und Gebühren verbunden ist, die die Rendite schmälern.***INFOBOX***

Beispiel eines physisch replizierenden Exchange Traded Fund (Vollreplikation)

Die physische Replikation soll dem Leser nun anhand eines Beispiels verdeutlicht werden.

Ein Index beinhaltet folgende Aktien, deren jeweilige Gewichtung innerhalb des Index in Prozent angegeben wird:

- Aktie A: 30 %
- Aktie B: 20 %
- Aktie C: 20 %
- Aktie D: 10 %
- Aktie E: 10 %
- Aktie F: 10 %

Aus den vorangegangenen Abschnitten sollte bereits hervorgegangen sein, dass es stets das Ziel von Exchange Traded Funds ist, die Kursentwicklung eines Index möglichst genau nachzubilden beziehungsweise zu replizieren. Ist es also ein physisch replizierender ETF, so werden die Titel des zugrunde liegenden Index eins zu eins, sprich mit derselben Gewichtung, in das Portfolio aufgenommen. In anderen Worten formuliert kauft der Exchange Traded Fund, beziehungsweise die Herausgeber desselben, genau die Anteile, die auch im Index vorhanden sind. Es werden dementsprechend die Aktien A (30 %), B (20 %), C (20 %), D (10 %), E (10 %) und F (20 %) erworben. Da es sich schließlich um dieselben Aktien mit ein und der gleichen Gewichtung handelt, ist eine sehr genaue Abbildung des Vergleichsindex möglich. Dadurch werden logischerweise exakt die gleichen Gewinne oder Verluste erzielt, der Tracking Error ist sehr gering.

Nichtsdestotrotz, trifft dieses Beispiel nur auf vollrepliziereden Exchange Traded Funds zu, denn, wie bereits weiter oben erläutert, gibt es eine Unterart der physischen Nachbildung. Eben diese, die Teilreplikation eines Index, ist weniger genau, allerdings erforderlich, wenn ein Index zahlreiche Titel beinhaltet. Es werden also die wichtigsten, am stärksten gewichteten Titel aus dem jeweiligen Index gewählt und der letzte anhand dieser nachgebildet. Wird das vorangegangene Beispiel auf die teilreplizierenden physischen ETFs angewandt, so kommt das Sampling zum Einsatz. Es werden also nur die am stärksten gewichteten Titel, im Beispiel sind dies die Aktien A (30 %), B (20 %) und C (20 %). Logischerweise kann es hier zu dem Tracking Error kommen, da nicht alle, sondern nur die (vermeintlich) repräsentativsten Werte für die Nachbildung genutzt werden.

Die synthetisch replizierenden Exchange Traded Funds

Bei den synthetisch replizierenden ETFs, die auch als Swap-ETFs bezeichnet werden, werden nicht die im Index geführten Titel (wie zum Beispiel Aktien) als Grundlage der Nachbildung beziehungsweise Replikation genutzt, sondern Derivate. Ein Beispiel für ein Derivat ist ein Tauschgeschöft (Swap). Im Rahmen der Swaps gibt es zwei Swap-Partner: der ETF selbst und im Normalfall eine große Investmentbank. Die beiden Swap-Partner gehen ein Tauschgeschäft, also den Swap ein. Im Rahmen dieses Tauschgeschäftes verfügt der Exchange Traded Fund über einen „Korb“ an Aktien (teilweise auch Anleihen). Die Performance dieses „Aktien Korbes“ wird dann an die Investmentbank oder einen anderen Swap-

Partner geliefert. Die Investmentbank beziehungsweise der Swap-Partner liefert dann quasi im Gegenzug die Performance des Index. Anders formuliert wird im Rahmen des Swap-Geschäfts vereinbart, dass der Swap-Partner dem ETF die Rendite des Index und außerdem die Dividendenzahlungen zahlt. Der Ausgleich wird von der Rendite der Aktien aus dem „Korb“ sowie einer Swap-Gebühr von Seiten des Exchange Traded Fund an den Swap-Partner erbracht. Das Geld der Anleger, welches diese in die synthetisch nachgebildete Entwicklung des Index investieren, landet direkt in dem Aktien „Korb“. Dabei spielt es überhaupt keine Rolle, ob die Titel mit denen in dem Index übereinstimmen oder komplett andere Titel sind, denn diese dienen dem ETF beziehungsweise den Anlegern als Sicherheit. Allerdings gibt es zwei Arten von Swap-ETFs: den unfunded Swap und den funded Swap, die im nächsten Unterkapitel erläutert werden. Vorteilhaft an den synthetisch replizierenden ETFs ist, dass zumindest sehr umfangreiche Indizes präziser als mit der physischen Teilreplikation abgebildet werden können. Doch mehr zu den jeweiligen Vor- und Nachteilen im Verlauf dieses Kapitels.

Unfunded und funded Swaps

Der unfunded Swap (ungedeckter Swap) charakterisiert sich dadurch, dass der Exchange Traded Fund selbst die Sicherheiten, sprich den Aktien „Korb“, hält. Bei dem funded Swap (gedeckter Swap) ist dies anders. Hier kümmert sich der Swap-Partner um die Sammlung der Sicherheiten, die bei einem unabhängigen Treuhänder hinterlegt und im Namen des ETFs gehalten werden.

Die nachfolgende Darstellung soll dem Leser den Unterschied auf anschauliche Art und Weise verdeutlichen.

Darstellung 2 – Unterschied unfunded und funded Swap

Die Vor- und Nachteile von physisch und synthetisch nachgebildeten ETFs im Überblick

Bereits zu Beginn dieses Unterkapitels soll herausgestellt werden, dass sich jeder einzelne Anleger selbst Gedanken machen sollte, welche Methode der Replikation des dem ETF zugrunde liegenden Index am geeignetsten ist.

Ein großer Nachteil der synthetischen Replikation beziehungsweise Nachbildung ist, dass diese aufgrund der hohen Komplexität im Normalfall für die Anleger nicht nachzuvollziehen sind. Ebenso nachteilig zu bewerten ist das sogenannte Kontrahentenrisiko. Das bedeutet, dass es im schlimmsten Fall dazu kommen kann, dass es zu Zahlungsausfällen des Swap-Partners kommt, da dieser insolvent ist. Kommt es zu diesem Fall, so ist es durchaus möglich, dass der Kurs des Exchange Traded Fund stark fällt und die Anleger somit teils schwere Verluste erleiden.

Klarer Vorteil der synthetischen Nachbildung ist allerdings die günstigere Kostenstruktur. Wird nach der Sampling Methode vorgegangen, so müssen deutlich weniger Titel erworben werden, als dass es bei der physischen Replikation der Fall ist. Dadurch profitieren die Anleger von günstigeren Preisen und somit höheren Renditen. Natürlich ist auch die deutlich einfachere Verständlichkeit der physisch nachgebildeten ETFs ein Vorteil für die Anleger, die genau wissen, welche Werte Einfluss auf die Kursentwicklung des jeweiligen Index haben. Auch die Möglichkeit auftretender Tracking Errors, die bei der physischen Teil- und Vollreplikation durchaus passieren können, ist als Vorteil der synthetischen Nachbildung zu bewerten. Denn hier ist die Wahrscheinlichkeit eines Tracking Errors deutlich geringer. Des Weiteren ist im Hinblick auf die steuerliche Behandlung zu erwähnen, dass auch hier die synthetisch replizierten Exchange Traded Funds ein Stück weit die Nase vorn haben.

Dieser Vorteil von synthetischen ETFs macht sich im Rahmen der jährlichen Besteuerung bemerkbar, da die Dividenden als reine Kursgewinne angesehen werden und nicht, wie es bei den physisch nachgebildeten ETFs als reine, zu versteuernde Dividenden. Anders ausgedrückt bedeutet dies, dass die synthetishen Exchange Traded Funds nicht jährlich besteuert werden. Die Abgeltungssteuer wird erst dann erhoben, wenn der ETF wieder veräußert wird. Für den Anleger ergibt sich also ein Wiederanlageeffekt, indem die vorerst gesparte Steuer erneut im ETF angelegt wird.

Schlussendlich sollten sich Anleger, die vor der Wahl eines physisch oder synthetisch nachgebildeten Exchange Traded Fund stehen, Gedanken machen, welche Ansprüche an das Portfolio gestellt werden. Dabei spielt zum Beispiel eine Rolle, ob die höchstmögliche Wertetreue oder eine indexnahe Rendite erreicht werden soll. Wie bereits angemerkt, eignet sich synthetisch nachgebildete ETFs dazu, die Rendite durch Steuervorteile zu optimieren und von dem Wiederanlageeffekt zu profitieren. Wer allerdings mit Derivaten, die seit der Finanzkrise häufig sehr kritisch gesehen werden, nichts zu tun haben möchten, dem bleibt nur die Wahl eines physischen ETFs. Wichtig ist, dass die Entscheidung auf sachlicher Grundlage und im stets Hinblick auf die individuellen

Bedürfnisse und Renditevorstellungen getroffen wird.

Die Unterscheidung in ausschüttende und thesaurierende ETFs

Bereits aus dem Aktien-Teil dieses Buches sollte bekannt sein, dass Exchange Traded Funds nicht nur in physisch und synthetisch unterschieden, sondern auch im Hinblick auf die Art der Gewinnausschüttung voneinander differenziert werden. Nichtsdestotrotz soll hier der Vollständigkeit halber erneut der Unterschied herausgestellt werden.

Die thesaurierenden Exchange Traded Funds

Wenn es sich um einen thesaurierenden Exchange Traded Funds handelt, so verrät bereits der Name, dass die aus dem ETF erzielten Erträge immer automatisch erneut in den Fond angelegt werden, indem diese in neue Wertpapiere desselben investiert werden. Der Anleger kann also nicht auf die Erträge zugreifen. Es stellt sich jedoch ein positiver Effekt, genauer gesagt der Zinseszinseffekt, ein. Von Vorteil ist der Effekt vor allem für die Anleger, die einen langen Anlagehorizont haben, sprich langfristig investieren möchten. Zum einen ist als positiv zu bewerten, dass der Anleger sich nicht selber um die

Wiederanlage kümmern muss, zum anderen fallen keine zusätzlichen Gebühren bei dem jeweiligen Broker an, die angefallen wären, wenn der Anleger die neuen Wertpapiere hinzugekauft hätte. Auch für Anleger Erwähnenswert ist hier außerdem, dass die Dividenden besteuert werden und lediglich der Nettobetrag erneut in die Titel des ETF investiert wird. Anleger, die allerdings auf die jährlichen Dividenden zugreifen möchten, sollten sich nicht für einen thesaurierenden ETF, sondern für einen ausschüttenden ETF entscheiden.

Die ausschüttenden Exchange Traded Funds

Die ausschüttenden ETFs charakterisieren sich durch die Ausschüttung der erzielten Erträge, wie zum Beispiel Aktiendividenden oder Anleihezinsen. Durch die regelmäßige Ausschüttung dieser Erträge profitieren die Anleger davon, dass sich auf diese Weise die Möglichkeit ergibt, frei über die ausgeschütteten Mittel zu verfügen. Beispielsweise kann der Anleger damit ein anderes Finanzprodukt erwerben, weitere Anteile an dem Exchange Traded Fund kaufen oder das Geld einfach auf das Bankkonto einzahlen. Für Anleger, die regelmäßige Zahlungsströme bevorzugen, zum Beispiel um davon einen Teil des Lebensunterhalts zu decken, eignen sich also die ausschüttenden Exchange Traded Funds.

Die Entstehung der Anteile eines Exchange Traded Fund

Um einwandfreies Verständnis für die Funktionsweise von ETFs zu erlangen, ist es wichtig, zu wissen, wie die Anteile derselben entstehen. Wenn börsengehandelte Fonds, wie Exchange Traded Funds, erworben und / oder veräußert werden, spielt der Creation-Redemption-Prozess (Ausgabe-Rücknahme-Prozess) eine entscheidende Rolle. Dieser Prozess macht es möglich, dass eine Erhöhung oder Reduzierung der Anteile des Exchange Traded Fund je nach der aktuellen Nachfrage durchgeführt werden kann, ohne dass davon die weiteren Anteilseigner des Fonds betroffen sind. Aus diesem Grund soll hier nun der Creation-Redemption-Prozess näher betrachtet werden.

Der Creation-Redemption-Prozess

Der Creation-Redemption-Prozess sorgt dafür, dass sich Exchange Traded Funds von herkömmlichen Investmentfonds unterscheiden. Die letzteren charakterisieren sich nämlich unter anderem dadurch, dass sich Käufe und auch Verkäufe von Anteilen auf die

Anleger, die in den Fonds investiert haben, auswirken. Wie bereits angedeutet ist dies bei den Exchange Traded Funds anders, eben dank dem Creation-Redemption-Prozess. Der Ausgabe-Rücknahme-Prozess ermöglicht es, dass Käufe und Verkäufe keinerlei Einfluss auf die Anteile der Anleger haben. Steigt also die Nachfrage nach dem jeweiligen ETF und somit die Käufe, so wird im Rahmen des Ausgabe-Rücknahme-Prozesses dafür gesorgt, dass neue Anteile geschaffen werden. Dafür werden neue Anteile gegen die zugrundeliegenden Wertpapiere getauscht und somit gedeckt, dieser Prozess wird als Creation- oder Ausgabe-Prozess bezeichnet. Andersherum bewirkt der Ausgabe-Rücknahme-Prozess, dass, wenn die Nachfrage sinkt, Anteile des Fonds gegen Wertpapiere zurückgetauscht werden, dieser Prozess wird als Redemption- oder Rücknahme-Prozess bezeichnet. Zu erwähnen ist hier, dass die Anleger selbst keinerei Einfluss auf eine Creation oder Redemption haben. Der Market Maker stellt einen „Korb“ mit Aktien zusammen, der exakt den Basiswerten des zugrunde liegenden Index enthält, also zum Beispiel die 30 Bluechip Aktien des Deutschen Aktienindex (DAX). Die Aktien aus dem „Korb“ werden dann gegen Anteile an dem Exchange Traded Fund, die der Market Maker von der Fondsgesellschaft erhält, getauscht, selbstverständlich im selben Wert des „Korbs“. Wie bereits weiter oben in diesem Abschnitt angemerkt, ist dies der Creation- oder auch Ausgabe-Prozess. Es sollte also hervorgegangen sein, dass der Creation-Prozess dafür sorgt, dass der Index handelbar wird, da der Market Maker nun imstande ist, die Anteile des Exchange Traded Funds, die dieser zuvor im „Tauschgeschäft" (Aktien „Korb" gegen ETF Anteile) von der Fondsgesellschaft erworben hat, an der Börse zu verkaufen. Natürlich hat der Market Maker auch die Möglichkeit im Rahmen des Redemption-Prozesses, die Anteile an dem ETF zurück an die Fondsgesellschaft zu geben und dafür den Aktien „Korb" zurückverlangen.

Der Ablauf des Creation- beziehungsweise Ausgabe-Prozesses

Um besseres Verständnis für den Creation- beziehungsweise Ausgabe-Prozesses von Exchange Traded Funds zu generieren, soll im Rahmen dieses Unterkapitels kurz darauf eingegangen werden, wie dieser Prozess in etwa abläuft.

Angenommen ein Anleger führt bei seinem Broker eine Order für den Erwerb von 50.000 Anteilen an einem Exchange Traded Fund durch. Der Broker verkauft dem Anleger dann logischerweise die Anteile des ETF zu einem gewissen Preis. Der Anleger bekommt dabei nichts von den Prozessen, die der Broker durchführt, mit. Der Broker hat nun eine höhere Nachfrage, eben durch die Kauf-Order des Anlegers, zu bedienen. Deshalb erschafft dieser nun neue Anteile und kauft seinerseits den Aktien „Korb", der von dem Exchange Traded Fund gehalten wird. Im nächsten Schritt wird der Creation-Prozess durch die Lieferung dieses „Korbes" an den ETF-Emittenten beziehungsweise die Fondsgesellschaft. Im Gegenzug erhält der Broker vom Emittenten die neuen ETF-Anteile. Wie bereits erwähnt, ist der Anleger selbst nicht in den Ausgabe-Prozess involviert.

Der Ablauf des Redemption- beziehungsweise Rückgabe-Prozesses

Auch der Rückgabe-Prozess soll hier für ein besseres Verständnis kurz erläutert werden.

Angenommen ein Anleger möchte seine Anteile an dem Exchange Traded Fund verkaufen und gibt seinem Broker dementsprechend eine Verkaufs-Order. Der Broker kauft also die Anteile des ETF, die von dem Anleger gehalten wurden. Um seine Position abzusichern, verkauft der Broker also den „Korb", der von dem ETF gehalten wird. Danach erfolgt die

Lieferung der Anteile des ETF vonseiten des Brokers an den Emittenten des ETF, wodurch der Redemption- beziehungsweise Rückgabe-Prozess initiiert wird und der Broker den „Korb“ vom Emittenten zurückerhält. Auch hier, sprich im Redemption-Prozess, ist der Anleger nicht beteiligt und hat keinerlei Einfluss darauf.

Die Vorteile des Ausgabe-Rücknahme-Prozess

Der Creation-Remption-Prozess hat Vorteile für alle Beteiligten und bewirkt eine Effizienz-Steigerung der Struktur von Exchange Traded Funds. Da der Ausgabe-Rücknahme-Prozess dem Exchange Traded Fund je nach der aktuellen Nachfrage eine Expansion beziehungsweise Erweiterung oder eine Kontraktion beziehungsweise Verkleinerung ermöglicht, ist dieser für alle Beteiligten als positiv zu bewerten.

Kapitel – Die Indizes der Exchange Traded Funds

Im Rahmen dieses zweiten Kapitels soll nun näher auf die Indizes eingegangen werden, die von den ETFs nachgebildet beziehungsweise repliziert werden. Ohne Indizes würde es somit logischerweise keine Exchange Traded Funds geben.

Bereits aus dem Aktien-Teil dieses Buches sollte hervorgegangen sein, dass Indizes als eine Art Barometer für die Stimmung auf den Aktien- beziehungsweise Wertpapiermärkten genutzt werden. Je nach der Zusammensetzung eines Index lässt sich zumindest auf indirekte Art und Weise absehen, wie die wirtschaftliche Entwicklung von Branchen, Ländern oder Regionen verläuft. Der deutsche Index TecDAX beispielsweise gibt also die wirtschaftliche Entwicklung der wichtigsten deutschen Technologie-Unternehmen an. Vereinfacht gesagt lässt ein hoher Indexkurs des TecDAX also darauf schließen, dass sich die darin geführten Unternehmen in guter, aufstrebender wirtschaftlicher Verfassung befinden.

Da die Indizes auf verschiedene Art und Weise berechnet werden können, werden diese Möglichkeiten im folgenden Unterkapitel erläutert. Neben diesem Unterschied sollen hier auch weitere Merkmale für die Unterscheidung von Exchange Traded Funds aufgeführt und erläutert werden.

Die Möglichkeiten zur Berechnung der Indexwerte im Überblick

Für Anleger ist es wichtig zwischen den Möglichkeiten der Berechnung von Indexwerten unterscheiden zu können. Neben dem Kurs- oder Preisindex, der nur die Entwicklung der Kurse von Wertpapieren angibt und Zins- und / oder Dividendenerträge unberücksichtigt lässt, spielt auch der Performance-Index (Total Return Index) eine wichtige Rolle. Der Total Return Index rechnet die von den Wertpapieren erzielten Dividenden in die Wertentwicklung mit ein, in dem unter der Voraussetzung vorgegangen wird, dass alle Dividenden stets erneut in die Wertpapiere des Index investiert beziehungsweise angelegt werden. Als logische Konsequenz ist es möglich, dass der Performance-Index steigt, obwohl die Wertentwicklung der entsprechenden Aktien seitwärts verläuft, nämlich immer dann, wenn Dividenden ausgeschüttet werden. Weniger häufig, jedoch trotzdem existent ist die Netto-Variante des Performance-Index (Total Return Net). Der Total Return Net berücksichtigt auch die Erhebung der Quellensteuer auf die Dividenden von ausländischen Aktien. Aus diesem Grund wird die anfallende Steuer von den Brutto-Dividenden subtrahiert und lediglich die Netto-Dividenden erneut in die Aktien des jeweiligen Index angelegt.

Je nach der Berechnung des Index kann dessen Kursentwicklung also unterschiedlich verlaufen. Logischerweise wird der Performance-Index, der die (brutto Dividenden) automatisch erneut in Aktien des

Index anlegt, stets über dem Kurs-Index und ebenso über der Netto-Variante des Performance-Index liegen. Die folgende Darstellung soll dies dem Leser bildlich veranschaulichen.

Darstellung 3 – Die Entwicklung des MSCI World Index über 30 Jahre

Die Wiederanlage der Dividenden in Aktien des Index macht sich also deutlich am Verlauf der verschiedenen Indizes (Kurs-, Performance- und netto Performance-Index) bemerkbar. Der Vergleich zwischen Kurs- und Performance-Index, egal ob brutto oder nett, ist also nicht sinnvoll. Deshalb müssen stets die Indizes, die nach derselben Art der Berechnung entstanden sind, miteinander verglichen werden, um hilfreiche Schlüsse im Hinblick auf die Wertentwicklung treffen zu können.

2.2 Die Einteilung der Exchange Traded Funds

Exchange Traded Funds werden natürlich nicht nur im Hinblick auf die Art der Berechnung des Index voneinander unterschieden. Es gibt weitere, sinnvolle Unterscheidungs- beziehungsweise Kategorisierungs-Merkmale, die hier vorgestellt werden sollen.

Exchange Traded Funds beziehungsweise die diesen

zugrunde liegenden Indizes werden eingeteilt im Hinblick auf die jeweilige:

- **Branche**

Wichtige Indizes, die die wirtschaftliche Entwicklung von Branchen abbilden, sind die Finanz-, die Technologie-, die Pharma-, Chemie-, Energie- sowie Immobilien- und Automobilbranche.

- **Region**

Auch die wirtschaftliche Entwicklung der Märkte von ganzen Regionen kann in Indizes eingesehen werden. Hierbei wird in global, Vereinigte Staaten, Europa, Asien und Schwellenländer (Emerging Marktets) unterschieden.

- **Anlageklasse**

Die Einteilung kann auch nach der Anlageklasse erfolgen, denn schließlich lassen gibt es nicht nur Exchange Traded Funds auf Aktienindizes. Die Einteilung erfolgt also in Aktien, Anleihen, Rohstoffe und Immobilien.

- **Größe der Unternehmen**

Des Weiteren kann die Einteilung im Hinblick auf die Größe des Unternehmens, die an der Marktkapitalisierung desselben gemessen wird, erfolgen. Bereits im Aktien-Teil dieses Buches wurde auf die Unterscheidung der Unternehmensgröße nach dem Börsenwert beziehungsweise der

Im folgenden Unterkapitel werden dem Leser nun die wichtigsten Indizes der Welt vorgestellt, auf die Exchange Traded Funds angeboten werden.

2.3 Die weltweit wichtigsten Aktienindizes im Überblick

Logischerweise gibt es eine ganze Reihe an Indizes, rund um den gesamten Globus. Aus dem ersten Teil des Buches sollten bereits der Deutsche Aktienindex (DAX), der japanische Nikkei und auch der US-amerikanische Dow Jones bekannt sein. Außerdem wurde der MSCI World Index ebenfalls erwähnt und kurz vorgestellt. Bei der Geldanlage in Exchange Traded Funds ist es wichtig, dass ein zugrunde liegender Index gewählt wird, der möglichst breit gefächert ist, zumindest, wenn eine sicherheitsorientierte Anlagestrategie genutzt werden soll. Nun folgt eine Auflistung der wichtigsten Aktienindizes der Welt. Neben allgemeinen Informationen werden auch die Vor- und Nachteile aufgeführt.

- **Der MSCI World**

Dieser Index wird von Morgan Stanley Capital International (MSCI), einem US-amerikanischen Finanzdienstleister, berechnet und herausgegeben. Bei dem MSCI World handelt es sich um einen der wichtigsten Indizes, wenn es um Exchange Traded Funds geht. Das liegt auch daran, dass dieser Index die wirtschaftliche Entwicklung der Weltwirtschaft wie kein anderen Index abbildet. Insgesamt fasst der MSCI World Index 1652 Unternehmen zusammen, die aus 23 Ländern kommen. Neben Unternehmen aus den Vereinigten Staaten sind auch solche aus Japan, dem Vereinigten Königreich, Deutschland, Schweiz und Frankreich aber auch kleinere Länder wie Belgien und Singapur vertreten. Die Unternehmen der wichtigsten Industrie-Nationen werden also im MSCI World als Index berechnet. Die im meisten vertretenen Branchen sind die Finanz- und IT-Branche. Unternehmen aus den USA machen etwa 60 % aller im MSCI World gelisteten Unternehmen aus, beispielsweise sind die IT-Giganten Apple, Microsoft, Facebook und Alphabet (Muttergesellschaft von Google), aber auch Banken, die weltweit einen großen Stellenwert einnehmen, wie die JPMorgan Chase & Co.

Dieser Index ist so beliebt, vor allem bei Anlegern,

die ihr Geld in einen breitgefächerten Exchange Traded Fund investieren möchten, weil dieser besonders breit gestreut und somit die Diversifikation sichergestellt ist. Aus diesem Grund sehen sich die Anleger deutlich weniger von Marktschwankungen und Kurseinbrüchen konfrontiert. Die Schwankungen der Aktienkurse werden von dem MSCI World deutlich besser ausgeglichen, als es bei kleineren Indizes beziehungsweise weniger diversifizierten Indizes der Fall ist. Ein Beispiel für einen solchen, weniger diversifizierten Aktienindex, ist der Deutsche Aktienindex (DAX), der nur deutsche Unternehmen beinhaltet und lediglich im Hinblick auf die Branchen diversifiziert ist.

- **Vorteile des MSCI World Index**

Es handelt sich um einen besonders breit gefächerten Index, der die Kurs-Entwicklungen der bedeutesten Unternehmen verschiedener Branchen aus den wichtigsten Industrie-Staaten der Welt abbildet beziehungsweise zusammenfasst. Dadurch, sprich durch die breite Diversifizierung, sehen sich die Anleger vor starken Kursschwankungen geschützt. Vereinfacht gesagt gleichen die starken Branchen die schwachen aus und der Kurs des Index wächst stabil. Außerdem soll hier festgehalten werden, dass Anleger, die innerhalb der letzten 20 Jahre in den Morgan Stanley

Capital International World Index investiert haben, durchschnittliche eine Rendite von mehr als 10 % jährlich erzielen konnten. Natürlich ist die Entwicklung der Vergangenheit kein Garant dafür, dass es auch in der Zukunft so weiter geht.

Nachteile des MSCI World Index

Keinesfalls sollen hier die Nachteile, die der MSCI World Index ebenso aufweist, außer Acht gelassen werden. Für Anleger, die ihr Geld langfristig investieren möchten, kann der MSCI World Index auch die „falsche Wahl" sein. Die Anführungszeichen rühren daher, dass die breite Diversifizierung beziehungsweise Streuung des Index dazu führen kann, dass Performance verloren geht. In anderen Worten formuliert bedeutet das, dass, da der MSCI World nicht nur die Unternehmen aus den wirtschaftlich stärksten Ländern enthält, in Zeiten von schwachen Konjunkturen die gute Performance der anderen Werte des Index in Mitleidenschaft gezogen wird. Bricht die Wirtschaft also beispielsweise in Singapur ein, so wäre ein Investment in einen Exchange Traded Fund auf den DAX vorteilhafter, denn hier würde die schlechte Performance dieser Titel keine Rolle spielen. Nichtsdestotrotz, eignet sich der MSCI World gut als Basis für ein breit diversifiziertes Portfolio.

- **Der MSCI Emerging Markets**

Der MSCI Emerging Markets wird ebenfalls von Morgan Stanley Capital International herausgegeben und bildet die wirtschaftliche Entwicklung der Schwellenländer (Emerging Markets) ab. Insgesamt sind im MSCI Emerging Markets 846 Unternehmen aus 24 Schwellenländern vertreten. Dazu gehören China, Taiwan, Südkorea aber auch Indien und Südafrika. Chinesische Unternehmen sind die, die am meisten in diesem Index vertreten sind. Wie es auch bei dem MSCI World Index der Fall ist, sind die wichtigsten Branchen dieses Index die Finanz- und IT-Branche.

- **Vorteile des MSCI Emerging Markets**

Ein Vorteil der Investition in diesen Index ist, dass die Schwellenländer über ein hohes Wachstumspotenzial verfügen und Anleger somit auf Kursgewinne und attraktive Renditen hoffen können. Das liegt schlichtweg daran, dass sich die Schwellenländer dadurch charakterisieren, dass hier noch ein vergleichsweise hoher Aufholbedarf im Vergleich zu den Industrieländern wie den USA, Deutschland oder Japan besteht. Des Weiteren wird den Schwellenländern ein großes Potenzial hinsichtlich der Arbeitskräfte bescheinigt, welches ebenfalls als positiv für die zukünftige wirtschaftliche Entwicklung gilt. Ein weiterer Faktor ist, dass diese Länder nicht über ausreichende Möglichkeiten zur Finanzierung verfügen und somit die Wahrscheinlichkeit für ausländische Direktinvestitionen aus den Industriestaaten erhöht.

Nachteile des MSCI Emerging Markets

Nicht zu vergessen sind hier die Risiken, denen sich die Anleger gegenüber sehen. Der oftmals fehlende Finanzbedarf der Schwellenländer ist nicht nur positiv (siehe oben) zu bewerten. Ist die Nachfrage nach Kapital hoch, kann jedoch nicht selbst gestemmt werden, so führt dies zu attraktiven Bedingungen für ausländische Kapitalgeber. Kommt es allerdings dazu, dass diese Kapitalgeber nicht mehr in die Zahlungsfähigkeit des jeweiligen Schwellenlandes vertrauen, so ist es möglich, dass sich dies in starken Kurseinbrüchen bemerkbar macht. Diese wirken sich dann logischerweise auch auf den Index-Kurs des MSCI Emerging Markets aus, sodass Anleger Verluste einfahren. Auch das Wechselkursrisiko, welches sich schließlich immer dann gibt, wenn es um Investitionen im Ausland geht, ist als nachteilig zu bewerten. Nicht außer Acht zu lassen ist auch, dass die Schwellenländer im Hinblick auf die politische Stabilität oftmals zu wünschen übrig lassen. Es gibt auch Kritiker, die überzeugt davon sind, dass die Schwellenländer weniger Wachstumspotenzial als die Industriestaaten haben und deshalb von einer Geldanlage in den MSCI Emerging Markets abraten. Zusammenfassend lässt sich feststellen, dass der MSCI Emerging Markets große Chancen aber auch zahlreiche Risiken birgt. Zumindest ist die Abhängigkeit von externen beziehungsweise ausländischen Geldgebern, das stets bestehende Währungsrisiko sowie die politischen Risiken als negativ zu bewerten.

INFOBOX Wisssenswert ist, dass es möglich ist, den MSCI World und den MSCI Emerging Markets zu kombinieren und auf diese Weise die gesamte Weltwirtschaft in einem Index abzubilden. Der Morgan Stanley Capital International All Country World Index (MSCI ACWI) enthält also die Titel beider Indizes und umfasst somit Aktien aus 47 Industrie- und Schwellenländern, insgesamt knapp 2500 Unternehmen. Anleger, die gerne die gesamte Weltwirtschaft nachbilden möchten, haben also die Möglichkeit in beide Indizes separat zu investieren oder über den MSCI ACWI in beide gleichzeitig. Allerdings ist es nicht möglich, sich einzelne Titel „herauszupicken". ***INFOBOX***

- **Der STOXX Europe 600**

Wie es der Name bereits verrät, handelt es sich bei dem STOXX Europe 600 um einen Index, der ausschließlich Aktien aus europäischen Ländern beinhaltet. Herausgegeben wird dieser zum ersten Mal im Jahr 1998 von der Stoxx AG, die von der Deutschen Börse ins Leben gerufen wurde. Der Index umfasst insgesamt 600 Large-, Mid- und Small-Cap Unternehmen aus 17 Ländern Europas und beinhaltet somit große, mittlere und auch kleinere Unternehmen. Darunter fallen Deutschland, Frankreich, Großbritannien, Österreich, Belgien, Irland, Italien, Spanien, Niederlande und weitere. Der STOXX Europe 600 ist somit breit gefächert beziehungsweise diversifiziert und stellt das europäische Gegenstück zum US-amerikanischen S&P 500 Index. Wissenswert ist außerdem, dass es sich bei der Zusammensetzung der Titel des Index um eine vergleichsweise fixe handelt, die lediglich äußerst selten geändert wird. Die Finanzbranche ist die, die am stärksten vertreten ist. Anders als bei dem MSCI World Index, folgt nicht die IT-Branche, sondern die der Industrie. Auch die Gesundheits-Branche und Nichtzyklische-Konsumgüter spielen im Index eine wichtige Rolle.

- **Vorteile des STOXX Europe 600**

Der STOXX Europe 600 ist ein Index, der sich gut

als Exchange Traded Fund eignet, der die wirtschaftliche Entwicklung der europäischen Länder abbildet. Im direkten Vergleich mit dem Deutschen Aktienindex (DAX) ist die deutlich größere Diversifizierung als vorteilhaft zu bewerten, denn statt 30 Unternehmen, dessen Kurse der DAX zusammenfasst, werden im STOXX Europe 600 ganze 600 Unternehmen betrachtet. Großbritannien ist zwar nicht Mitglied der Eurozone, die wichtigen Unternehmen werden jedoch auch im STOXX Europe 600 gelistet. Ein weiterer Vorteil des Index ist, dass das Fondsdomizil in Deutschland gelegen ist und somit unter die deutsche Fondsgesetzgebung fällt. Im direkten Vergleich zu dem MSCI Emerging Marktes ist von Vorteil, das hier keine Titel aus Schwellenländern abgebildet werden und somit beispielsweise das Währungsrisiko sowie auch das politische Risiko wegfällt.

- **Nachteile des STOXX Europe 600**

Als negativ zu bewerten ist, dass der STOXX Europe 600 zwar breit gefächert ist und 600 Unternehmen aus verschiedenen Branchen enthält, allerdings sind dies ausschließlich europäische Firmen. Das kann, sollte es zu einer Finanzkrise auf dem europäischen Kontinent kommt, ein Nachteil für die Anleger sein, denn meist trifft eine solche Krise alle Branchen.

Zum Beispiel wäre es nicht möglich, die schwächelnde europäische Konjunktur und die dadurch bedingten Kursverluste durch die boomende japanische oder US-amerikanische Konjunktur beziehungsweise Wirtschaft und die ebenfalls dadurch bedingten Kurssteigungen auszugleichen. Anleger, die sich im Hinblick auf den Brexit Gedanken machen, können allerdings beruhigt sein, denn an der Zusammensetzung des Index wird sich nichts ändern. Natürlich ist es möglich und nicht unwahrscheinlich, dass die britischen Unternehmen unter dem Brexit leiden und somit die Entwicklung des STOXX Europe 600 negativ beeinflussen.

- **Der S&P 500**

Der S&P 500 ist ein Kursindex und wurde nach der Rating Agentur Standard & Poor´s benannt, wird von dieser berechnet und umfasst ausschließlich US-amerikanische Unternehmen, insgesamt 500 Titel. Zu erwähnen ist hier, dass sich die Zusammensetzung des Index, der seit 1957 berechnet wird, automatisch ändert und stets in Abhängigkeit von der Marktkapitalisierung zusammengesetzt wird. Mit anderen Worten können also wachsende Unternehmen in den Index einziehen und schrumpfende Unternehmen aus diesem verschwinden. Da der S&P 500 ca. 75 % der Marktkapitalisierung repräsentiert, gilt der Index als hervorragender Indikator für die Entwicklung des US-amerikanischen Aktienmarkts. Die wichtigsten Branchen des Index sind die Technologie-, Finanz- und Gesundheitsbranche. Grundsätzlich führt der Index alle Unternehmen, die auch im Dow Jones gelistet sind. Interessant für Anleger, die über eine Investition in einen Exchange Traded Fund auf den S&P 500 nachdenken, ist, dass dieser seit dem Startschuss im Jahre 1957 durchschnittliche Jahresrenditen von mehr als 8 % erzielte. Auf die geringe Aussagekraft der historischen Daten hinsichtlich der zukünftigen Entwicklung soll hier nicht weiter eingegangen werden.

Die Vorteile des S&P 500

Der S&P 500 ist ein Index, der sich durch seine breite Streuung beziehungsweise Diversifikation auszeichnet. Da in etwa 75 % des gesamten US-amerikanischen Marktes repräsentiert werden, handelt es sich um einen guten Performance-Indikator. Zusammenfassend kann hier festgestellt werden, dass es sich bei dem S&P 500 um einen Index handelt, der gut als Basis für eine Investition in Exchange Traded Funds geeignet ist. Der Hauptgrund dafür ist die Diversifikation im Hinblick auf Branchenzugehörigkeit der vertretenen Unternehmen und die verschiedenen

Unternehmensgrößen, gemessen an der Marktkapitalisierung.

Die Nachteile des S&P 500

Klarer, gleichzeitig jedoch auch einziger Nachteil eines ETF auf diesen Index ist, dass in diesem ausschließlich amerikanische Unternehmen vertreten sind. Anleger, die also noch mehr streuen möchten, finden in dem MSCI World Index die bessere Alternative.

- **Der Nikkei 225**

Der Nikkei ist der japanische Leitindex und gleichzeitig der bedeutenste Aktienindex Asiens und beinhaltet, der Name verrät es bereits, 225 Aktien. Allerdings handelt es sich dabei nicht um die Aktien von Unternehmen, die sich über den asiatischen Kontinent verteilen, sondern ausschließlich um japanische Firmen. Zum ersten Mal wurde der Nikkei 225 im Jahre 1950 berechnet. Im Hinblick auf die Gewichtung der Unternehmen innerhalb des Nikkei 225 ist festzuhalten, dass diese nach dem Preis und nicht nach der Marktkapitalisierung durchgeführt wird. Die Zusammensetzung wird jährlich überprüft und entsprechend aktualisiert beziehungsweise angepasst. Im Nikkei ist die wichtigste Branche, neben dem Technologie-Sektor, der Konsumgüter-Sektor.

- **Vorteile des Nikkei 225**

Der Nikkei 225 liefert eine gute Abbildung der strukturellen Zusammensetzung der Wirtschaft Japans und eignet sich gut, um über einen Exchange Traded Fund an Kursgewinnen zu partizipieren. Allgemein ist die japanische Wirtschaft als aufstrebend und innovativ bekannt. Da der Nikkei 225 nicht nur die größten und international am bekanntesten Großkonzerne beinhaltet, sondern auch zahlreiche mittelständische Unternehmen umschließt, ist für einen reichlich Diversifizierung gesorgt. Besonders interessant für Anleger, die über die Investition in den japanischen Nikkei 225 nachdenken, ist, dass japanische Unternehmen im Hinblick auf die Technologie der Zukunft, vor allem im Bereich Robotik und Automation, ganz vorne mitspielen. Wachstumschancen gibt es hier also zahlreiche.

Nachteile des Nikkei 225

Ein Nachteil eines ETFs auf den japanischen Nikkei 225 ist das Währungsrisiko, dem sich Anleger in Europa gegenüber sehen. Ein bekanntes Problem Japans und somit auch der japanischen Wirtschaft ist, dass der demografische Wandel voranschreitet und die Gesellschaft immer älter wird. Dieser negative Faktor kann Experten zufolge durch die Fortschritte in der Robotik und Automation ausgeglichen oder zumindest abgefangen werden.

Der Euro Stoxx 50

Der Euro STOXX 50 wird von einer Tochter der Deutschen Börse AG, der Stoxx Ltd., veröffentlicht und zum ersten Mal in 1998 berechnet. Der Index wird als Kurs- und Performance-Index berechnet und ist über Unternehmen von allen Mitgliedern des Euroraums gestreut. Insgesamt 50 der, hinsichtlich der Marktkapitalisierung, größten Unternehmen (Large-Caps) werden im Euro Stoxx 50 geführt. Zu erwähnen ist hier, dass die Elektronik-, Hard- und Software-Branche die im Euro Stoxx 50 dominierenden ist, gefolgt von dem Finanz-Sektor.

Vorteile des Euro Stoxx 50

Aufgrund der Streuung über den gesamten Euroraum, ist dieser Index weniger anfällig für länderspezifische Risiken.

Nachteile des Euro Stoxx 50

Als nachteilig ist hier anzusehen, dass der Euro Stoxx 50 im Vergleich zu anderen, breiter gefassten Indizes, deutlich stärker schwankt. Das liegt auch daran, dass es keine Einschränkungen der Branchen beziehungsweise Sektoren gibt und die Aufnahme in den Index lediglich an die Marktkapitalisierung gekoppelt ist. So kann es beispielsweise passieren, so wie es auch während der Finanzkrise im Jahr 2008 der Fall war, dass die Aktien eines Sektors, den gesamten Index zu stark beeinflussen. 2008 waren es bekanntermaßen die Aktien der Banken. In anderen Worten formuliert ist der größten Schwachpunkt des Euro Stoxx 50 die mangelnde Diversifikation über verschiedenen Branchen hinweg. Für Anleger die über die Investition in einen Exchange Traded Fund an der wirtschaftlichen Entwicklung europäischer Unternehmen teilhaben möchten, empfiehlt sich deshalb der STOXX Europe 600.

3. Kapitel – Renditen und Risiken bei einer Investition in Exchange Traded Funds

Im Rahmen dieses Kapitels soll nun ein genauerer Blick auf die Rendite geworfen werden, die Anleger durch eine Investition in einen Exchange Traded

Fund erzielen können. Im Anschluss sollen, ebenfalls in diesem Kapitel, die Risiken betrachtet werden, die es schließlich auch bei den ETFs gibt.

3.1 Die Renditen von ETFs

Bei Exchange Traded Funds handelt es sich um eine vergleichsweise sichere Geldanlage. Natürlich kommt es hier auch immer auf den ETF selber an, allerdings zeichnen sich viele durch eine breite Streuung aus. Diese sorgt dafür, dass die Schwankungen einzelner Titel des jeweiligen von dem ETF abgebildeten Index minimiert werden und die Erwartungen an die Rendite stabil bleiben.

Bei der Investition in Exchange Traded Funds handelt es sich um eine passive Form der Geldanlage. Die Anleger entscheiden sich für einen bestimmten Index, den der ETF nachbilden soll, entweder synthetisch oder physisch. Passiv ist die Anlage in ETFs, weil es sich um einen passiv gemanagten Fond handelt. Diese haben klare Vorteile im Vergleich zu einem herkömmlichen, aktiv gemanagten Investmentfonds. Bei letzterem entscheidet der Fondsmanager über die Wahl der Aktien, die von dem Fonds verwaltet werden. Der Fondsmanager versucht also den Anleger eine Rendite zu erwirtschaften, in dem er versucht, besser als er Marktdurchschnitt abzuschneiden. In der Praxis ist dies allerdings nahezu unmöglich, denn schließlich müsste der Fondsmanager einen entscheidenden Informationsvorsprung haben, um die zukünftigen Entwicklungen auf dem Aktienmarkt stets so zu prognostizieren beziehungsweise vorherzusagen, dass der Fond besser abschneidet als der zugrundeliegende Marktindex. Nicht zu vergessen sind hier auch die hohen Kosten, schließlich möchte der Fondsmanager für seine Arbeit, sprich die Wahl der vermeintlich richtigen, renditeträchtigen Aktientitel, auch bezahlt werden. Die Kosten spielen eine hier äußerst wichtige Rolle und können die Rendite enorm schmälern. Wissenswert ist, dass aktiv gemanagte Fonds beziehungsweise die Fondsmanager, so fand es die Ratingagentur Morningstar im Rahmen einer Untersuchung heraus, nur in seltenen Fällen höhere Renditen erzielten als der MSCI World Index. Genauer gesagt schafften es laut einer von Morningstar veröffentlichten Untersuchung nur 10 % aller aktiv gemanagten Fonds, innerhalb von 3,5 oder 10 Jahren die Performance des MSCI World zu schlagen. Exchange Traded Funds bieten den riesigen Vorteil, dass die Kosten nur sehr gering sind, ein aktiver Fondsmanager, der den Fond regelmäßig neu mischt und dabei versucht, besser als der Markt zu sein, gibt es nicht. Im Rahmen des nachfolgend aufgeführten Beispiels, soll nun der direkte Vergleich von einem aktiv gemanagten Fond mit zwei Exchange Traded Funds angestellt werden. Der Vergleich soll die enormen Kostenersparnisse, über die sich Anleger, die in einen ETF investieren, freuen können, herausstellen. Da es natürlich auch Unterschiede hinsichtlich der Höhe und Struktur der Kosten zwischen den Exchange Traded Funds gibt, werden hier ein vergleichsweise teurer ETF und ein günstiger ETF betrachtet.

Das Anfangsinvestment von 15.000 Euro ist logischerweise, um überhaupt erst eine Vergleichbarkeit herstellen zu können, bei allen Fonds in diesem Beispiel gleich. Die aktiv gemanagten Fonds haben allerdings grundsätzlich einen deutlich höheren Ausgabeaufschlag, der die Differenz zwischen dem Ausgabepreis und dem Wert der Anteile angibt und von den Fondsmanager dazu genutzt werden, um die Beratungs- sowie Vertriebskosten abzudecken. Das Anfangsinvestment von Anlegern, die sich für einen aktiv gemanagten Fond entscheiden, wird also um die Höhe des Ausgabeaufschlags reduziert. Bei Exchange Traded Funds und aktiv gemanagten Fonds wird stets die Total Expense Ratio (TER), die auch als Gesamtkostenquote bezeichnet werden kann, welche die jährlich anfallenden Kosten (Verwaltungsgebühren, Wirtschaftsprüfer, etc.) decken soll. Auch hier liegen die Kosten des aktiv gemanagten Fonds deutlich über denen, die für einen ETF zu zahlen sind. Im nachfolgenden Beispiel ist klar zu erkennen, welche Auswirkungen der Ausgabeaufschlag und die Total Expense Ratio (TER) auf die Rendite haben. Hier wird ein langer Anlagezeitraum von 30 Jahren betrachtet.

- Aktiv gemanagter Fonds Teurer ETF Günstiger ETF
- Anfangsinvestment 15.000 Euro 15.000 Euro 15.000 Euro
- Ausgabeaufschlag 4,5 % 0,3 % 0,3 %
- Rendite pro Jahr 7 % 7 % 7 %
- Total Expense Ratio 1,5 % 0,5 % 0,2 %
- Dauer d. Investments 30 Jahre 30 Jahre 30 Jahre
- Wert d. Invesments nach 30 Jahren 71.395 Euro 98.918 Euro 107.628 Euro
- Differenz zu aktiv gemanagtem Fond --- 27.523 Euro 36.233 Euro

Differenz zwischen teurem ETF --- ---
8.710 Euro

Das Beispiel zeigt auf eindrucksvolle Art und Weise, wie die Kosten und Gebühren eines aktiv gemanagten und passiven Fonds die Rendite über einen Anlagezeitraum von 30 Jahren beeinflussen. Während Anleger, die mit 15.000 Euro in den aktiv betreuten Fond investiert haben, nach 30 Jahren lediglich über 71.395 Euro verfügen, erzielen die Anleger, die ihr Geld in den teuren ETF investiert haben 98.918 Euro, sprich satte 27.523 Euro mehr. Die Anleger, die sich für den günstigen ETF entschieden haben, freuen sich nach 30 Jahren sogar über 107.628 Euro, über 36.000 Euro mehr, als bei dem aktiven Fond.

3.1.1 Ein Rückblick – Die Rendite ausgewählter Indexfonds

Wenn es um die Rendite von Exchange Traded Funds beziehungsweise Indexfonds geht, so ergibt es stets einen Sinn auf die Kursverläufe der Vergangenheit zu schauen. Natürlich, das soll hier direkt angemerkt werden, hat die Vergangenheit keinen Einfluss auf die zukünftige Entwicklung. Dennoch zeigt die vergangene Entwicklung von Indexkursen das Potenzial, welches für Anleger in den ETFs steckt. Hier werden nun die Kursverläufe von den Indizes MSCI World, MSCI ACWI und MSCI EM über die 20 Jahre (von 1998 bis 2018) dargestellt. Zu beobachten ist, dass alle drei Indizes über den betrachteten Zeitraum Kursanstiege verzeichnen konnten.

Der MSCI World von 1998 bis 2018

Der MSCI All Country World Index (ACWI) von 1998 bis 2018

Der MSCI Emerging Markets Index von 1998 bis 2018

Ein kurzer Blick auf die drei Kursverläufe (MSCI World, MSCI ACWI und MSCI EM)

Wie bereits zuvor angemerkt, ist bereits auf den ersten Blick zu erkennen, dass es hier bei allen drei Indizes zu einem ansteigenden Kurs gekommen ist. Anleger konnte in der Vergangenheit also attraktive Renditen mit der Investition in Exchange Traded Funds, zumindest auf die drei hier betrachteten Indizes von MSCI, erzielen. Es fällt allerdings stark auf, dass der Kursverlauf um die Jahre 2008 und 2009 bei allen drei Indizes stark eingebrochen ist. Der Grund ist auf die weltweite Wirtschafts- und Finanzkrise dieser Jahre zurückzuführen, die das wirtschaftliche Wachstum vieler Staaten stark negativ beeinflusste. Auch der Welthandel litt unter der Krise, es kam sogar zu einer deutlichen Reduzierung des weltweiten, internationalen Handels. Das lässt sich hervorragend aus den oben aufgeführten Graphen ablesen, der MSCI Emerging Markets fiel im Jahr 2008 von über 1250 Punkten auf wenig mehr als 500 Punkte. Doch selbstverständlich waren nicht nur die hier betrachteten Indizes von der weltweiten Krise betroffen, auch die Kurse der Indizes S&P 500, der DJ EURO STOXX und der Nikkei, um hier nur einige Beispiele zu nennen, waren betroffen. Trotz der schweren Krise, nach der im Jahr 2008 bereits wieder steigende Aktien- und somit steigende Indexkurse einsetzten, befinden sich die Kurse heute wieder auf einem ähnlich hohen Niveau oder auch darüber. Mit anderen Worten formuliert, lässt sich erkennen, dass sich die Kurse mit der Zeit erholen und sich auf langfristige Sichtweise in einer stetigen Aufwärtsbewegung befinden. Ein Grund ist hier die ständig wachsende Weltwirtschaft und die internationale Vernetzung, die noch lange nicht ihren Zenit gefunden haben.

3.2 Die Risiken von Exchange Traded Funds

Auch bei den Exchange Traded Funds handelt es sich nicht um eine Geldanlage, die es Anlegern ganz ohne Risiken ermöglicht, Rendite zu erzielen. Die Risiken sind das Ausfallrisiko durch die Wertpapierleihe oder durch SWAPs, das Wertschwankungs- sowie das Liquiditätsrisiko und eine Pleite von online Broker oder Fondsgesellschaft. Im Verlauf dieses Unterkapitels sollen die Risiken nun näher betrachtet werden.

3.2.1 Das Ausfallrisiko durch die Wertpapierleihe bei physischen ETFs

Im Rahmen der Wertpapierleihe leiht die Fondsgesellschaft, die den ETF anbietet, an weitere institutionelle Anleger, um zusätzliche Erträge zu erzielen. Die Erträge entstehen dadurch, dass die Anleger, die sich die Wertpapiere von der Gesellschaft geliehen haben, Gebühren zahlen müssen. Die Anteile an zu verleihenden Wertpapieren variiert von Fondsgesellschaft zu Fondsgesellschaft. Problematisch wird es für die Anleger des ETFs dann, wenn der Entleiher, hier also der institutionelle Anleger, in ihrer Zahlungsfähigkeit ausfallen. Nichtsdestotrotz handelt es sich bei dem Ausfallrisiko durch die Wertpapierleihe um ein vergleichsweise geringes Risiko, da es sich bei der Wertpapierleihe um ein etabliertes sowie reguliertes Verfahren handelt, bei dem die Fondsgesellschaften darauf achten, dass Wertpapiere aus dem Fond nur an solche institutionellen Anleger verliehen werden, die ausreichende Sicherheiten bieten können. Zu erwähnen ist hier, das das Ausfallrisiko durch die Wertpapierleihe nur bei physischen ETFs besteht, die die Werte eines Index eins zu eins nachbilden. Bei den synthetisch replizierten ETFs besteht dieses Risiko nicht, allerdings ein anderes.

3.2.2 Das Ausfallrisiko durch SWAP-Geschäfte

Im Rahmen des ETF-Teils dieses Buches wurde bereits darauf eingegangen, was SWAP-Geschäfte sind. Diese sind grundsätzlich nur bei synthetisch replizierten Exchange Traded Funds möglich. Da es sich eben um die synthetische Nachbildung eines Index handelt, besitzt die Fondsgesellschaft nicht unbedingt die Titel das nachzubildenden Index, sondern erstellt ein Träger-Portfolio. In diesem Portfolio können komplett andere Titel vertreten sein. Das spielt keine Rolle, denn die Wertentwicklung des Träger-Portfolios wird mit dem Tauschpartner, meist eine Bank, gegen die tatsächliche Wertentwicklung des zu replizierenden Index getauscht. Das Risiko besteht für den Anleger darin, dass es unter Umständen vorkommen kann, dass der SWAP-Partner, also in den meisten Fällen eine Bank, pleite geht und zahlungsunfähig wird. Wissenswert ist hier außerdem, dass das Ausfallrisiko durch SWAP-Geschäfte auch als Kontrahentenrisiko bezeichnet wird. Auch hier, so wie bei dem Ausfallrisiko durch die Wertpapierleihe, ist das Risiko zwar gering, besteht aber dennoch.

3.2.3 Das Wertschwankungsrisiko

Das Wertschwankungsrisiko besteht immer dann, wenn Wertschwankungen zu Verlusten führen und die Anteile des ETF, die dadurch im Preis gefallen sind, verkauft werden. So zählt das zum Beispiel das Währungsrisiko zu den Wertschwankungsrisiken. Es wird zwischen der Handels- und der Titelkomponentenwährung unterschieden. Die Handelswährung ist die Währung, mit der die Anteile an dem Exchange Traded Fund gekauft werden. Die Titelkomponentenwährung ist die Währung von Aktien anderer Länder. Kauft ein Anleger, um ein Beispiel zu formulieren, einen ETF mit der Handelswährung Schweizer Franken, so ist es möglich, dass der Fond auch Aktien von anderen Ländern mit anderer Währung, also verschiedene Titelkomponentenwährungen beinhaltet. Kommt es zu einem Wertverlust dieser

Titelkomponenten im Vergleich zu dem Schweizer Franken, so wird die Rendite geschmälert.

3.2.4 Das Liquiditätsrisiko

Ein weiteres Risiko, welches dem Leser nicht vorenthalten werden soll, ist das Liquiditätsrisiko. Da es sich bei einem ETF-Depot nicht um ein Tagesgeldkonto handelt, entsteht dieses Risiko. Braucht ein Anleger dringend Geld beziehungsweise liquide Mittel in Zeiten von fallenden Kursen und entscheidet sich dazu die Anteile an dem ETF zu verkaufen, dann stellt sich ein echter Verlust ein. Der vorübergehende Verlust aufgrund fallender Kurse wird durch den Verkauf der Anteile zu einem wirklichen Verlust gemacht. Wissenswert ist, dass sich die Wertschwankungen des Depots nach der Höhe der Aktienquote richten. Je mehr Aktien im Depot sind, desto größer sind auch die Wertschwankungen. Die Geldanlage in Exchange Traded Funds sollte, unter anderem aus diesem Grund, stets langfristig angelegt sein. Wichtig ist außerdem, dass Anleger schlechte Zeiten fallender Kurse aussitzen und erst dann ihre Anteile an dem ETF verkaufen, wenn die Kurse ein gutes Niveau erreicht haben.

3.2.5 Die Pleite von Fondsgesellschaft oder

online Broker

Da es sich bei ETFs um Sondervermögen der Fondsgesellschaft handelt, ist dieses von dem restlichen Kapital der Gesellschaft getrennt und somit auch im Falle einer Pleite vor dem Zugriff von Gläubigern geschützt. Es besteht also kein Risiko für die Anleger, wenn die Fondsgesellschaft, die den ETF anbietet und verwaltet, pleite geht. Ähnlich verhält es sich bei einer Pleite des online Brokers, der nicht selber für die Aufbewahrung der ETF-Anteile zuständig ist, sondern diese an den Zentralverwahrer weitergibt. Für Anleger besteht also kein Risiko, wenn die Fondsgesellschaft oder der online Broker zahlungsunfähig werden.

4. Kapitel – ETF Sparpläne – Regelmäßiges Sparen mit Exchange Traded Funds

Besonders interessant ist, dass Exchange Traded Funds auch bespart werden können. Das eröffnet auch jungen Menschen, die nur über wenig Kapital verfügen, die Möglichkeit in kleinen Schritten Vermögen aufzubauen. Jeder, der 25 Euro im Monat zu freien Verfügung hat, kann in einen ETF Sparplan investieren. ETF Sparpläne bieten dabei erhebliche Vorteile gegenüber anderen Anlageprodukten und sind im Hinblick auf die Kosten unschlagbar. Zunächst soll hier darauf eingegangen werden, was ein solcher ETF Sparplan überhaupt ist und welche Kosten auf die Anleger zukommen. Anschließend werden dem Leser die Schritte hin zu dem ETF Sparplan aufgeführt, um abschließend die Vorteile eines solchen Sparplans im Vergleich zu einer Einmalanlage zu benennen.

4.1 Was ist ein ETF Sparplan überhaupt?

Anleger, die sich für einen ETF Sparplan entscheiden, investieren eine bestimmte Summe Geld in einen Exchange Traded Fund. Wie bereits erwähnt, kann bereits ab einer Investition von 25 Euro im Monat, mit dem Sparen begonnen werden, einige Banken verlangen allerdings einen höheren monatlichen Sparbetrag. Neben der Möglichkeit, den ETF monatlich zu besparen, werden auf dem Markt auch weitere Spar-Intervalle angeboten, sodass auch quartalsweise oder halbjährig in den Fonds investiert werden kann. Der große Vorteil ist, dass auch Personen, die über einen kleinen Geldbeutel verfügen, an der Entwicklung von ganzen Märkten teilhaben können. Außerdem ist es möglich, ETF Sparpläne an die aktuelle Lebens- und Einkommenssituation anzupassen. Dafür kann die Sparrate reduziert oder auch der

Sparplan pausiert werden. Im Falle einer guten Einkommenssituation kann hingegen die Sparrate erhöht und somit die Rendite gesteigert werden.

4.2 Die Kosten für das Besparen von ETFs

Wie bereits mehrmals erwähnt, handelt es sich bei ETFs um besonders günstige Finanzprodukte. Völlig kostenlos kann jedoch auch hier nicht investiert beziehungsweise gespart werden. Wichtig ist vor allem, dass sich Anleger im Voraus gut informieren und die Angebote der zahlreichen Broker und Direktbanken miteinander vergleichen. Unbedingt sollte dafür ein Blick auf die Depotgebühren für die Verwaltung der Anteile des ETF geworfen werden. Allerdings spielen auch die Kaufgebühren für den Erwerb von ETF-Anteilen (Ausgabeaufschlag) für den Sparplan eine Rolle. Gegenstand des Brokervergleichs sollten außerdem die laufenden Verwaltungskosten beziehungsweise die Total Expense Ratio (Gesamtkostenquote) sein. Im Rahmen des Vergleichs eines aktiv gemanagten Fond und ETFs weiter oben, wurde bereits veranschaulicht, wie die Total Expense Ratio eines aktiv betreuten Fond die Rendite schmälert. Des Weiteren lohnt es sich, einen Blick auf die Verkaufsgebühren für die Veräußerung der ETF-Anteile der verschiedenen Broker und Direktbanken zu werfen.

4.3 Die Schritte hin zu dem ETF Sparplan

Dieses Unterkapitel soll dem Leser dabei helfen, sich einen ETF Sparplan einzurichten. Dafür wird hier nun schrittweise vorgegangen.

1. Schritt – Die Wahl des Online-Depot Anbieters

Anleger, die sich dazu entschieden haben, einen ETF zu besparen, müssen zunächst ein Depot bei einem online Broker oder einer Direktbank eröffnen, in dem die Anteile an dem Fond verwahrt werden. Dafür sollte zuerst ein online Broker oder eine Direktbank gewählt werden, die gute Konditionen versprechen.

2. Schritt – Die Eröffnung des Depots

Ist die Wahl des online Brokers für das Besparen von ETFs getroffen, so folgt die Anmeldung beziehungsweise Registrierung auf der Internetseite desselben. Dafür ist die Eingabe von persönlichen Daten sowie die Angabe eines Referenzkontos, von dem die monatlichen, quartalsweisen oder halbjährigen Abbuchungen der in ETF-Anteile anzulegenden Summe erfolgen, erforderlich. Oftmals können schon bestehende Girokonten verwendet werden, sodass eine Kontoeröffnung nicht nötig ist. Außerdem muss ein Antrag bei dem jeweiligen Broker oder der Bank ausgefüllt, danach ausgedruckt und schließlich an dieselben geschickt werden. Diese Verfahren dient der zweifelsfreien Identifizierung des Anlegers, der anschließend die Zugangsdaten für das Depot erhält und schon im nächsten Schritt mit der Einrichtung des Sparplans beginnen kann.

3. Schritt – Die Einrichtung des Sparplans

Auf der Benutzeroberfläche jedes online Brokers findet sich eine Schaltfläche mit dem Namen „Sparplan Einrichtung“ oder ein ähnlicher Begriff. Im Rahmen der Sparplan-Einrichtung muss der Anleger bestimmen, wie viel Geld pro Monat, Quartal oder halbjährig zur Verfügung steht und dementsprechend in die Anteile eines Exchange Traded Fund investiert werden sollen. Außerdem wird der Anleger nach der Länge des Anlagehorizontes gefragt, sprich für wie viele Jahre der ETF bespart werden soll. Doch um welchen Index handelt es sich überhaupt? Dieser muss schließlich ausgewählt werden, was im vierten Schritt geschieht.

4. Schritt – Die Wahl des passenden Index

In diesem Schritt verlangt der online Broker, dass der Anleger bestimmt, welcher Index dem ETF zugrunde liegen soll. Hier handelt es sich also um eine wichtige Entscheidung, die schlussendlich über die zu erzielende Rendite und den Erfolg der Geldanlage bestimmt. Natürlich sollte der Anleger nicht irgendeinen ETF wählen, sondern bereits im Vorfeld informiert sein und im besten Fall bereits eine Entscheidung gefällt haben. In der Suchmaske des jeweiligen Brokers kann dann die WKN- beziehungsweise die ISIN-Nummer eingegeben und gesucht werden. Bereits im Kapitel 2.3 wurde darauf eingegangen, dass der MSCI World Index eine interessante Option für eine Investition in einen Exchange Traded Fund ist. Dank der breiten Fächerung beziehungsweise Diversifizierung eines ETFs auf diesen Index empfiehlt sich dieser als Basisanlage für einen vorzugsweise langen Zeitraum. Zu erwähnen ist hier, dass der MSCI World Index seit dem Jahr 1970 eine jährliche Durchschnittsrendite von 7,1 % erzielen konnte und das in Anbetracht der Wirtschafts- und Finanzkrisen in diesem Zeitraum. Allerdings gibt es viele verschiedene Anbieter, die Exchange Traded Funds auf den MSCI World herausgeben. Mehr zu der Wahl des richtigen ETF im folgenden Absatz.

5. Schritt – Die Wahl des ETF

Um Kosten und Gebühren zu sparen, ist es wichtig, dass sich der Anleger für einen ETF entscheidet, der bei dem online Broker der Wahl ohne den Ausgabeaufschlag beziehungsweise ohne Kaufgebühr angeboten wird. Die jährlichen Verwaltungsgebühren (Total Expense Rate) sind nicht zu umgehen, betragen bei ETFs meist jedoch nur um die 0,2 %. Im Rahmen der Wahl des ETF für den Sparplan ist es von großer Bedeutung, dass sich für einen thesaurierenden entschieden wird, sodass die erwirtschafteten Renditen automatisch wieder in den Exchange Traded Fund angelegt werden und so das Fondskapitel wächst. Im Hinblick auf das Ziel des langfristigen Vermögensaufbaus sind thesaurierende ETFs den ausschüttenden vorzuziehen, vor allem wegen des Zinseszinseffekts. Mehr zur Wahl des Exchage Traded Funds folgt im letzten Kapitel.

6. Schritt – Abwarten und Tee trinken

Nach der Wahl des ETF und der Bestätigung des online Brokers, gilt es abzuwarten. Der Tee kann natürlich auch weggelassen werden. Anleger sollten sich keinesfalls von kurzfristigen Kursschwankungen nach unten beängstigen lassen, schließlich geht es darum langfristig zum Durchschnittskurs Anteile zu erwerben und so Vermögen aufzubauen.

4. Die Vorteile des Sparplans im Vergleich zur einmaligen Investition in ETFs

Anleger, die sich für einen ETF-Sparplan entscheiden, profitieren von davon, dass die Anteile an dem Fonds langfristig gekauft werden. Dementsprechend werden Anteile stets zu einem Durchschnittskurs gekauft. Der Anleger muss sich folglich keine Gedanken machen, wann der richtige Einstiegszeitpunkt ist, da über den Sparplan monatlich Anteile an dem Exchange Traded Fund erworben werden. Folgendes Beispiel soll den Vorteil gegenüber einer Einmalinvestition veranschaulichen. Es wird davon ausgegangen, dass der Anleger X monatlich 50,00 Euro sparen möchte.

Monat Zu sparender Betrag (in Euro) Aktueller Kurs pro Anteil (in Euro) Erworbene Anteile

1	**50**	**50**	**1**
2	**50**	**25**	**2**
3	**50**	**12,5**	**4**
4	**50**	**50**	**1**
5	**50**	**25**	**2**
Gesamt	**250**	**25**	**10**

Der Anleger X konnte also über fünf Monate mit insgesamt 250 Euro zehn Anteile an dem ETF kaufen. Angenommen ein anderer Anleger, der Anleger Y, hat sich für eine Einmalinvestition entschieden und dafür 250 Euro zur Verfügung. Kauft der Anleger also Anteile an demselben Exchange Traded Fund im Monat 1, so hätte dieser dann nur fünf ETF-Anteile. Anderseits, würde der Anleger Y im dritten Monat eine Einmalinvestition tätigen, so wäre dieser im Besitz von 20 Anteilen. Nichtsdestotrotz müssen Anleger, die in einen Sparplan investieren, nicht darum bangen, den falschen Zeitpunkt zu erwischen, dank den Durchschnittskursen, zu denen die Anteile im Rahmen des ETF-Sparplans gekauft werden.

5. Kapitel – Exchange Traded Funds und das Investmentsteuergesetz

Keinesfalls soll dem Leser hier vorenthalten werden, dass das neue Investmentsteuergesetz (InvStG), das bereits Anfang 2018 in Kraft getreten ist, dafür gesorgt hat, dass ETFs und Fonds einheitlich besteuert werden. Zuvor klagten Anleger über die teilweise komplizierte Entscheidung zwischen „steuereinfachen“ und „steuerschwierigen“ Exchange Traded Funds. Mit dem Ziel, für eine steuerliche Gleichbehandlung von aktiv gemanagten Investmentfonds und ETFs zu sorgen, wurde das Investmentsteuergesetz verabschiedet. Die Änderungen für die Anleger sollen nun hier im Rahmen dieses Kapitels erläutert werden. Jedoch soll direkt an dieser Stelle darauf hingewiesen werden, dass sich die Anleger nicht selber um die Umsetzung dieser neuen gesetzlichen Regelung kümmern müssen. Die Banken und die Gesellschaften, die die Fonds oder Indexfonds herausgeben, übernehmen dementsprechend die Umsetzung des Investmentsteuergesetzes.

5.1 Die Ziele des Investmentgesetz

Die neue Regelung hat das Ziel, die Gleichbehandlung von in- sowie ausländischen Investmentfonds und Indexfonds (ETFs) zu gewährleisten und außerdem dafür zu sorgen, dass die Erstellung der Steuererklärung für Anleger leichter zu bewerkstelligen ist. Aus diesem Grund benötigen Anleger seit dem Jahr 2018 nur noch insgesamt vier Kennzahlen für die Steuerermittlung auf Erträge:

- Dividenden (Ausschüttungshöhe)

- Der Wert des Fonds am Jahresende (dient der Berechnung der Vorabpauschale)

- Der Wert des Fonds am Jahresende

- Fonds-Art

Wenn ein Blick auf die frühere gesetzliche Regelung geworfen wird, so fällt auf, dass damals insgesamt 33 Angaben für die Steuererklärung erforderlich waren, somit hat der Gesetzgeber diese um 29 reduzieren können.

Wie bereits angemerkt ist das Ziel des Investmentgesetzes nicht nur die steuerliche Vereinfachung, sondern auch die Gleichstellung von Fonds und Indexfonds. Deshalb wurde dafür gesorgt und im Investmentgesetz festgeschrieben, dass es im Hinblick auf die Besteuerung keine Rolle mehr spielt, in welchem Land der ETF aufgelegt wurde. Auch die Replikationsmethode, sprich, ob physisch oder synthetisch, spielt nach der Verabschiedung des Gesetzes steuerlich keine Rolle mehr, genauso wie auch die Art der Ausschüttung (thesaurierend oder ausschüttend). Im folgenden Unterkapitel soll ein genauerer Blick auf die einzelnen Änderungen geworfen werden.

5.2 Die Änderungen im Überblick

Seit der Verabschiedung des Gesetzes am 1. Januar 2018 haben sich Änderungen ergeben, die hier vorgestellt werden sollen.

Zu erwähnen ist, dass die Quellensteuer nicht mehr wie bisher auf die Abgeltungssteuer angerechnet werden kann. Stattdessen werden die Anleger durch eine Teilfreistellung steuerlich entlastet. Diese soll dazu dienen, die Anleger für die neue Regelung, die die Anrechnung der Quellen- auf die Abgeltungssteuer verbietet, zu entschädigen. Die Teilfreistellung bedeutet, dass die steuerlich zu erfassenden Erträge bis zu einem bestimmten Prozentsatz steuerfrei sind. Für Privatanleger gibt es Unterschiede, die sich nach der Art des Fonds richten. Für Aktienfonds (diese müssen zu mindestens 51 % aus Aktien bestehen) wird eine Teilfreistellung von 30 % gewährt. Bei Mischfonds (minimale Aktienquote von 25 %) gilt die Teilfreistellung in Höhe von 15 % und für sonstige Fonds, die eine Aktienquote unter 25 % aufweisen, wird keine Teilfreistellung gewährt.

Neu ist außerdem die Besteuerung einer Vorabpauschale, die die zuvor angewandte Besteuerung der ausschüttungsgleichen Erträge ersetzt. Damit verhindert der Gesetzgeber die Nutzung von Exchange Traded Funds als Werkzeug zur Steuerstundung. Für den Anleger hat dies den Vorteil, dass die Ermittlung der abzuführenden Steuer direkt von der Depotbank erledigt wird und nicht in der Steuererklärung ausgewiesen werden muss. Obwohl der Anleger nicht viel mit der Vorabpauschale zu tun hat, soll hier kurz und knapp auf die Berechnung eingegangen werden. Für die Berechnung der Vorabpauschale wird mit dem Basiszins und dem Basisertrag gearbeitet.

Der Basiszins wird einmal im Jahr von dem Bundesfinanzministerium festgelegt und leitet sich aus der langfristig erzielbaren Rendite der deutschen Bundesanleihen ab. Der Basiszins gibt also den risikofreien Marktzins an. Um mithilfe des Basiszinses den Basisertrag, also den maximal zu versteuernden Betrag, zu ermitteln, wird folgende Formel angewandt:

*Basisertrag = Basiszins * Wert des ETF zum Jahresanfang * 0,7*

Wichtig ist, dass der Basisertrag auf die tatsächliche Wertsteigerung des Exchange Traded Fund begrenzt ist. Kommt es also zu einer negativen Wertentwicklung, so lautet der Basisertrag null und somit werden keine Steuern erhoben, außer auf die Ausschüttungen. Das liegt schlichtweg daran, dass keine Gewinne erzielt wurden.

Im Rahmen der Informationsbox wurden der Basiszins sowie der Basisertrag erläutert, die für die Berechnung der Vorabpauschale erforderlich sind. Diese ist quasi der Basisertrag, der um die Höhe der Ausschüttungen reduziert wird. Die Vorabpauschale, die auf den Gesamtbetrag begrenzt ist, wird wie folgt berechnet:

Vorabpauschale = Basisertrag - Aussschüttungen

Wissenswert ist hier, dass die Vorabpauschale für den Großteil der privaten Anleger, nicht sonderlich viel ausmacht, denn 801 Euro an jährlichen Kapitalerträgen sind steuerfrei. Da sich außerdem, wie bereits angemerkt, die Depotbank um die Abführung der Steuer an den Fiskus kümmert. Um dem Leser ein erläuterndes Beispiel für die Besteuerung von Exchange Traded Funds zu geben, folgen mehrere veranschaulichende Rechenbeispiele.

5.3 Ein Beispiel für die Steuerberechnung (ausschüttender ETF)

Über einen ausschüttenden Exchange Traded Fund, der zu mehr als 51 % aus Aktien besteht, liegen die folgenden Daten vor:

- Wert der Anteile (01.01.2018): 10.000 Euro

- Ausschüttungen: 250 Euro
- Kursentwicklung: - 200 Euro
- Gesamtergebnis: 50 Euro

Der Basiszinssatz für das Jahr 2018 beträgt 0,87 %.

Zunächst wird der Basisertrag berechnet:

Basisertrag = 10.000 Euro * 0,87 % * 0,7 = 60,90 Euro

Da der Basisertrag in seiner Höhe auf das Gesamtergebnis beschränkt ist, wird die Vorabpauschale wie folgt berechnet:

Vorabpauschale = 50 Euro – 250 Euro = - 300 Euro

Da die Vorabpauschale nicht negativ werden kann, beziehungsweise darf, beträgt diese hier dementsprechend 0.

Die Ausschüttungen in Höhe von 300 Euro werden durch die Abgeltungssteuer, die inklusive des Solidaritätszuschlags 26,375 % beträgt, gemindert. Zu berücksichtigen ist hier jedoch auch die Teilfreistellung in Höhe von 30 %, da es sich um einen ETF handelt, der hauptsächlich aus Aktien besteht.

Ausschüttungsbesteuerung = 250 * (100 % - 30 %) * 26,375 % = 46,16 Euro

Besteuerung der Vorabpauschale = 0 Euro * (100 % - 70 %) * 26,375 = 0 Euro

Gesamte Steuerlast = 46,16 Euro + 0 Euro = 46,16 Euro

Wie schon weiter oben erwähnt, spielt die gesamte Steuerlast von 46,16 Euro für private Anleger, die den anrechenbaren Freibetrag vom 801 Euro noch nicht aufgebraucht haben, keine Rolle.

Um den Rahmen des Teils über ETFs nicht zu sprengen, soll hier auf ein Beispiel für einen thesaurierenden ETF verzichtet werden. Diese erfolgt so, wie es das vorangegangene Beispiel gezeigt hat, bloß, dass keine Ausschüttungen berücksichtigt werden müssen.

6. Kapitel – Die Wahl des ETF und Fazit zu dieser Form der Geldanlage

Im sechsten und letzten Kapitel dieses Buches sollen dem Leser nun ein paar nützliche Tipps im Hinblick auf die Wahl des richtigen Exchange Traded Funds geben werden. Es gibt tausende ETFs, in die Anleger investieren können. Da fällt es vielen nicht unbedingt leicht, sich zu entscheiden. Abschließend folgt ein kurzes Fazit zu der Geldanlage in ETFs.

6.1 Die Wahl des ETFs

Aus diesem Teil des Buches sollte hervorgegangen sein, dass sich Exchange Traded Funds im Hinblick auf den zugrunde liegenden Index, die Replikationsmethode (synthetisch oder physisch) und die Art der Ausschüttung (thesaurierend oder ausschüttend) unterscheiden.

Zunächst sollte dem Anleger bewusst sein, was er mit der Geldanlage in einen Exchange Traded Fund erreichen möchte. Ist es das Ziel, langfristig Vermögen aufzubauen so empfiehlt es sich, einen thesaurierenden ETF zu besparen. Das ist auch die beste Möglichkeit, für Anleger, die monatlich nur eine kleine Summe zur Verfügung haben und nicht direkt eine größere Summe in einen ETF investieren möchten oder können. Nichtsdestotrotz gibt es natürlich auch Anleger, die von den Ausschüttungen beziehungsweise Dividendenzahlungen laufende Kosten, beispielsweise für die Lebenshaltung, begleichen möchten. Dann ist logischerweise ein ETF mit regelmäßigen Ausschüttungen die bessere Wahl. Für Anfänger empfiehlt es sich, breit zu streuen, weshalb der MSCI World Index eine interessante Möglichkeit der weiten Fächerung bietet. Im Hinblick auf die Art der Replikation beziehungsweise Indexnachbildung ist es ratsam, diese von Fall zu Fall zu beurteilen und dann die Entscheidung zu treffen. Sehr wichtig ist, wie bereits mehrmals erwähnt, dass die Kosten bei dem online Broker (Ausgabeaufschlag und Total Expense Ratio) möglichst gering sein sollten, um zu verhindern, dass die Gewinne geschmälert werden und somit die höchstmögliche Rendite erzielt werden kann. Bedingt durch das Investmentgesetz, das Anfang 2018 verabschiedet wurde, kann nun nicht mehr (oder nur in sehr geringem Ausmaße) von steuerlichen Vorteilen einzelner Exchange Traded Funds profitiert werden. Des Weiteren sollten Anleger darauf achten, dass der ETF der Wahl ein hohes Volumen von mindestens 100 Millionen US-Dollar beträgt. Im Hinblick auf die Langlebigkeit sollte das Mindestalter mehr als fünf Jahre betragen und ebenfalls einen Blick auf die Liquidität des Exchange Traded Funds geworfen werden. Um so liquider der ETF ist, desto schneller beziehungsweise einfacher können die Anteile wieder verkauft werden.

6.2 Abschließendes Fazit zum Thema ETFs

Bei Exchange Traded Funds handelt es sich um eine

interessante Möglichkeit für private Anleger, auf günstige und risikoarme Weise Geld anzulegen beziehungsweise Vermögen aufzubauen. Positiv ist ebenfalls zu bewerten, dass ETFs genau, wie es auch bei einzelnen Aktien der Fall ist, von den Anlegern jederzeit selbst gekauft und verkauft werden können. Die günstigen Gebühren, die weit unter denen von herkömmlichen, aktiv gemanagten Fonds liegen, ermöglichen das Erzielen von attraktiven Renditen. Außerdem schneiden Exchange Traded Funds in der Regel besser ab, als Investmentfonds. Ein großer Vorteil ist auch, dass ETFs den Anlegern eine breite Diversifizierung beziehungsweise Streuung ermöglichen, die einen Totalverlust der Anlage nahezu unmöglich machen. Nichtsdestotrotz kann mit anderen Anlageprodukten mehr Rendite erzielt werden, da ETFs nicht besser als der Markt selbst abschneiden können, da dieser schließlich nachgebildet wird. Mit anderen Worten formuliert ist es fast ausgeschlossen, dass es zu riesigen Wertsteigerungen, wie es bei Einzelaktien durchaus passieren kann, kommt.

Alles in allem lässt sich jedoch feststellen, dass ETF eine gute und risikoarme Form der Geldanlage darstellen, die sich durch Einfachheit und Transparenz, eine breite Risikostreuung sowie die geringen Kosten und Gebühren auszeichnet. Anleger, die risikofreudiger und auf der Jagd nach hohen Renditen sind, können mit einzelnen Aktien sicherlich höhere Renditen erzielen, allerdings natürlich auch hohe Verluste einfahren, wovor die ETF-Anleger geschützt sind.

Tradingpsychologie – Höhere Rendite bei geringerem Risiko

Vorwort zum Thema

Bereits zu Beginn des Buches soll klargestellt werden, dass etwa 80 % des Erfolgs beim Trading einzig und allein von der Psyche bestimmt wird, so lautet zumindest die Meinung zahlreicher Profi-Trader. Andere beziffern den Stellenwert der Psyche für ein erfolgreiches Trading sogar mit ganzen 100 %. Doch nicht nur erfahrene Trader vertreten die Meinung, dass die Psyche einen entscheidenden Anteil am Erfolg oder Misserfolg hat, auch wissenschaftliche Studien, die sich mit dem Thema Trading befasst haben, kommen zu demselben Ergebnis. Besonders kritisch sind dabei die Ängste der Trader zu betrachten, die eine außerordentlich große Wirkung auf die Aktionen beziehungsweise Trades haben. Des Weiteren sind auch eine überzogene, zu zuversichtliche Erwartungshaltung sowie unlogische Denk- und dementsprechend auch Handlungs- beziehungsweise Verhaltensmuster für Misserfolge beim Trading verantwortlich. Mittlerweile ist auch den Anfängern, die bislang noch keine Erfahrungen auf dem Forex-, dem Aktien- oder Rohstoffmarkt gesammelt haben, durchaus klar, dass die Psyche eine außerordentlich große Rolle spielt, um langfristig an der Börse Erfolg zu haben. Durch die zunehmende Berichterstattung über das Trading in den Medien und (sozialen) Netzwerken, wie Facebook oder YouTube, ist diese Form der Geldanlage so populär wie noch nie zuvor. Der Fehler, den allerdings nicht wenige Einsteiger begehen, ist, dass davon ausgegangen wird, in kürzester Zeit, mit wenig finanziellem Aufwand beziehungsweise einer kleinen Summe Geld und geringem Risiko, hohe Renditen erzielen zu können. Das ist durchaus eine logische menschliche Absicht. Allerdings werden die Verlustrisiken, die es bei dem Trading gibt, in vielen Fällen schlichtweg ignoriert beziehungsweise ausgeblendet. Ist es dann passiert, der finanzielle Verlust ist entstanden, so verirren sich die Trader in Schuldzuweisungen an andere, wobei der Fehler doch eigentlich bei jedem selbst beziehungsweise in seiner Psyche zu finden ist. Für Anfänger ist es also von großer Wichtigkeit, dass das Trading, wenn es gewinnbringend betrieben werden soll, keinesfalls als eine Art Wettrennen um schnelle, hohe und sichere Gewinne angesehen werden darf. Die Experten, die schon länger erfolgreich auf dem Forex-Markt mit Währungspaaren handeln, wissen, dass sich das Trading hauptsächlich um ein strukturiertes Risikomanagement dreht. Um dieses auf richtige Art und Weise durchführen zu können, ist es erforderlich, über Vorkenntnisse, Informationen und Fähigkeiten zu verfügen, denn schlussendlich ist der langfristige Erfolg beim Trading an die korrekte Denk- und Handelsweise gekoppelt.

Im Rahmen dieses Buches erfährt der Leser, wie es möglich ist, in der Welt des Tradings erfolgreich zu spekulieren. Dafür wird auch auf typische und ebenso häufige Fehler und auf Methoden zur Vermeidung eingegangen. Wichtig ist, dass Trader lernen, Emotionen, wie Angst, Ärger, Euphorie, Frust und Gier zu verstehen, zu deuten und schlussendlich zu beherrschen. Des Weiteren spielen die Schnelligkeit und Verlässlichkeit der Informationsverarbeitung, beispielsweise von Charts, sowie der Handelsstil eine entscheidende Rolle über Erfolg oder Scheitern.

Kapitel – Einführung in die Finanz- beziehungsweise Tradingpsychologie

1.1 Kurz angerissen – Die Geschichte der Finanzpsychologie

Da sich dieses Buch mit dem Thema der Tradingpsychologie auseinandersetzt, soll hier im Rahmen des ersten Kapitels nur ein Stück weit auf die Geschichte der Finanzpsychologie eingegangen werden. Diese stellt eine vergleichsweise junge Teildisziplin der Psychologie dar und beschäftigt sich mit dem Umgang der Menschen mit Geld und / oder Finanzprodukten und wie die Menschen dieses erleben. Der Fokus liegt dabei auf der Wahrnehmung sowie Verarbeitung von Informationen, die sich um Finanzprodukte drehen oder mit diesen in Verbindung stehen. Bereits in den 1980er Jahren entstand in den Vereinigten Staaten das Forschungsgebiet „Behavioral Finance“, das auf deutsch in etwa als „verhaltensorientierte Finanzlehre“ übersetzt werden kann. Die verhaltensorientierte Finanzlehre bedient sich der Kombination aus Psychologie und den herkömmlichen wirtschaftswissenschaftlichen Untersuchungsmethoden. Wichtig ist das Gebiet der Behavioral Finance im Rahmen dieses

Buches, da Anlegern, egal, ob es sich um Einsteiger oder echte Profis handelt, dabei geholfen wird, die wirklichen Beweggründe und Auslöser für die getroffenen Anlageentscheidungen verstehen zu können.

Ein bedeutender Ansatz der verhaltensorientierten Finanzlehre ist, dass die Ursache für das Treffen von unlogischen Entscheidungen hauptsächlich auf unbewusste Verhaltensweisen zurückzuführen ist. John Keynes, ein überaus bekannter Wirtschaftstheoretiker, der auch verschiedene wirtschaftspolitische Ansätze veröffentliche, stellte bereits im Jahr 1936 fest, dass es an der Börse nicht immer rational zugeht. Etwa 43 Jahre später waren es die Wirtschaftswissenschaftler Kahnemann und Tversky, die 1979 die wahren Auslöser für das Auftreten von irrationalem menschlichem Verhalten bei risikoreichen Geschäften feststellten. Die Wissenschaftler stellten fest, dass der Mensch das Risiko nicht mag beziehungsweise scheut, es sei denn, er ist gerade dabei zu verlieren. Dann kehrt sich das Bild um und der Mensch neigt dazu, das Risiko zu lieben. Dieser Ansatz wurde in der sogenannten „Prospect Theory“ festgehalten. Außerdem besagt die Disziplin der Behavioral Finance, dass sich Trader mit spekulativer Ausrichtung von Emotionen leiten lassen, sei dies bewusst oder vollkommen unbewusst. Die Emotionen führen dazu, dass falsche Entscheidungen getroffen werden, die viele Trader bereits eine ganze Menge Geld gekostet haben. Da Menschen stets versuchen, die Vorkommnisse durch den Einsatz von Wissen zu kontrollieren und ebenso zu beeinflussen, ist dies im Hinblick auf den Kapitalmarkt hinderlich. Dieser ist schließlich spekulativ und somit nicht zu beherrschen oder zu kontrollieren. Einzelne Anleger haben keinerlei Einfluss auf die zukünftige Entwicklung von Aktienkursen oder auf den Wert von Währungen, Rohstoffen, etc. Somit bleibt der Anleger selbst der einzige kontrollierbare Faktor im Rahmen des Tradings. Es ist also wichtig, dass zumindest versucht wird, dass Trader sich selbst und ihre Emotionen verstehen und kontrollieren lernen. Die Forschungen in der Vergangenheit haben bewiesen, dass die Psyche einen entscheidenden Anteil am Erfolg oder Misserfolg an der Börse hat.

Bei der verhaltensorientierten Finanzlehre werden unter anderem die Ansätze beziehungsweise Denk- und Verhaltensmuster von Heuristiken, kognitiver Dissonanz, dem Framing-Effekt sowie dem Sunk-Cost-Effekt betrachtet. Um den weiteren Verlauf des Buches nachvollziehen zu können, ist es wichtig, diese Muster zu kennen. Auf diese soll nun genauer eingegangen werden, bevor es daran geht, die größten Ängste beim Trading unter die Lupe zu nehmen und beim Namen zu nennen.

1.2 Wichtige Denk- und Verhaltensmuster

Um das menschliche Verhalten verstehen und nachvollziehen zu können, ist es wichtig, die folgenden Ansätze, Begriffe und Definitionen zu kennen.

1.2.1 Der Framing-Effekt

Bei dem Framing-Effekt geht es vereinfacht beschrieben um die Frage, auf was geschaut wird. Vor dem Hintergrund, dass Menschen, die ein und dasselbe sehen, dieses auf unterschiedliche Art und Weise beschreiben und bewerten, ist der Framing-Effekt auch für die Welt der Finanzen beziehungsweise hinsichtlich der Geldanlage von Bedeutung. Ein gutes Beispiel ist das halbvolle oder, in den Augen eines anderen, halbleere Glas. Übertragen auf finanzielle Themen ist ein gutes Beispiel, dass einer Person A und einer Person B 50 Euro gegeben werden. Der Person A wird gesagt, dass diese 20 Euro von den 50 Euro behalten darf, während der Person B gesagt wird, dass diese 30 Euro von den 50 Euro verliert. Interessant ist, dass die Person A eine deutlich positivere Bewertung abgibt als die Person B. Die letztere verliert 30 Euro, während die Person A 20 Euro behalten darf. Im Endeffekt sind die Resultate gleich, denn Person A und B verlieren beide 30 Euro. Trotzdem ist das Wort „verlieren" negativ besetzt und löst bei der Person B eine negativere Reaktion als bei der Person A aus. Bedingt ist dies durch die Einstellung des Menschen zu Gewinnen auf der einen und zu Verlusten auf der anderen Seite. Logischerweise sind Verluste nicht gerne gesehen, während Gewinne bejubelt werden. Interessant ist, dass Verluste mehr als zwei Mal so intensiv wahrgenommen werden, wie es bei Gewinnen von gleicher Höhe der Fall ist. Dadurch kommt es dazu, dass irrationale Wahrnehmungsverzerrungen bei wichtigen Entscheidungen entstehen. Durch diese Verzerrung der Wahrnehmung wird ausgelöst, dass Menschen im Gewinnbereich risikoavers agieren, sprich das Risiko scheuen, während sie im Verlustbereich zu einem deutlich risikofreudigerem Verhalten tendieren. Ein weiteres Beispiel für die (geschickte) Verwendung des Framing-Effekts ist regelmäßig in den Supermärkten und Kaufhäusern des Einzelhandels zu beobachten. Kunden neigen dazu, sich eher für ein Hemd zu entscheiden, dass von 149,99 Euro auf 99,99 Euro heruntergesetzt wurde, als für ein Hemd, das schon immer 99,99 Euro gekostet hat. Vermeintlich ist das heruntergesetzte Hemd für 99,99 Euro qualitativ hochwertiger, als das Hemd, welches immer 99,99 Euro gekostet hat. Der Einzelhandel nutzt also gezielt den Framing-Effekt, um dem Kunden die Kaufentscheidung schmackhafter zu machen.

Der Framing-Effekt, der von Kahnemann und Tversky seinen Namen erhielt, zeigt auf, dass die herkömmliche, traditionelle Annahme der Wirtschaftswissenschaften, die dem Menschen eine rationale Handelsweise bescheinigt, nicht auf die Welt der Finanzen zutrifft. Dem Leser sollte jetzt klar sein, dass es wichtig ist, auch wenn eine feste Überzeugung für die Wahl einer Entscheidungsalternative besteht, stets alternative Darstellungen in Betracht zu ziehen und die Fragestellung erneut unter derselben zu betrachten. In anderen Worten formuliert ist es für das erfolgreiche Trading ausschlaggebend, die Entscheidung unter verschiedenen Rahmenbedingungen zu betrachten, bevor diese schlussendlich gefällt wird.

1.2.2 Die kognitive Dissonanz

Bei der kognitiven Dissonanz handelt es sich um einen menschlichen Gefühlszustand, der dadurch hervorgerufen wird, dass Menschen verschiedene Kognitionen haben. (Kognitionen sind Wahrnehmungen, Meinungen, Gedanken, Einstellungen, Absichten oder Wünsche). Die Theorie der kognitiven Dissonanz geht auf den US-amerikanischen Sozialpsychologen Festinger zurück, der diese schon in den 1950er Jahren aufstellte. Eine kognitive Dissonanz liegt immer dann vor, wenn ein innerer Konflikt, bedingt durch einen Widerspruch von genau gegenläufigen Wahrnehmungen, entsteht.

Es gibt zwei Arten von kognitiver Dissonanz: die selektive Wahrnehmung und die selektive Entscheidungsfindung. Die selektive Wahrnehmung charakterisiert sich dadurch, dass Menschen nur nach solchen Informationen Ausschau halten, die den eingeschlagenen Kurs beziehungsweise Weg befürworten und absegnen. Um direkt ein Beispiel auf das Trading abzuleiten, wird davon ausgegangen, dass ein Trader eine Long-Position eingeht. Infolgedessen wird der Trader ausschließlich nach Meinungen und Artikeln suchen, die seine Meinung der Long-Position bestätigen. Eine offene Diskussion und sinnvolles Abwägen kommen nicht zum Einsatz, die Wahrnehmung ist rein selektiv. Die selektive Entscheidungsfindung auf der anderen Seite charakterisiert sich durch die irrationale Begründung von Handlungen. Es werden zum Beispiel Ausreden dafür gesucht, die selbst aufgestellten Regeln beim Trading zu missachten und trotzdem auf fallende Kurse zu spekulieren.

Ein weiteres Beispiel ist folgendes: Ein Trader informiert sich über die Aktien einer bestimmten Branche und fällt schlussendlich eine Kaufentscheidung. Unvorteilhaft für den Trader ist, dass der gewählte Titel bereits in wenigen Momenten nach dem Kauf stark an Wert einbüßt. Die anderen Aktien, die im Rahmen der Kaufentscheidung ebenfalls analysiert wurden, gewinnen an Wert. Bei dem Trader entstehen Reuegefühle, die einen inneren Konflikt, also die kognitive Dissonanz, auslösen. Der Trader stellt sich selber die Frage, ob es wohl noch möglich ist, die eingegangene Position zu retten. Dieser Konflikt geht in vielen Fällen so aus, dass der Trader dazu neigt, sich gute Gründe zusammenzusuchen, die dafür sprechen, dass an der Entscheidung festgehalten werden sollte und nicht „auf halber Strecke" auf ein anderes Pferd gewettet werden sollte. Jetzt spielt die selektive Wahrnehmung eine Rolle, die bewirkt, dass der Trader ausschließlich solche Informationen berücksichtigt, die seine Annahme bestätigen. Informationen die dagegen sprechen werden einfach ignoriert. Der innere Konfliktzustand wächst allerdings weiter an, bis es dazu kommt, dass der Druck im Inneren des Trades aufgrund steigender Verluste so stark anwächst, dass die Position wieder verkauft wird. Diese hätte, bei Berücksichtigung der „richtigen" Informationen, bereits vorher verkauft und der Verlust somit reduziert werden können.

Um der kognitiven Dissonanz entgegenzuwirken, empfehlen Experten, die Erstellung eines strukturierten Handelsplans, der eindeutige Regeln für das Eröffnen und Schließen von Positionen enthält. Damit der Handelsplan Sinn ergibt, ist eine disziplinierte Umsetzung erforderlich.

1.2.3 Der Sunk-Cost-Effekt

Bei dem Sunk-Cost-Effekt handelt es sich um einen englischen Begriff, der die Kosten bezeichnet, die bereits angefallen sind aber im Hinblick auf weitere, anstehende Entscheidungen und Bewertungen keine Rolle mehr spielen. Ein beliebtes Beispiel für den Sunk-Cost-Effekt ist, wenn ein Trader eine Aktie für 150 Euro kauft und diese dann anschließend nur noch 100 Euro wert ist. Völlig ungewiss ist es, ob die Aktie jemals wieder den Kurs von 150 Euro erreichen wird. Dennoch zeigt sich immer wieder, dass Trader trotzdem weitere Anteile beziehungsweise Aktien an diesem Unternehmen kaufen und auf eine Erholung des Kurses hoffen. Der Sunk-Cost-Effekt ist also das Festhalten an erfolglosen Positionen, trotz des Wissens darüber, denn schließlich ist der ehemalige Kurs der Vergangenheit kein Indiz für zukünftige Wertentwicklungen. So, wie es auch bei der kognitiven Dissonanz der Fall ist, bewirkt der Sunk-Cost-Effekt, dass Anleger und Trader an verlustbringenden Positionen festhalten und dadurch oftmals noch größere Verluste erleiden. Eine hilfreiche Regelung, die jeder Trader im Rahmen seines Handelsplans festlegen sollte, ist die, dass eingegangene Positionen niemals im Verlustfall, sondern ausschließlich dann, wenn Gewinne erzielt werden, aufgestockt werden sollten.

1.2.4 Der Dispositionseffekt

Der Dispositionseffekt bezeichnet die Neigung von Anlegern dazu, kleine Gewinne zu realisieren beziehungsweise zu sichern und Verluste weiter zu erhöhen. Im Prinzip bedeutet dies, dass Gewinne und Verluste auf unterschiedliche Art und Weise wahrgenommen werden. Wie bereits im Unterkapitel über den Framing-Effekt herausgestellt, werden Verluste doppelt so intensiv wahrgenommen wie Gewinne. Im Hinblick auf Gewinne bedeutet dies, dass diese gesichert und „eingefahren“ werden sollen, während versucht wird Verluste zu reduzieren. Anstatt einen verlustbringenden Titel, der sich auf Talfahrt befindet, schnell zu verkaufen und den Verlust so ein Stück weit zu minimieren, wird auf steigende Kurse gehofft. Da diese nicht eintreten, steigt jedoch der Verlust. Anfänger müssen sich hier keine Vorwürfe machen, denn diese verzerrte psychologische Wahrnehmung tritt auch bei Profis auf. Zusätzliche Erträge in der Gewinnzone werden allgemein positiv wahrgenommen, allerdings mit einer abschwächenden Tendenz. Im Verlustbereich verhält es sich jedoch umgekehrt. Die ersten erzielten Verluste werden noch sehr intensiv erlebt. Steigen diese dann weiter an, stellt sich eine Art Gewöhnungseffekt ein, der bewirkt, dass zusätzliche Verluste mit einer verringerten Intensität wahrgenommen werden.

Um dem Dispositionseffekt entgegenzuwirken, sollten Anleger nach der bekannten Börsenregel handeln, die besagt, dass Gewinne laufen gelassen werden sollen und Verluste auf kluge Art und Weise begrenzt werden müssen. Wenn Fundamentaldaten und technische Analyse gegen einen erneuten Anstieg des Kurses einer Aktie sprechen, so ist eine Rückkehr zum alten Kursniveau äußerst unwahrscheinlich. Ein detaillierter Handelsplan hilft, das Risiko des Dispositionseffekts zu verringern. Sinnvoll ist es weiterhin, eine konsequente Begrenzung von Verlusten in Form von Stopp-Loss-Kursen anzuwenden.

1.2.5 Strategien, Faustregeln und mentale Abkürzungen – Heuristiken

Auch die sogenannten Heuristiken spielen eine wichtige Rolle bei der alltäglichen Entscheidungsfindung. Der Begriff Heuristik kommt aus dem

Griechischen und bedeutet in etwa finden oder entdecken. Es handelt sich um mentale Strategien oder auch Faustregeln und Abkürzungen, die dem Menschen, der schließlich nur über ein begrenztes Wissen beziehungsweise begrenzte Informationen verfügt, dabei hilft, Urteile zu fällen und Entscheidungen zu treffen. Die Verwendung von Heuristiken erfolgt in der Regel völlig unbewusst und automatisch. Der Mensch profitiert zwar von den Heuristiken, da diese bei der schnellen Entscheidungsfindung behilflich sind, allerdings werden dadurch auch Irrationalität und somit viele Fehler verursacht. Logischerweise spielen Heuristiken nicht nur bei dem Treffen von täglichen Entscheidungen eine Rolle, sondern umfassen auch die Entscheidungen, die im Hinblick auf Finanzprodukte gefällt werden. Grundsätzlich sind irrational getroffene Entscheidungen im Trading zu vermeiden, sodass die Heuristiken für den Trader zum Problem werden.

Ein Beispiel ist folgendes: Ein Anleger entscheidet sich für den Kauf einer Aktie X, schlichtweg weil diese zu dem Zeitpunkt im Mittelpunkt der Medien stand, sprich in Fachzeitschriften und im Fernsehen. In Deutschland entscheiden sich deshalb viele Anleger für Aktien des Deutschen Aktienindex (DAX), weil dieser täglich in den Medien präsent ist. Auch der Anleger aus diesem Beispiel wählt eine Aktie des

DAX oder ein anderes Finanzprodukt, das auf den DAX bezogen ist, beispielsweise einen Indexfonds. Allerdings ignoriert der Anleger, dass andere Indizes deutlich klarere Kursmuster liefern oder die dort geführten Aktien höhere Renditen versprechen. Heuristiken sind dafür verantwortlich, dass der Anleger nahezu blind dem Deutschen Aktienindex vertraut. Der Grund für das Vertrauen ist, dass der DAX bekannter und vertrauter ist, als die Indizes anderer Länder. Das Vertrauen schafft eine trügerische Illusion von Sicherheit. Ein weiteres, interessantes Beispiel ist, wenn die Medien über kommende Monate berichten, in denen in den vergangenen Jahren starke Kurseinbrüche beobachtet wurden. Es wird in allen Finanzsendungen und –programmen von „dem Crash-September“ gesprochen. Auf Anleger kann sich diese Berichterstattung auswirken. Viele werden im September wenig oder gar nicht investieren oder sogar auf fallende Kurse spekulieren. Vor dem Hintergrund, dass sich Geschehnisse der Vergangenheit nicht zwangsläufig wiederholen müssen, sollte sich der Trader dementsprechend nicht von der Berichterstattung leiten und verleiten lassen, sondern nüchtern den Markt betrachten und streng nach dem eigens aufgestellten Handelsplan vorgehen.

Wie bereits im Unterkapitel 1.2.2 erwähnt, sucht der Mensch aufgrund seiner eingeschränkten Aufnahmefähigkeit auf unbewusste Art und Weise nach Informationen, die seine eigene Meinung bestätigen. Hier ist auch das Internet, mit seiner ganzen Fülle an Informationen jeglicher Art, als problematisch zu betrachten. Suchen Trader also im World Wide Web nach bestätigenden Meinungen und Positionen, so ist es mehr als nur wahrscheinlich, dass diese auch gefunden werden. Ob es sich dabei um eine seriöse Quelle handelt, bleibt ungewiss.

Kapitel – Die Ängste des Traders

Die Angst vor schmerzhaften finanziellen Verlusten spielt beim Trading eine sehr große Rolle. Das liegt daran, dass dem Geld zu Recht eine existenzielle Funktion zugeschrieben wird. Schließlich leben wir in einer kapitalistischen Welt. Doch nicht nur die Angst vor finanziellen, existenzbedrohenden Verlusten machen vielen Tradern zu schaffen. Es ist auch die Sorge um Anerkennung der anderen Menschen, die durch Fehler abnehmen kann. Davor fürchten sich nicht nur Trader, sondern grundsätzlich alle psychisch gesunden Menschen.

In der Psychologie werden Ängste in zwei Kategorien unterteilt: sinnvolle Ängste und sinnlose Ängste.

2.1 Die sinnvollen und sinnlosen Ängste des Menschen

Die Psychologie charakterisiert sinnvolle Ängste als genetisch bedingt. Diese dienen dem Menschen als Schutz vor gefährlichen Situationen und dienen dazu, das Überleben sicherzustellen. Eine sinnvolle Angst ist zum Beispiel, wenn jemand bei einem starken Unwetter mit Blitz und Donner unter einem hohen Baum Schutz sucht, während das Gewitter vorbeizieht. Jetzt zu fürchten, dass es zu einem gefährlichen Blitzeinschlag kommt, ist berechtigt und durchaus eine sinnvolle Angst. Eine sinnlose Angst wäre, wenn jemand bei strahlendem Sonnenschein unter demselben Baum steht und fürchtet vom Blitz erschlagen zu werden. Oft sind sinnlose Ängste auf Traumata der Vergangenheit zurückzuführen, die zum Beispiel durch einen Unfall ausgelöst wurden.

Eine sinnlose Angst ist auch die vor Verlusten bei Trades. Diese Angst ist aus zwei Gründen vollkommen unbegründet. Die Trader sind in der Regel selber dafür verantwortlich, wie viel Geld sie „aufs Spiel setzen“ möchten. Somit wird also die Höhe des Verlustes selbst gesteuert. Außerdem ist kein Trader dieser Welt dazu verpflichtet Trades durchzuführen und so den Verlust von finanziellen Mittel zu riskieren. Nichtsdestotrotz sorgen Verluste beim Trading dafür, dass das sogenannte Reptiliengehirn einen Angstzustand hervorruft, der im Angstzentrum aktiviert wird. Auch wenn es sich dabei um eine sinnlose Angst handelt. Die Angst wird also vom Trader selbst nicht als sinnlose Angst empfunden.

Der Hirnstamm, der auch als Reptiliengehirn bezeichnet wird, ist im menschlichen Gehirn dafür verantwortlich, dass überlebenswichtige Funktionen und Reflexe gesteuert werden. Dazu zählt auch die Angst, die dem Menschen als natürlicher Schutzmechanismus vor Gefahren dient.

Für Trader ist es also wichtig, zu versuchen, dass diese sinnlosen Ängste beim Trading vermieden werden. Dafür ist es erforderlich, dass die Ursache für die Ängste beim Trading gefunden werden. Es gibt keine Verallgemeinerung der Ursachen, da die sinnlosen Ängste stets individueller Natur sind. Auf der Suche nach dem Auslöser der eigenen, sinnlosen Ängste beim Trading, können Trader im Money-Management Hilfe finden. Im Rahmen des Money-Managements können Trader schrittweise herausfinden, in welcher Höhe der Wohlfühlverlust liegt, sprich der Verlust, bei dem noch keine sinnlose Angst entsteht. Es gilt die Summe zu finden, bei der keine Angstgefühle entstehen, wenn diese als Verlust verbucht wird.

Das Money-Management ist im Rahmen des Tradings von großer Bedeutung und wird als eine der wichtigsten Säulen für das nachhaltig erfolgreiche Trading betrachtet. Money-Management steht im Gegensatz zur blinden Zockerei. Das Ziel eines guten Money-Managements ist es, durch das Begrenzen von Verlusten sicherzustellen, dass verlustreiche Phasen mit genügend Kapital überstanden werden. Das Kapital kann dann dafür genutzt werden, um Chancen, die sich am Markt ergeben, wahrnehmen zu können. Die sogenannte 1-Prozent-Regel kann Tradern dabei helfen, einen zuvor fest definierten Prozentsatz des Depotkapitels zu riskieren. Ob dieser Prozentsatz nun ein, zwei oder mehr beträgt, das ist jedem Trader selbst überlassen. Wenn also beispielsweise die 1-Prozent-Regel angewandt wird und der Trader merkt, dass diese Verluste in Höhe von maximal einem Prozent des Depots Angstzustände auslösen, so muss reagiert und der Prozentsatz nach unten korrigiert werden. Das wird solange getan, bis die Verluste keine Angst mehr hervorrufen

Neben der Möglichkeit, mithilfe des Money-Managements den Bereich des Wohlfühlverlustes herauszufinden, kann auch ein Trading-Coach dabei helfen. Für Anfänger ohne viel Trading-Erfahrung ist dies zu empfehlen, da es sich bei Trading-Coaches um Experten handelt, die mit Sicherheit schon anderen Tradern beim Finden des individuellen Wohlfühlverlustes behilflich waren.

2.2 Die Sichtweise und das Handeln des Einzelnen

Vor allem auf der bekannten Videoplattform YouTube ist zu beobachten, wie einfach es doch ist, mit dem Traden in kürzester Zeit reich zu werden. Es finden sich immer mehr solcher Videos mit Titeln wie „Reich per Trading-App" oder „Die Strategie, die ich nutze, um 100 USD täglich auf dem Forex Markt zu machen" oder „Wie ich in einer Woche gelernt habe zu traden". Im Grunde, so suggerieren es die Videos auf YouTube und anderen Portalen, muss nur die richtige Strategie angewandt werden, dann ist der Erfolg garantiert. Ganz so einfach sieht es in der Realität jedoch nicht aus. Zuerst ist hier wichtig herauszustellen, dass die Sicht- und Denkweise eines Menschen, nicht mit der eines anderen Menschen übereinstimmen muss. Jeder Mensch weist einzigartige Denk-

und Verhaltensweisen beziehungsweise –muster auf, die in Verbindung mit prägenden Ereignissen und Erfahrungen stehen und auf diesen begründet werden.

Das wird auch klar, wenn sich, um ein Beispiel zu nennen, zwei Menschen über das anstehende Fußballspiel unterhalten. Der eine ist überzeugt, dass die Mannschaft A haushoch gewinnt, während der Gesprächspartner sogar Wetten auf den Sieg der Mannschaft B abgeschlossen hat. Schlussendlich endet die Partie jedoch null zu null, sodass keiner der beiden Recht behalten hat. Daraus lässt sich also schließen, dass die bloße Überzeugung noch lange keinen Grund für die Richtigkeit der Annahme darstellt. Ähnlich verhält es sich auch beim Trading. Es gibt Trader, die nicht in der Lage sind Gewinne fortlaufen zu lassen und diese stattdessen in der Höhe begrenzen. Die (sinnlose) Angst dominiert das Verhalten dieser Trader. Ein anderer Trader hingegen entscheidet sich gegen das Laufenlassen der Gewinne, weil er davon überzeugt ist, dass die Kurse nicht noch weiter steigen werden. Die Sichtweise ist also verschieden, jedoch haben beide Trader trotzdem eine Gemeinsamkeit. Diese stellen die persönlichen Gründe für die Sicht-, Denk- und Handelsweise dar. Vielleicht liegt die Ursache für die fehlende Bereitschaft eines Anlegers, der die Gewinne nicht weiter laufen lassen möchte, schlichtweg darin, dass dieser tief im Inneren das Geldverdienen an der Börse als verwerflich empfindet und so versucht, sich selbst ein Stück zu bremsen.

Es können viele Gründe und Ursachen vorliegen, die von der Psyche gesteuert werden und die individuelle Sichtweise und das anschließende Handeln maßgeblich beeinflussen. Ob das alles Sinn ergibt, spielt für das Gehirn, in dem diese Prozesse schließlich stattfinden, keine Rolle. Grundsätzlich sind die Probleme, die viele Trader haben, immer bei diesen selbst zu suchen.

Dies ist auch auf die verschiedenen, individuellen Glaubensansätze zurückzuführen. Ein bekannnte Weisheit lautet nicht umsonst: Was wir denken, das sind wird. Daher rührt es, dass der Mensch immer und ständig nach Verwirklichung seiner selbst strebt. Dieses Streben zeigt sich auch im Rahmen des Tradings immer und immer wieder. Die „richtigen Trades“ an sich gibt es nicht, es existiert jedoch der Glaube, dass man selbst den richtigen Trade durchführt und so Gewinne erzielt. Die meisten Menschen und auch der Großteil der Trader sind sich der Glaubensansätze, die diese verfolgen überhaupt nicht bewusst. Für ein sinnvolles, nachhaltiges und erfolgsträchtiges Trading ist es jedoch von wichtiger

Bedeutung, die Handels- und Glaubensmuster, die das Ausführen von Trades begründen, gekannt werden. Um dies zu erreichen kann eine Selbstanalyse helfen. Trader sollten nicht erfolgreiche Trades der Vergangenheit überprüfen und herausfinden, wieso diese ausgeführt wurden. Dafür ist es wiederum wichtig, alles Trades ausführlich zu dokumentieren und im besten Fall die Gedankengänge niederzuschreiben, um diese zu einem späteren Zeitpunkt nachvollziehen und verstehen zu können. Außerdem spielt auch der Glauben an die Sache an sich eine Rolle beim Trading und allgemein auch in anderen Bereichen des Lebens. Wenn sich ein Student nicht zutraut, eine Klausur zu bestehen und mit dieser Motivation ans Werk geht, so ist die Wahrscheinlichkeit des Scheiterns höher. So ähnlich verhält es sich auch beim Trading. Trader, die mit einer gar negativen Einstellungen, was die Erfolgs- beziehungsweise Gewinnansichten angeht Trades durchführen, sind in den meisten Fällen zum Scheitern verurteilt. Wenn jemand also von sich selbst nicht erwartet, bei Trading erfolgreich zu sein, ist die Frage nach dem wozu durchaus berechtigt. Auf der anderen Seite hilft eine felsenfeste Überzeugung schneller und hoher Gewinne natürlich nicht dazu, dass diese zwangsläufig auch eintreten. Nichtsdestotrotz ist die positive Einstellung für erfolgreiches Trading wichtig.

2.3 Die Sicherheitssorgen beziehungsweise – sehnsüchte von Menschen

Nicht nur Trader, sondern grundsätzlich alle Menschen haben das Bedürfnis nach Sicherheit. Wird ein Blick auf die Maslowsche Bedürfnispyramide geworfen, so fällt direkt auf, dass die Sicherheitsbedürfnisse an zweiter Stelle, direkt auf die physiologischen Bedürfnisse folgen. In anderen Worten formuliert, sehnt sich der Mensch nach Sicherheit. Auf dieser bauen schließliche alles weiteren Bedürfnisse auf (siehe Maslowsche Bedürfnispyramide, Darstellung 1).

Abraham H. Maslow, Motivation and Personality, 1954

Darstellung 1 – Die Maslowsche Bedürfnispyramide

Das Trading kann die Sehnsucht nach Sicherheit jedoch nicht befriedigen, schließlich bieten die spekulativen Kapitalmärkte keine Garantien für Gewinne und satte Renditen. Die vermeintliche Berechenbarkeit von zukünftigen Kursverläufen ist ein Trugschluss, dem sich viele Trader nur zu gerne hingeben. Die Sicherheit besteht nur im Hinblick auf den Fakt, dass es keine Sicherheit gibt. Durch das Fehlen dieser Sicherheit, nach der sich der Mensch und somit natürlich auch der Trader sehnt, entsteht ein Unwohlsein. Dieses unwohle Gefühl entsteht durch den Kontrollverlust, den Trader täglich erleben. Die Trader versuchen dann diesem Kontrollverlust, der durch die fehlende Sicherheit entstanden ist, mithilfe von Denk- und Handlungsmustern entgegenzuwirken. Das läuft unbewusst ab, denn die Illusion von Kontrolle ist ein natürlicher Schutzmechanismus gegen Angst. Im Rahmen der Kontrollillusion denkt der Trader dann, dass dieser für Geschehnisse verantwortlich beziehungsweise der Verursacher ist. Natürlich entstehen diese Geschehnisse, wie ein rapider Kursanstieg, durch Zufälle und sind von Tradern nicht steuer- oder beeinflussbar. Ein Zufall kann zum Beispiel sein, dass der Trader in Zeiten boomender Märkte Trades tätigt und deshalb zumindest momentan von attraktiven

Renditen profitiert. Auch hier wird erneut deutlich, dass der einzige Faktor, der im Rahmen des Tradings kontrolliert werden kann, der Trader selbst ist. Im Wege stehen dabei in den meisten Fällen die alten Denk- und Verhaltensmuster, die den Menschen seit seiner Kindheit prägen. Auf dem Weg zu einem erfolgreichen Trader ist es also wichtig das Gehirn so zu trainieren, dass sich die unbewussten und bewussten Verhaltensmuster und Gewohnheiten ändern. Dafür ist Zeit erforderlich. Denn sogar die einfachsten Handlungsabläufe, beispielsweise der Weg der Zigarette in den Mund oder das tägliche Vernaschen einer Tafel Schokolade, sind nur schwer und für die allermeisten Menschen nur unter enormer Anstrengung abzugewöhnen. Für den Großteil aller Trader ist es schwer, Gewinne laufen zu lassen und Verluste zu begrenzen. Die Frage nach dem Warum wurde bereits weiter oben beantwortet und kann vielfältig sein. Auch Profis ertappen sich regelmäßig dabei Trades, die sich in der Gewinnzone befinden zu schließen, während Verluste durch die Hoffnung auf erneut ansteigende Kurse vergrößert werden. Die Ursache ist in der Schaltzentrale des Hirns zu finden.

Dort, im neuronalen Netz des menschlichen Gehirns, das aus vielen Milliarden Nervenzellen besteht, speichern Menschen das Erlebte, die Gedanken, Erfahrungen und Fähigkeiten. Die Inhalte, die gespeichert werden, sucht sich das Gehirn dabei selber aus und entscheidet vor allem zwischen positiven und negativen Erlebnissen, Gedanken, etc.. Je öfter eine Empfindung, ein Erlebnis oder eine Erfahrung gespeichert werden, desto prägender ist diese für das Verhalten. Begeht ein Trader also immer wieder dieselben Fehler entsteht ein automatisiertes Verhalten. Dieses Verhalten ist vollkommen unbewusst und steuert die Entscheidungen des Traders. Da der Mensch bereits im Kindesalter Erfahrungen, Erlebnisse usw. speichert, ist es sinnvoll, einen Blick auf die ersten, prägenden Lebensjahre zu werfen (siehe Unterkapitel 2.5).

Zunächst soll hier jedoch der Stellenwert von unbewussten Handlungen beziehungsweise Verhalten beleuchtet werden.

2.4 Der Stellenwert von unbewussten Handlungen

Die Wissenschaft geht heutzutage davon aus, dass ca. 90 % des menschlichen Verhaltens unbewusst erfolgt. Witzigerweise liegt auch die prozentuale Anzahl der Trader, die dauerhaft Verluste einfahren, bei ungefähr 90 %. Sind Verluste beim Trading also auf unbewusste Handlungen zurückzuführen? Dafür macht es Sinn einen Blick auf die Verarbeitung von Informationen zu werfen, die sich im menschlichen Gehirn abspielt. Jegliche Informationen und alles, was der Mensch wahrnimmt, wird zuerst von dem Angst- und Panikzentrum des Gehirns analysiert. (Der Gegenspieler des Angst- und Panikzentrums ist übrigens das Belohnungszentrum.) Das Hirn überprüft dabei, ob es sich um eine Gefahr oder um Freude handelt. Die Eindrücke, die das Angst- und Panikzentrum analysiert, werden dann als Gefühl weitergeleitet. Ein Gefühl der Angst löst einen von drei Impulsen aus: Entweder Kampf, Flucht oder Erstarrung. Das Ganze lässt sich natürlich auch auf das Trading beziehungsweise den Trader übertragen. Angenommen ein Trader hat einen gewinnbringenden Trade getätigt, der dann jedoch in die Richtung der Verlustzone steuert (zumindest auf dem Papier). Die Information über den Kursverlust läuft durch das Angst- und Panikzentrum. Dieses löst, um den Trader vor einem (finanziellen) Schaden zu schützen, eine Fluchtreaktion aus. Der Trader verkauft also die Position, aus Angst, dass sich die Gewinne in Verluste verwandeln. Vor dem Hintergrund, dass Titel, die sich in der Verlustzone befinden, verkauft und nicht noch unnötig länger gehalten werden sollten, ist diese Reaktion durchaus sinnvoll. Nichtsdestotrotz ist diese unbewusst und wird nicht von dem Verstand des Traders, sondern einzig und allein von dessen Gehirn gesteuert. Das liegt daran, das über 200 Millisekunden benötigt werden, damit der bewusste Verstand einsetzt. Die Entscheidung hat das Gehirn dann allerdings schon gefällt. Daran lässt sich auch erkennen, dass eine Änderung der Denk- und Verhaltensmuster nicht sonderlich leicht zu bewerkstelligen ist. Das liegt an der jahrelangen Prägung seit der Kindheit und kann sich dadurch äußern, dass verlustbringende Positionen nicht geschlossen werden, obwohl der Trader mehrfach eines Besseren belehrt wurde. Doch nun mehr über die Prägung innerhalb der Kindheit.

2.5 Die Prägung durch die ersten Lebensjahre

Im Laufe eines jeden Lebens kommen immer mehr Überzeugungen hinzu, die sich auch im Hinblick auf das Verhalten beim Trading auswirken. Die Prägung von Menschen beginnt dabei bereits nach der Geburt. Wichtig ist dabei die Erziehung der Eltern. Wurde einem Kind nur wenig Aufmerksamkeit geschenkt und diesem nur wenig zugetraut, so kann dies (negative) Auswirkungen auf das Trading haben. (Natürlich unter der Annahme, dass dieses Kind mit dem Trading beginnt.) Das Kind, das mittlerweile erwachsen ist und als Trader Geld verdienen möchte, hat ein geringes Selbstwertgefühl. Bezogen auf das Trading kann sich dies in der Suche nach Bestätigung zeigen.

Es wird versucht die Bestätigung an die erzielten Gewinne zu koppeln. Das wieder führt dazu, dass ungeduldig und mit wenig Disziplin vorgegangen wird. Mangelnde Disziplin ist mehr als nur problematisch und führt, langfristig betrachtet, immer zu Verlusten. Diese wiederum signalisieren dem Trader, dass er ein „Verlierer" ist. Natürlich gibt sich der Trader damit nicht zufrieden und versucht den Markt zu schlagen. Bekannterweise ist das nicht möglich.

Eine Lösung für dieses Problem beim Trading kann durch gezieltes Beobachten des Verhaltens gefunden werden. Sollten sich immer und immer wieder dieselben Fehler ergeben, so ist es möglich, dass der Grund in der Kindheit zu suchen ist. Professionelle Hilfe kann ein erfahrener Trading-Coach geben.

Kapitel – Trading, Stress und individuelle Persönlichkeiten

Trading und erhöhter Stress gehen in der Regel Hand in Hand. Der Stress ist allgegenwärtig, schließlich geht es darum, Geld zu gewinnen oder zu verlieren. Außerdem ist die Allgegenwärtigkeit des Stresses auf die fehlende Sicherheit zurückzuführen.

Zu unterscheiden sind vor allem zwei Arten von Stress. Der Stress, der von Adrenalin ausgelöst wird, tritt besonders schnell auf. Die andere Art von Stress, ist die, die durch Cortisol verursacht wird. Dieser Cortisol Stress besteht als eine Art Dauerzustand, wird auch als chronischer Stress bezeichnet und besteht zum Beispiel auf der existenziellen Ebene. Mangelnde finanzielle Absicherung kann also dauerhaften Stress auslösen. Der US-amerikanische Physiologe Walter Cannon stellte eine Theorie über die Handlungsmuster, die von Stress ausgelöst werden, auf. Wie auch bei Angstgefühlen ergeben sich drei Möglichkeiten: Kampf, Flucht oder Erstarren.

Im Hinblick auf das Trading zeigt sich der Kampf in dem Versuch Stopps zu löschen oder die Positionsgröße zu erhöhen. Die Erstarrung äußert sich hingegen durch eine Art Handlungsunfähigkeit. Die Positionen werden nicht mehr beobachtet. Die Flucht wiederum äußert sich in der Auflösung von Trades, die sich in der Gewinnzone befinden.

3.1 Der Kontrollverlust löst Stress aus

Es wurde bereits erwähnt, dass der Mensch danach strebt beziehungsweise das Bedürfnis hat, möglichst viel zu kontrollieren und in seinem Sinne zu beeinflussen. Alles, was dabei der Kontrolle und dem Einfluss entflieht, wird als Unsicherheit wahrgenommen. Beim Trading besteht viel Unsicherheit, schließlich kann niemand, auch wenn es noch so viele behaupten, die Kursbewegungen der Zukunft vorhersehen. Nicht nur, doch vor allem für Beginner, ist das Trading deshalb eine große Belastung, die eine ganze Menge Stress verursacht. Hier kommt erneut die Angst ins Spiel, der menschliche Schutzmechanismus vor Gefahren jeglicher Art. Heutzutage ist Geld, um das sich beim Trading schließlich alles dreht, der wichtigste Faktor für eine stabile Existenz. Der Verlust von Geld im Rahmen von verlustreichen Trades steht also in enger Verbindung zu dem Gefühl der Existenzangst.

Daraus folgt, dass das menschliche Gehirn, sobald

Verluste realisiert werden, diese als lebens- beziehungsweise existenzbedrohlich ansieht. Die darauffolgenden Reaktionen werden unbewusst durchgeführt und halten sich nicht an den Tradingplan. Auch spontan ausgeführte Trades, die getätigt werden, um Verluste auszugleichen, werden durch Stress verursacht. Problematisch ist das Vermischen von Handelssystemen zu bewerten, statt dem eigenen Tradingplan zu folgen, der schließlich mit dem Ziel aufgestellt wurde, unüberlegtes, impulsives Verhalten zu vermeiden. Im weiteren Verlauf dieses Kapitels wird darauf eingegangen, wie Stress zu erkennen und zu vermeiden ist. Zunächst wird jedoch ein Blick auf den Zusammenhang zwischen einem detailliertem Tradingplan und der Persönlichkeit des Traders geworfen.

3.2 Der Tradingplan und die Persönlichkeit des Traders

Die Annahme, dass alle Personen auf eine gewisse Art und Weise identisch sind, ist falsch. Jede Person ist anders und unterscheidet sich in der Persönlichkeit und in dem, was erlebt wurde. Mit anderen Worten formuliert hat jeder Mensch andere Erfahrungen gesammelt und hat eine eigene Sichtweise auf die Welt in der er oder sie lebt. Die Prägung, die ein

Mensch bereits in seiner Kindheit erfährt und die in der Schule und im Beruf fortschreitet, macht aus jedem eine Person, die sich auch im Hinblick auf die Denk- und Verhaltensmuster von anderen Personen unterscheidet.

Andere Persönlichkeiten, die sich durch unterschiedliche Denk- und Handlungsmuster voneinander unterscheiden, sind der Grund dafür, dass das Trading nicht für jeden zu erlernen ist. Ist ein Trader beispielsweise zu ungeduldig, so ist dies hinderlich für eine erfolgreiche Karriere am Forex, Aktien- oder Rohstoffmarkt. Bereits Franz Kafka sagte: „Alle menschlichen Fehler sind Ungeduld…". Auch Trader, die besonders viele Ängste verspüren, haben es meist schwer, das Trading zu erlernen und sich nicht von den Angstgefühlen leiten zu lassen. Auf der anderen Seite ist es für einen Trader, der sich durch eine sehr disziplinierte Arbeitsweise auszeichnet und auch bei Verlusten einen kühlen Kopf bewahrt, einfacher in der Welt des Tradings erfolgreich zu sein. Ein anderer Trader, der so von sich eingenommen ist, dass er denkt, regelmäßig den Markt schlagen zu können, bringt natürlich auch nicht die optimalen Voraussetzungen, um mit dem Trading langfristig erfolgreich zu sein, mit.

Das heißt jedoch nicht, dass nicht auch ungeduldige,

ängstliche oder solche Persönlichkeiten, die oft als unbelehrbare „Besserwisser“ bezeichnet werden, erfolgreich beim Trading sein können. Es ist nicht einfach, aber Denk- und Verhaltens- beziehungsweise Handlungsmuster können verändert werden. Dafür ist die Erstellung eines detaillierten Tradingplans wichtig und sogar erforderlich. Damit der Tradingplan erfolgreich angewandt werden kann, sollte dieser stets individuell auf die Persönlichkeit des einzelnen Traders zugeschnitten werden. In den Medien ist manchmal die Rede von dem Social Trading. Der Grund, dass es meist nicht ausreicht den Trading-Stil eines Profis zu kopieren, liegt eben darin, dass der Profi einen Tradingplan hat, der auf seine eigene Persönlichkeit und Fähigkeit zugeschnitten ist.

> *Bei dem Social Trading handelt es sich um eine Form der Geldanlage, bei der in der Regel die Anlageentscheidungen beziehungsweise die Anlagestrategien von Profi-Tradern nachgebildet werden. Dafür veröffentlichen Profi-Trader ihre Trades und Handelsentscheidungen auf einer Social Trading Plattform, die dann von den anderen Mitgliedern nachgebildet werden können.*

Wichtig ist es also, dass Trader herausfinden, wie diese „ticken“, sprich was deren Persönlichkeit ausmacht. Die Durchführung einer Analyse der eigenen Persönlichkeit ist also entscheidend dafür, einen individuellen Tradingplan aufstellen zu können.

Die Selbstanalyse hilft weiter und umfasst das Beantworten von Fragen wie zum Beispiel: „Habe ich meine eigenen Argumente?“ oder „stimme ich schnell den Argumenten anderer zu?“; „Lasse ich mich von meinem Bauchgefühl leiten?“ oder „treffe ich Entscheidungen mit dem Kopf?“. Die Selbsteinschätzung sollte unbedingt auf Papier gebracht werden und mit einer Person aus dem Freundes- oder Verwandtenkreis oder einer anderen vertrauten Person besprochen werden. Die eigene Selbsteinschätzung sollte dann durch die Meinung der konsultierten Person ergänzt werden, um ein umfangreicheres Bild der Persönlichkeit zu erhalten. Besonders die Aspekte der Risikobereitschaft, Geduld, Disziplin, Flexibilität, Sturheit, Ängstlichkeit, Erfolgsstreben, Frust, Rechthaberei, Einfühlungsvermögen und Ausdauer sind wichtig zu betrachten. Logischerweise sollte jeder Trader diese Selbsteinschätzung durchführen, bevor mit dem Trading begonnen wird. Die Schlüsse, die aus der Selbstanalyse gezogen werden, sollten dann im Rahmen der Erstellung des Tradingplans berücksichtigt werden. Trader, die durch die Einschätzung ihrer eigenen Persönlichkeit herausgefunden haben, dass sie vergleichsweise ängstlich sind, müssen das unbedingt im Tradingplan berücksichtigen. Meist fällt es den besonders ängstlichen Menschen schwer, in kleinen Zeiteinheiten Trades zu tätigen. Auf der anderen Seite müssen die Trader, die „die Wahrheit mit dem Löffel gegessen haben“ und dazu neigen immer Recht zu haben, ebenfalls aufpassen. Gefährlich ist der Versuch, es mit dem Markt aufnehmen und diesen schlagen zu wollen. Dies kann sich durch das ständige Verschieben von Stopps äußern, da nicht akzeptiert wird, dass sich der Kurs anders bewegt, als es vermeintlich vom Trader vorhergesagt wurde. Hohe Verluste sind die Folge dieses Handelns. Im Tradingplan muss also festgelegt werden, dass Stopps gesetzt und eingehalten werden.

Logischerweise ist jeder Tradingplan nur so gut, wie die Disziplin des Traders. Wird der Plan nicht befolgt, so nützt dieser nichts. Eigene Vorstellungen sowie Gedanken, die von den Vorgaben des Tradingplans abweichen, stellen eine Gefahr für jeden Trader dar und machen sich meist in Verlusten bemerkbar, die durch die strikte Befolgung des Tradingplans hätten vermieden werden können. Vor allem Anfänger glauben, denken und hoffen zu viel. Nur weil ein Analyst der felsenfesten Überzeugung ist, dass der Markt jetzt nicht mehr weiter steigt, heißt das noch lange nicht, dass dem auch wirklich so ist. Die Kursverläufe von Aktien, Währungen und Rohstoffen sind nicht das Produkt von Logik, sondern in aller Regel von rein zufälliger Natur. Natürlich kommt es immer wieder vor, dass sich bestimmte Kursmuster wiederholt im Chart abzeichnen. Eine Garantie dafür kann jedoch niemand geben, es spielen einfach zu viele Faktoren eine Rolle, als dass all diese überblickt werden könnten. Trader, die nach Gesetzmäßigkeiten Ausschau halten, werden enttäuscht, denn diese gibt es beim Trading nicht. Es geht einzig um allein um Wahrscheinlichkeiten. „Wie wahrscheinlich ist es, dass der Kurs erneut zulegt?"; „wie wahrscheinlich ist es, dass der Euro im Vergleich zum Dollar (EUR/USD) an Wert verliert?"; usw.. Experten beschreiben die Kunst des Tradings darin, zu traden, was gesehen wird und nicht was gedacht oder gefühlt wird. Vielen Tradern steht dabei die Logik im Wege, denn der Mensch neigt dazu, logisch zu denken und daraus Zusammenhänge abzuleiten. Allerdings ist es so, dass es sich bei dem Handel von Wertpapieren, Währungspaaren und Rohstoffen nicht um Probleme handelt, die logisch zu lösen sind. Verantwortlich dafür sind die vielen Zufälle, die vor allem durch das emotionsgesteuerte Handeln der anderen Akteure bestimmt wird.

Doch nicht nur die Neigung zu logischem Handeln ist ein Problem für Trader. Allen voran Anfänger, die hochmotiviert sind und unbedingt ihre ersten gewinnbringenden Trades durchführen möchten, lesen fleißig Bücher und andere Veröffentlichungen über das Trading. Nach der Lektüre sind viele angehende Trader dann der Meinung, dass nun ausreichend Fachwissen vorhanden ist und mischen dieses möglicherweise in Form von von Handelsstrategien, die überhaupt nicht zueinander passen oder gar gegensätzlich sind. Viele Anfänger machen auch den Fehler, aktuelle Nachrichten über die Entwicklungen an den Märkten völlig überzubewerten und Trades im Einklang mit diesen Informationen zu tätigen, obwohl dies nicht mit dem Tradingplan übereinstimmt.

3.3 Hoffnung ist beim Trading fehl am Platz

Wer an den Märkten erfolgreich handeln möchte, der sollte sich bewusst sein, dass Hoffnung in der Welt des Tradens nichts zu suchen hat. Auch hier kommt erneut ins Spiel, dass viele den fatalen Fehler begehen, an verlustreichen Positionen festzuhalten. Die Hoffnung auf eine Kurserholung, bedingt durch die Angst auf (noch) höhere Verluste, sorgt dafür, dass die betroffene Position nicht glattgestellt wird. Der daraus entstehende Stress kann den Trader zu weiteren Trades verleiten, um über diese die Verluste des anderen, verlustreichen Trades, auszugleichen. Über-Trading, also das Eingehen vieler Positionen, ist jedoch in der Mehrzahl der Fälle äußerst kontraproduktiv und sorgt für steigende finanzielle Verluste.

Im Gegensatz dazu verhalten sich Profis völlig anders und zeichnen sich durch entschlossenes Handeln, statt durch Hoffen aus. Viele Beginner hingegen haben sich von Anfang an das falsche, völlig unrealistische Ziel gesetzt, innerhalb kürzester Zeit mit dem Trading reich zu werden. Das haben schließlich auch andere geschafft, wie zum Beispiel die zahlreichen Trader, die auf YouTube verraten, wie die Märkte geschlagen werden können. Soweit zumindest die Theorie. Im Hinblick auf ein ausgewogenes Risikomanagement ist es jedoch nahezu unmöglich innerhalb kurzer Zeit viel Reichtum durch Trades anzuhäufen. Der Vergleich, den viele mit bekannten Börsengrößen ziehen, hinkt logischerweise an jeder Stelle. Damit Trader erfolgreich sein können, ist eine realistische Zielsetzung, die ebenfalls Teil des Tradingplans sein sollte, unendlich wichtig. Das Setzen von realistischen Zielen spielt auch in der Motivationstheorie eine entscheidende Rolle. Es empfiehlt sich, nach der SMART-Formel vorzugehen, die bei der adäquaten Formulierung von Zielen helfen kann.

> *Für das Setzen von erreichbaren Zielen ist es hilfreich, die sogenannte SMART-Formel zu nutzen. Dieser Formel zufolge müssen Ziele strukturiert werden. Das heißt, dass jedes Ziel strukturiert, messbar, angepasst sowie realistisch und terminiert sein sollte.*

Langfristig betrachtet sind nur diejenigen Trader erfolgreich, die den Tradingplan gewissenhaft umsetzen.

3.4 Die große Gefahr schneller Gewinne

Da, wie bereits mehrfach angesprochen, Anfänger dazu neigen, schnelle Gewinne erzielen zu möchten, werden bereits zu Beginn des Tradings hohe Geldbeträge „aufs Spiel gesetzt". Aus diesem Grund sollte stets die 1-Prozent-Regel als Teil des Tradingplans angewandt werden. Noch mehr zu empfehlen ist jedoch nur 0,5 % des gesamten Handelskontos pro Trade zu riskieren. Viele denken allerdings, dass dies viel zu kleine Beträge sind. Schließlich steht die Anhäufung von großen Gewinnen an erster Stelle. Dadurch bedingt, werden oft 5 % oder sogar 10 % des Handelskontos pro Trade riskiert. Die daraus resultierenden Folgen sind oft gravierend. Tätigt ein Trader beispielsweise fünf Trades und steigt dabei immer mit 10 % seines Handelskontos ein, so ist im schlimmsten Fall ein Verlust von 50 %, also der Hälfte (!) des Tradingkontos, die Folge. Unter Nichtbeachten des Tradingplans wird dann im Rahmen von weiteren Trades versucht, den Verlust wettzumachen. Dadurch kann sich sogar ein Totalverlust der Gelder auf dem Tradingkonto einstellen.

Auch hier spielt erneut die Langfristigkeit eine entscheidende Rolle, statt der Suche nach schnellen und hohen Gewinnen, sollten Trader versuchen, konstante Gewinne einzufahren, auch, wenn diese deutlich geringer sind. Kommt es dazu, dass sich der Trader unfreiwillig und unterbewusst das zweifelsfrei kontraproduktive Streben nach schnellen Gewinnen antrainiert, so hat dies fatale Auswirkungen. Die sich wiederum in Verlusten, Ängsten, Stress und Kontrollverlust äußern. Dies wurde bereits im vorletzten Absatz des Kapitels 2.3 thematisiert.

3.5 Selbstsabotage durch unkontrollierte Aggressionen beim Trading

Für Trader, die ihre Emotionen nicht ausreichend kontrollieren können, besteht die ständige Gefahr der Selbstsabotage. Diese wird durch unkontrolliertes, aggressives (Trading-) Verhalten hervorgerufen.

Schließlich sehen sich Trader, vor allem zu Anfang der Trading-Laufbahn, einer ganzen Menge von starken Emotionen ausgesetzt. Und nicht nur das, die Emotions- und Gefühlslagen wechseln auch häufig. Gewinne lassen die Herzen höher schlagen und lösen Gefühle von euphorischer Freude, Hoffnung und oft auch Selbstüberschätzung beziehungsweise Übermut aus. Durch die Neigung des Menschen, seine Gefühle, Emotionen und Empfindungen in Taten beziehungsweise Handlungen umzusetzen, sind Emotionen beim Trading als problematisch zu betrachten. Dabei spielt es keine Rolle, ob es sich um positive Gefühle, wie Euphorie oder um negative Gefühle wie Aussichtslosigkeit handelt.

Die größte Gefahr besteht darin, dass der Trader die Reaktionen, die durch das Trading oder zum Beispiel bedingt durch einen Kursverfall, hervorgerufen werden, persönlich nimmt. Der Markt wird für das eigene Scheitern verantwortlich gemacht, wenn es nicht so gut läuft und die Trades Verluste einbringen. Auf der anderen Seite ist es nicht der Markt, der für Gewinne verantwortlich ist, sondern der Trader selbst. Gewinne und Verluste werden, das ist bereits bekannt, unterschiedlich stark wahrgenommen. Das macht sich auch an dem „Zuschieben“ der Verantwortlichkeit für Verluste an den Markt bemerkbar. Während Gewinne auf das eigene Können zurückgeführt werden, werden Verluste immer mit dem „bösartigen“ Markt begründet. Wer also glaubt „jetzt schlage ich den Markt, es wird ja langsam Zeit, dass ich mir mein Geld zurückhole“, der sollte besonders aufpassen. Aus der vermeintlichen Rückholung des Geldes kann ganz schnell ein Totalverlust entstehen. Diese destruktiven Gedanken und darauffolgende, unüberlegte Handlungen, die den Markt personifizieren und regelrecht verteufeln, führen zu nichts außer schmerzhaften Verlusten. Wichtig ist es also, die eigenen Emotionen zu kontrollieren und sich, salopp formuliert, im Zaum zu halten.

Kapitel – Tipps und Lösungsansätze für die Tradingprobleme

Nun, da der Leser weiß, wieso Trader Fehler begehen und es nicht möglich ist, den Markt dauerhaft zu schlagen, sollen einige nützliche Tipps sowie Lösungsansätze für die typischen Probleme von Tradern formuliert werden. Dafür soll auf eine der wichtigsten Voraussetzungen für erfolgreiches Trading geschaut werden, die Disziplin. Außerdem wird dem Leser nähergebracht, wie sinnvoll getradet wird und wie Stress zu erkennen und zu bekämpfen ist.

4.1 Die Disziplin als Entscheider über Erfolg oder Misserfolg

Disziplin spielt in vielen Bereichen des alltäglichen Lebens eine wichtige Rolle. Wer nicht diszipliniert ins Fitnessstudio geht, wird keine Muskeln aufbauen. Wer nicht die Disziplin hat, täglich und pünktlich auf der Arbeit zu erscheinen, hat wahrscheinlich schon bald keinen Job mehr. So ist es auch beim Trading. Wer undiszipliniert Trades durchführt, ohne dabei den Tradingplan zu berücksichtigen, ist zum

Scheitern verurteilt. Auch Studien belegen, dass der Tradingplan beziehungsweise das Handelssystem nicht den Grund für das Scheitern darstellt, sondern einzig und allein die fehlende Disziplin bei der präzisen Ausführung. Um eine präzise Ausführung zu gewährleisten, ist es erforderlich, dass der Trader seinem Handelssystem voll und ganz vertraut. Hier wird erneut die Wichtigkeit eines individuellen Tradingplans ersichtlich, der genau auf die Persönlichkeit des Traders abgestimmt ist. So ergibt es für Trader, die den Handel in kurzen Zeiteinheiten vorziehen, keinen großen Sinn, ausschließlich auf den Handel in langen Zeiteinheiten zu setzen. Dafür ist schlichtweg die Motivation zu gering, da sich der Trader in kurzen Zeiteinheiten wohler fühlt.

Angst ist unbedingt zu vermeiden, denn diese gilt als Gegensatz zur Disziplin. Der Grund dafür liegt darin, dass die Angst dazu führt, dass Entscheidungen von dem Gehirn getroffen werden, bevor sich der Verstand einschaltet. Um die Angst zu reduzieren oder gar zu eliminieren, eignet sich die Anwendung von lediglich 0,25 % bis 0,5 % des Handelskontos. Hier muss allerdings jeder selbst experimentieren und herausfinden, wo der individuelle Wohlfühlverlust liegt. Weiterhin sollte es vermieden werden, stundenlang vor der Tradingplattform zu sitzen und die Kursschwankungen zu beobachten. Das kann nämlich dazu verleiten, in das Geschehen eingreifen zu wollen und den Tradingplan völlig außer Acht zu lassen. Abhilfe kann ein automatisiertes Handelssystem verschaffen, denn auf diese Weise wird der Trader nicht dazu verleitet, durch Angst bedingte, ungünstige Entscheidungen zu treffen.

4.2 Die Stress-Erkennung und –Bekämpfung

Um den Stress, der durch das Trading ausgelöst wird zu bekämpfen und schlussendlich besiegen zu können, ist es wichtig, diesen zunächst zu erkennen. Die stärksten Stressverstärker im Rahmen des Tradings sind hohe und / oder häufige Verluste sowie existenzielle Verpflichtungen. Hier wird wieder deutlich, dass stets ein überschaubares Risiko eingegangen werden sollte, besonders, wenn der Trader aus existenziellen Gründen sein Glück beziehungsweise Können am Markt beweisen will. Stresssituationen beim Trading lassen sich an psychischen und physischen Reaktionen erkennen. Viele Fehlentscheidungen, Nervosität, intensive Angstgefühle, anhaltende Erschöpfungszustände, Entscheidungsunfähigkeit, Anspannung, Hoffnungslosigkeit, Verspannungen, Nachtschweiß, Rücken- und / oder Bauchschmerzen, Übelkeit, Herzprobleme sowie unregelmäßige Nahrungszufuhr und erhöhter Konsum von Zigaretten und / oder Alkohol sind eindeutige Hinweise auf Stress beim Trading.

Zu dem Stress, der direkt durch das Trading ausgelöst wird, kommt noch weiterer Stress aus den verschiedenen Bereichen des Alltags hinzu. Läuft das Trading nicht so wie gewünscht und gibt es zusätzlich Probleme in der Beziehung, im Beruf oder in der Familie, so belastet dies zusätzlich. In stressigen Lebensphasen ist es ohnehin ratsam mit dem Trading zu warten, bis die negative Phase vorüber ist. Denn der daraus entstehende Dauerstress, der durch Misserfolge beim Trading noch weiter verstärkt wird, ist wiederum für das Trading gefährlich. Es besteht also eine Art Teufelskreis, der durch den Stress angetrieben wird. Die Gefahr besteht in der Herausbildung einer „entweder Alles oder Nichts"-Einstellung beziehungsweise –Mentalität des Traders, der durch kleine Auslöser bedingt, zu unangebracht starken Reaktionen neigt. Der gestresste Trader mit dieser Mentalität geht in der Regel völlig unbedacht vor und akzeptiert große Risiken, die nicht selten zu einem Totalverlust des Handelskontos führen. Auf der anderen Seite ist Stress, zumindest in einem gesunden Ausmaß, eine Art Antrieb beziehungsweise ein Motivator für den Menschen, das Erreichen von Zielen anzustreben. Stress gehört also zum Trading dazu, nur sollte dieser nicht ausarten und zu einem

Zustand des Dauerstresses führen. Dieser führt, wie bereits festgestellt, zu verlustbringenden Entscheidungen beim Trading und außerdem zu gesundheitlichen Problemen (Verspannungen, Kopf- und Rückenschmerzen, Herzprobleme, etc.). Es sollte also versucht werden, Stress gezielt zu erkennen und Maßnahmen zum Stressabbau eingeleitet werden.

Dafür ist ein individueller Stresstest zu empfehlen, der dabei hilft zu erkennen, wie das Trading den Stress auslöst. Einen solchen Stresstest kann jeder Trader für sich selber beantworten, allerdings kann auch ein professioneller Tradingcoach von großer Hilfe sein. Fragen wie „Wie ist mein Trading-Verhalten in stressigen Situationen?“, „wie entsteht mein persönlicher Stress beim Trading?“, „wie kann ich mein Verhalten in Stresssituationen verbessern?“. Sobald diese Art von Fragen beantwortet sind, muss sich der Trader damit auseinandersetzen, Lösungen finden und diese gezielt im Rahmen von (neuen) Verhaltensweisen umsetzen. Wurde zum Beispiel herausgefunden, dass der persönliche Stress immer dann entsteht, wenn mit einem Trade mehr als ein Prozent des Handelskontos als Verlust verbucht werden musste, so sollte der betroffene Trader unbedingt seinen Wohlfühlverlust definieren und festlegen. Möglich ist es, dass eine Anpassung des pro Trade zu riskierenden Prozentsatzes des Handelskontos den Stress deutlich verringert. So werden auf der einen Seite die Verluste begrenzt und auf der anderen Seite den stressbedingten, unüberlegten Reaktionen auf verlustreiche Positionen vorgebeugt. Natürlich fördert das Eliminieren von Stress auch die Gesundheit des Traders und lässt diesen wieder ruhig schlafen.

Des Weiteren sollte jeder Trader ausreichend Sport treiben, sich regelmäßig entspannen und ebenso auf seine Ernährung achten. Das Zauberwort lautet also Ausgeglichenheit. Wichtig ist, dass der Trader nicht rund um die Uhr an Trades, Gewinne und Verluste denkt, sondern ordentlich abschaltet. Ein ausgeglichener Lebensstil mit sportlicher Betätigung, gesunder Ernährung und weiteren Aktivitäten der abwechslungsreichen Freizeitgestaltung, sind also sehr wichtig für Trader. Das gilt nicht nur für Trader, die unter großem Stress stehen.

4.3 Sinnvolles Trading – Zeit und mentale Arbeit

Mit ein wenig Zeitaufwand und Lektüre sind die Geschehnisse und Zusammenhänge an der Börse vergleichsweise leicht zu verstehen beziehungsweise nachzuvollziehen. Noch viel einfacher ist es, über die Plattform eines online Brokers Trades auszuführen, sprich Positionen zu eröffnen und wieder glattzustellen. Dafür genügen wenige Klicks mit der Maus oder dem Finger, sollte über ein Smartphone oder Tablet gehandelt werden.

Aus den vorangegangenen Kapiteln und Unterkapiteln des Buches sollte hervorgegangen sein, dass die schwierigste Hürde für den Trader, der sich das Ziel langfristiger Gewinne gesetzt hat, er selbst ist. Der Trader selbst, sprich ein Mensch mit Ängsten, Hoffnungen, antrainierten Denk- und Handlungsweisen, ist sich selbst der größte Feind und einzig und allein verantwortlich für Verluste beim Trading. Wird die Angst nicht beherrscht oder die Hoffnung nicht gezügelt, so kann es zu einem Über-Trading kommen oder durch das Hinauszögern zu verlustreichen Positionen.

Um sinnvoll traden zu können, ist es für (angehende sowie erfahrene) Trader wichtig, eine Art mentale Arbeit an sich selbst vorzunehmen oder die Hilfe eines professionellen Trading-Coaches zu suchen. Disziplin muss erlernt und umgesetzt, falsche Denk- und Verhaltensmuster und Angst eliminiert sowie korrekte Denk- und Verhaltensmuster antrainiert werden. Um sinnvoll zu traden ist es wichtig, dass sich der angehende Trader bewusst wird, weshalb dieser überhaupt mit dem Traden beginnen möchte. Meist ist die Antwort die vermeintlich schnelle Möglichkeit reich zu werden. Vor allem junge Menschen, die sich auf YouTube und ähnlichen Plattformen tummeln, lassen sich von diesem Versprechen nur allzu schnell verführen. Es ist deutlich wahrscheinlicher, durch das Trading Geld zu verlieren, als hohe Gewinne verbuchen zu können.

Nun gibt es natürlich auch solche, die mit dem Trading von Zuhause aus etwas Geld dazu verdienen möchten, zum Beispiel, um den nächsten Urlaub zu finanzieren. Es lohnt sich definitiv die Frage zu stellen, ob es nicht sinnvoller und zielführender wäre, ganz normal im erlernten oder studierten Beruf weiterzumachen und sich nach einer Möglichkeit zur Ableistung von Überstunden zu erkundigen. Mit dem Trading kann schließlich auch nicht von heute auf morgen begonnen werden. Das Trading muss ebenfalls erlernt werden. Die Frage ist, ob es sich lohnt, mit dem Trading zu beginnen. Wenn das Ziel lautet, die Haushaltskasse für den nächsten Urlaub mit der Familie nach Spanien aufzubessern, ist es sinnvoll darüber nachzudenken, ob das Trading nicht den Urlaub gefährden.

Für andere geht es beim Trading vor allem darum, die eigene Persönlichkeit aufzuwerten und auf der Gewinnerseite zu stehen. Das Gefühl von anderen Menschen, dem Partner oder dem Chef auf der Arbeit, nicht ernst genommen zu werden, kann dazu verleiten, Bestätigung im Trading zu suchen. Verluste, die dann erzielt werden und Angst und Kontrollverlust hervorrufen, sind dafür jedoch kontraproduktiv. Da Verluste beim Trading allerdings einfach dazu gehören, finden sich die Trader, die nach Prestige suchen, schnell auf der Verliererseite anstatt auf der Seite der Gewinner. Für all diejenigen Trader die mit dem Trading das Ziel verfolgen persönliche Defizite auszugleichen, ist es schwer und nur unter disziplinierter Beachtung des Tradingplans möglich, erfolgreich zu sein.

Die Motive müssen identifiziert und im Laufe der Karriere als Trader regelmäßig einer Überprüfung unterzogen werden. Der Schlüssel zum Erfolg beim Trading liegt in einem detaillierten, individuellen Tradingplan, einer Menge Disziplin, antrainierten Denk- und Verhaltensmustern und in der Eliminierung (oder zumindest Reduzierung) von Angstgefühlen. Außerdem müssen Trader versuchen, ihre Emotionen zu kontrollieren, um Übermut und Euphorie auf der einen und Aussichtslosigkeit und Frustration auf der anderen Seite zu eliminieren.

Beim Trading geht es also, wer hätte es vermutet, darum, sich selber zu finden und zu lernen, mit Ängsten und vielen wechselnden Emotionen umzugehen. Sich ohne ausreichende Vorbereitung mal eben vor den Computer, das Smartphone oder Tablet zu setzen, um ein paar Trades auf gut Glück zu tätigen, dient manchen vielleicht als Freizeitbeschäftigung, hat jedoch die wenigsten zum großen Geld verholfen. In den meisten Fällen ist das Gegenteil, nämlich ein schmerzhafter Verlust, das Resultat.

4.4 Abschließende Tipps für Trader und solche, die es werden möchten

Im Rahmen dieses Buches sollte dem Leser klar geworden sein, dass „eingefahrene“ Denk- und Verhaltensmuster sowie Angst, mangelnde Disziplin und unkontrollierte Emotionen für den Erfolg beim Trading äußerst hinderlich sind. Deshalb ist es wichtig:

- Einen individuellen Persönlichkeitstest durchzuführen

- Im Einklang mit der Persönlichkeit einen detaillierten Handelsplan aufzustellen

- Diesen Tradingplan diszipliniert zu befolgen

- Sich nicht von Emotionen (Angst, Wut, Verzweiflung, Euphorie, Übermut) leiten zu lassen und den individuellen Wohlfühlverlust herauszufinden, um Ängste und einen Kontrollverlust auf nachhaltige Weise vermeiden zu können

- Die Frage nach dem Warum für das Trading eindeutig zu klären
- Zu verstehen, dass Verluste zum Trading dazu gehören und unvermeidbar sind
- Zu begreifen, dass der Markt nicht dauerhaft geschlagen werden kann

Des Weiteren ist die Art der Informationsaufnahme ein wichtiger Baustein für ein erfolgreiches und langfristig ausgerichtetes Trading. Es ist wichtig, dass angehende Trader vermeiden, sich auf YouTuber und deren vermeintlich sichere, erfolgsversprechende Strategie zu verlassen. Auch die schlichte Übernahme von den Trades der Profis im Rahmen des Social Tradings ist nicht zu empfehlen. Sicherlich hat so der eine oder andere Anfänger attraktive Gewinne erzielt, ohne selbst zu wissen, wie. Nichtsdestotrotz wird an dieser Stelle keine Empfehlung für die Nutzung des Social Tradings ausgesprochen. Das liegt daran, dass die Profis mit einem auf sie zugeschnittenen, persönlichen Trandingplan arbeiten, der auch deren individuelle Persönlichkeit berücksichtigt. Es ist zum Beispiel sehr wahrscheinlich, dass ein Profi-Trader einen völlig anderen Wohlfühlverlust als ein Anfänger hat. Der wird aller Wahrscheinlichkeit nach deutlich über dem Wohlfühlverlust eines Beginners liegen.

Über die Informationsaufnahme sollte Fachwissen generiert werden. Dabei reicht es nicht aus, über die Chartanalyse und bekannte Trading-Strategien Bescheid zu wissen. Erfolgreiche Trader bringen (zumindest) Basiswissen beziehungsweise Grundkenntnisse über den Aufbau, die Funktionsweise und das Zusammenhängen von Märkten sowie über Makroökonomie mit. Ebenso sollte ein mathematisches Verständnis gewährleistet sein, um ein gutes Money-Management betreiben zu können und um die Aussagekraft von Indikatoren einschätzen zu können. Dafür ist die Lektüre von inhaltlich hochwertigen Fachbüchern erforderlich. Problematisch ist es für viele Anfänger allerdings, zu erkennen, bei welchem Werk es sich um ein seriöses handelt und bei welchem nicht. Im Fachhandel gibt es zahlreiche Bücher, die eher hinderlich auf dem Weg zum erfolgreichen Trader sind, ganz zu schweigen von den vielen verschiedenen Informationsquellen in den Weiten und Tiefen des World Wide Web.

Schlussendlich, dass sollte nun jedem klar sein, handelt es sich bei dem Trading um eine Tätigkeit, die auf fundiertem Wissen beruhen sollte. Besonders wichtig ist, dass jedem Trader bewusst ist, dass seine eigene

Psyche die größte zu überwindende Hürde darstellt.

4.5 Letzte Hinweise zum Thema Trading

Menschen, die sich mit dem Thema Trading auseinandergesetzt und dazu entschieden haben, sich auf dem Forex-, Aktien- oder Rohstoffmarkt mit Trades zu versuchen, sollten stets über ausreichende finanzielle Absicherung verfügen. Das Auto oder das Haus aufs Spiel zu setzen, ist nicht nur äußerst problematisch, sondern sorgt dafür, dass die eigene Anspannung ins Unermessliche steigt und zahlreiche Fehlentscheidungen die Folge sind. Außerdem ist Trading ist nichts für Personen, die sich dadurch gegenüber anderen Menschen beweisen möchten und auf diese Weise ihr mangelndes Selbstbewusstsein auszugleichen versuchen.

Jeder, der mit dem Trading beginnen möchte, muss sich klar sein, dass die meisten Trader Geld verlieren. Nur die Profis schaffen es, attraktive Gewinne zu erzielen. Wer also behauptet, dass mit Trading viel Geld verdient werden kann, der hat durchaus recht. Genauso gut lässt sich jedoch feststellen, dass mit Fußball auch sehr viel Geld verdient werden kann. In der Kreisliga trifft dies zumindest nicht zu. Wer echter Profi auf einem Gebiet ist, der kann damit in der

Regel auch viel Geld verdienen, egal ob Steuerberater, Fußballer oder Stylist. So, und nicht anders, verhält es sich auch bei dem Traden mit Wertpapieren, Währungspaaren und Rohstoffen.

44963809R00280

Printed in Poland
by Amazon Fulfillment
Poland Sp. z o.o., Wrocław